Ott

Abitur 2018 | *eA – GTR*

nach den Vorgaben des Kerncurriculum

Aufgabensammlung zur zentralen Abiturprüfung
Mathematik an Beruflichen Gymnasien
– Wirtschaft, Gesundheit und Soziales

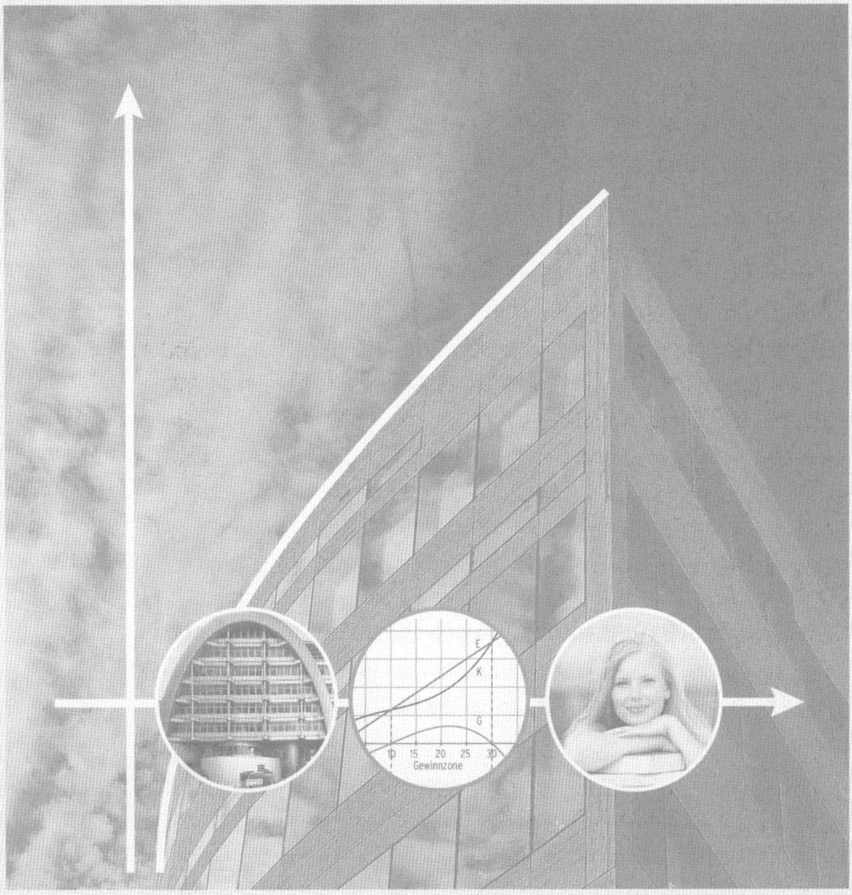

Merkur
Verlag Rinteln

Wirtschaftswissenschaftliche Bücherei für Schule und Praxis
Begründet von Handelsschul-Direktor Dipl.-Hdl. Friedrich Hutkap †

Der Verfasser:

Roland Ott
Oberstudienrat

Umschlag: Kreis rechts: www. adpic.de

* * * * *

Quellennachweis der Prüfungsaufgaben: Niedersächsisches Kultusministerium

12. Auflage 2017

Gesamtherstellung:
MERKUR VERLAG RINTELN Hutkap GmbH & Co. KG, 31735 Rinteln

E-Mail: info@merkur-verlag.de
lehrer-service@merkur-verlag.de
Internet: www.merkur-verlag.de

ISBN 978-3-8120-**0223-3**

Vorwort

Die vorliegende Aufgabensammlung enthält auf die neue Prüfungsordnung für Fachgymnasien in Niedersachsen abgestimmte Aufgaben zur Vorbereitung auf das Abitur 2018 an Beruflichen Gymnasien der Richtung Wirtschaft sowie Gesundheit und Soziales.

Die Aufgaben eA für CAS und GTR sind gegliedert nach den Prüfungsgebieten:
Analysis mit Anwendungen, Stochastik und Lineare Algebra.
Seit dem Abitur 2012 gibt es keine thematischen Schwerpunkte mehr.
Es gelten die Vorgaben des Kerncurriculums.

Alle Aufgaben sind für das erhöhte Anspruchsniveau GTR ausgelegt. **Die Aufgaben sind vollständig aus den Gebieten entnommen, die in den Vorgaben des Kerncurriculums für den Leistungskurs Mathematik, Fachbereich Wirtschaft, Gesundheit und Soziales, aufgeführt sind.**

Die Einteilung nach Prüfungsgebieten ermöglicht ein gezieltes Üben.
Die Aufgaben sind als Übungsaufgaben zu verstehen, im Umfang und in den Fragestellungen. Relevante Fragestellungen können mehrfach auftreten.
Übung ist ein bedeutender Baustein zum Erfolg.
Der Schwierigkeitsgrad der Aufgaben ist unterschiedlich, um den Beruflichen Gymnasien aller Richtungen gerecht zu werden.

Da die Aufgabensammlung allen Schüler/innen bei der Vorbereitung auf das schriftliche Abitur helfen soll, sind zu allen Aufgaben ausführliche Lösungen angegeben.
An verschiedenen Stellen sind Lösungsalternativen aufgezeigt, ohne einen Anspruch auf Vollständigkeit zu erheben.

Autor und Verlag wünschen viel Glück und Erfolg bei der Abiturprüfung.

Inhaltsverzeichnis

Übersicht ... 5
Stichwortverzeichnis ... 6

1 Hilfmittelfreier Teil der Prüfung ... 7
Aufgaben (Pool 1 und Pool 2) ... 7
Lösungen ... 17

2 Analysis ... 27
Formelsammlung ... 27
Aufgaben eA - GTR - zur Prüfungsvorbereitung ... 28

3 Stochastik ... 65
Formelsammlung ... 65
Aufgaben eA - GTR - zur Prüfungsvorbereitung ... 67

4 Lineare Algebra ... 99
Formelsammlung ... 99
Aufgaben eA - GTR - zur Prüfungsvorbereitung ... 102

5 Zentralabitur ab 2015 mit Bewertungseinheiten und Lösungen
Haupttermin 2015 eA ... 135
Haupttermin 2016 eA ... 166
Haupttermin 2017 eA ... 193

Zentralabitur

Berufliches Gymnasium Wirtschaft, Gesundheit und Soziales

Erhöhtes Anforderungsniveau

Rechnertyp: GTR bzw. CAS

Hinweise für den Prüfling

Die zentrale schriftliche Abiturprüfung im Fach Mathematik besteht aus zwei Teilen:

1. Pflichtteil

2. Wahlteil

Pflichtteil:

- Bearbeitung ohne elektronische Hilfsmittel, ohne Formelsammlung
  Als Hilfsmittel sind nur die üblichen Zeichenmittel zugelassen.
- 60 Minuten Bearbeitungszeit
- Alle Aufgaben sind zu bearbeiten.
- Es sind 26 Bewertungseinheiten (BE) der insgesamt 120 BE erreichbar.
- Bei jeder Teilaufgabe sind die erreichbaren Bewertungseinheiten angegeben.

Wahlteil:

Nach Abgabe der Unterlagen des Pflichtteils werden die Hilfsmittel und die Aufgaben-stellungen für den Wahlteil ausgegeben.

- Auswahlzeit: 30 Minuten
- Bearbeitungszeit: 240 Minuten
- Der Prüfling wählt aus jedem der 3 Blöcke jeweils eine Aufgabe aus.

Block 1 Analysis 48 BE	**Block 2** Stochastik 24 BE	**Block 3** Lineare Algebra 24 BE
Aufgabe 1A	Aufgabe 2A	Aufgabe 3A
Aufgabe 1B	Aufgabe 2B	Aufgabe 3B

- Die Gewichtung der drei Blöcke beträgt etwa 2: 1: 1
- Es sind 94 BE der insgesamt 120 BE erreichbar.
- Hilfsmittel: Zeichenmittel; eingeführter Taschenrechner (mit Handbuch):
  GTR oder CAS und von der Schule eingeführte gedruckte Formelsammlung

Stichwortverzeichnis

Sie finden folgende Themen in der angegebenen Aufgabe:

Analysis

Angebot/Nachfrage: A6; A7; ZA 2015; ZA 2016; ZA 2017

Elastizität: A2; ZA 2015

Ertragsgesetzliche Kostenfunktion: A2; A5; ZA 2016

Exponentialfunktion: A1; A4; ZA 2014; ZA 2016

Funktionenscharen: A3; ZA 2015

Gebrochen-Rationale Funktionen: ZA 2016; ZA 2017

Integralrechnung: A1; A3; ZA 2015; ZA 2017

Kostentheorie: A1; A2

Marktgleichgewicht: A2; A6; ZA 2015; ZA 2017

Minimalkostenkombination: A3; ZA 2014; ZA 2017

Monotonie/Krümmung: A1; A2; A3; ZA 2014

Produktlebenszyklus: A1; A4; ZA 2015

Wachstum: A4; ZA 2014

Stochastik

Bedingte Wahrscheinlichkeit: A6; ZA 2014; ZA 2015; ZA 2017

Binomialverteilung: A1; A4; A6; ZA 2014; ZA 2016

Erwartungswert: A2; A7

Normalverteilung: A2; A3; A5; A6; A7; ZA 2014; ZA 2016

Varianz/Standardabweichung: A2; ZA 2017

Vertrauensintervall: A1; A2; A3; A4; A7; ZA 2014; ZA 2015; ZA 2017

Wahrscheinlichkeitsverteilung: A1; A2

Lineare Algebra

Leontief-Modell: A8; A9; ZA 2015; ZA 2016; ZA 2017

Lineare Optimierung: A9; ZA 2015; ZA 2017

Stochastische Matrizen: A2; A3; A4; A5; A7; ZA 2014

Zweistufige Produktionsprozesse: A1; A6; A7; A10; ZA 2014; ZA 2016

1 Hilfsmittelfreier Teil der Prüfung

POOL 1 Analysis

Lösungen Seite 17 - 19

Aufgabe 1

Gegeben ist die Funktion f mit $f(x) = \frac{2}{x} + 2$; $x \neq 0$. Das Schaubild von f hat im Punkt P(1 | v) die Tangente t. Ermitteln Sie eine Gleichung von t.
Die Tangente t schneidet die x-Achse im Punkt S. Bestimmen Sie die Koordinaten von S.

Aufgabe 2

Gegeben ist die Funktionenschar f_a mit $f_a(x) = ax^4 - x^2$, $a > 0$.

a) Bestimmen Sie $\int_0^1 f_a(x)dx$.

b) Die Graphen von f_a schneiden die x-Achse an den Stellen $x_1 = -\sqrt{\frac{1}{a}}$; $x_{2,3} = 0$; $x_4 = \sqrt{\frac{1}{a}}$.
Bestimmen Sie a so, dass x_1 und x_4 den Abstand 4 haben.

Aufgabe 3

Das Schaubild der Funktion f mit $f(x) = -x^3 + 3x^2 - x - 4$ besitzt einen Wendepunkt.
Bestimmen Sie eine Gleichung der Tangente in diesem Wendepunkt.

Aufgabe 4

Das Schaubild einer ganzrationalen Funktion dritten Grades berührt die x-Achse im Ursprung. Der Punkt H(1 | 1) ist der Hochpunkt des Schaubilds.
Bestimmen Sie die Funktionsgleichung.

Aufgabe 5

K ist der Graph der Funktion f mit $f(x) = e^{x-3} - 2$.
Die Tangente an K an der Stelle x = 3 schneidet die Asymptote von K in S.
Bestimmen Sie die Koordinaten von S.

Aufgabe 6

Die Funktion f mit $f(x) = x^3 - 0{,}5x^2 - 3x$; $x \in \mathbb{R}$, hat die Nullstellen − 1,5 , 0 und 2.
Berechnen Sie das Integral $\int_{-1}^{2}(x^3 - 0{,}5x^2 - 3x)dx$.
Interpretieren Sie den Integralwert mit Hilfe geeigneter Flächenstücke.

Aufgabe 7

Gegeben sind die Funktionen f und g mit $f(x) = -x^2 + 3$ und $g(x) = 2x$.
Berechnen Sie den Inhalt der Fläche, die von den Graphen der beiden Funktionen eingeschlossen wird.

Aufgabe 8

Gegeben ist die Funktion f mit $f(x) = 4e^{2x} - 2$.

Bestimmen Sie diejenige Stammfunktion F von f mit $F(0{,}5) = -1$.

Aufgabe 9

Eine Funktion f hat folgende Eigenschaften:

(1) $f(2) = 1$ (2) $f'(2) = 0$

(3) $f''(4) = 0$ und $f'''(4) \neq 0$ (4) Für $x \to \infty$ und $x \to -\infty$ gilt: $f(x) \to 5$

Beschreiben Sie für jede dieser vier Eigenschaften, welche Bedeutung sie für den Graphen von f hat. Skizzieren Sie eine möglichen Verlauf des Graphen.

Aufgabe 10

Bilden Sie die erste Ableitung der Funktion f mit $f(x) = (2x^2 + 5) \cdot e^{-2x}$.

Aufgabe 11

Die täglichen Heizkosten eines Hauses werden durch k(t) dargestellt.

Dabei ist t die Zeit in Tagen seit dem 1. Januar 2017.

Was bedeutet $\int_0^{90} k(t)dt$ bzw. $\frac{1}{90} \int_0^{90} k(t)dt$?

Aufgabe 12

Die Entwicklung der Gesamtkosten der Produktion von Fahrrädern kann durch die Funktion K mit $K(x) = 0{,}5x^3 - 8x^2 + 45x + 70$ mit $D_K = [0; 13]$ beschrieben werden.

Berechnen Sie das Minimum der variablen Stückkosten und interpretieren Sie ihr Ergebnis.

POOL 1 Stochastik

Lösungen Seite 19

Aufgabe 1

a) Ein Fußballspieler verwandelt erfahrungsgemäß 80 % aller Strafstöße.
Mit welcher Wahrscheinlichkeit verwandelt er von vier Strafstößen
- nur den letzten?
- mindestens einen?

b) Für ein Ereignis C gilt: $P(C) = \binom{10}{k} \cdot 0{,}8^b \cdot a^2$

Geben Sie geeignete Werte für a, b und k an.Beschreiben Sie das Ereignis C in Worten.

Aufgabe 2

Bei einem Glücksspiel wird das abgebildete Glücksrad benutzt. Als Einsatz bezahlt man 3 €. Das Glücksrad wird einmal gedreht. Man erhält den Betrag ausbezahlt, dessen Sektor über dem Pfeil zu stehen kommt. Bestimmen Sie den Erwartungswert für den Gewinn.

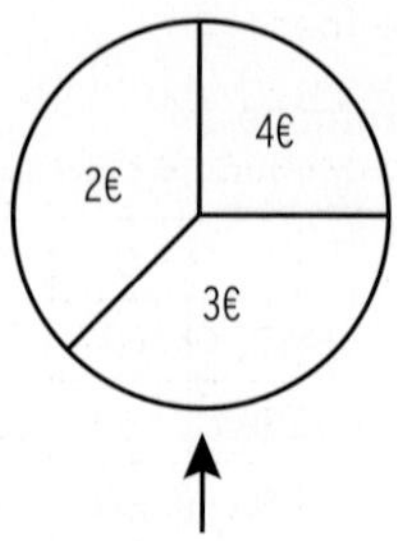

Aufgabe 3

Eine Urne enthält 5 rote, 3 weiße und 2 gelbe Kugeln.

a) Es werden 3 Kugeln mit Zurücklegen gezogen.
Mit welcher Wahrscheinlichkeit erhält man keine gelbe Kugel?

b) Nun werden 2 Kugeln ohne Zurücklegen gezogen.
Mit welcher Wahrscheinlichkeit haben die beiden Kugeln die gleiche Farbe?

Aufgabe 4

Bei einer Lotterie führen 5 % der Lose zu einem Gewinn. Nils kauft 14 Lose. Geben Sie jeweils eine Aufgabenstellung an, deren Lösung auf die folgende Weise berechnet wird.

a) $P(A) = \binom{14}{3} \cdot 0{,}05^3 \cdot 0{,}95^{11}$

b) $P(B) = \binom{14}{2} \cdot 0{,}05^2 \cdot 0{,}95^{12} + \binom{14}{3} \cdot 0{,}05^3 \cdot 0{,}95^{11}$

c) $P(C) = 1 - \binom{14}{0} \cdot 0{,}05^0 \cdot 0{,}95^{14}$

d) $14 \cdot 0{,}05$

POOL 1 Lineare Algebra

Lösungen Seite 20

Aufgabe 1

Gegeben sind die Matrix $A = \begin{pmatrix} 0 & 0{,}5 & 0 \\ 0 & 0 & 0{,}1 \\ 20 & 0 & 0 \end{pmatrix}$ und der Vektor $\vec{v}_0 = \begin{pmatrix} 1 \\ 2 \\ 3 \end{pmatrix}$

a) Es gelte $\vec{v}_{i+1}^{\,T} = \vec{v}_i^{\,T} \cdot A$ mit $i \in N$. Berechnen Sie $\vec{v}_2$.

b) Bestimmen Sie den Vektor $\vec{w} = \begin{pmatrix} x \\ y \\ z \end{pmatrix}$ mit den kleinstmöglichen Werten $x, y, z \in \mathbb{N}^*$ so, dass $\vec{w}^{\,T} \cdot A = \vec{w}^{\,T}$ gilt.

Aufgabe 2

Betrachtet werden die Matrizen A und B mit $A = \begin{pmatrix} 1 & 2 \\ 3 & -1 \end{pmatrix}$ und $B = \frac{1}{7}\begin{pmatrix} 1 & 2 \\ 3 & -1 \end{pmatrix}$ sowie eine Matrix C.

a) Zeigen Sie, dass B die zu A inverse Matrix ist.

b) Für die Matrix C gilt: $C \cdot \begin{pmatrix} 1 \\ 0 \end{pmatrix} = \begin{pmatrix} 3 \\ 1 \end{pmatrix}$ und $C \cdot \begin{pmatrix} 0 \\ 1 \end{pmatrix} = \begin{pmatrix} 5 \\ 8 \end{pmatrix}$

Begründen Sie, dass gilt: $C \cdot \begin{pmatrix} 1 \\ 1 \end{pmatrix} = \begin{pmatrix} 8 \\ 9 \end{pmatrix}$

Aufgabe 3

Bestimmen Sie die Lösungsmenge des linearen Gleichungssystems

$$\begin{pmatrix} 2 & 3 & 2 \\ 0 & 4 & 3 \\ 1 & 1{,}5 & 1 \end{pmatrix} \cdot \begin{pmatrix} x_1 \\ x_2 \\ x_3 \end{pmatrix} = \begin{pmatrix} 4300 \\ 4250 \\ 4950 \end{pmatrix}$$

Ersetzen Sie die Zahl 1,5, sodass das geänderte LGS eindeutig lösbar ist mit $x_2 = 800$.

Aufgabe 4

Drei Betriebe B_1, B_2 und B_3 sind nach dem LEONTIEF-Modell miteinander verflochten. Die gegenseitige Belieferung und die Abgabe an den Markt betragen derzeit in ME:

	B_1	B_2	B_3	Konsum	Produktion
B_1	a	10	20	20	100
B_2	20	b	20	10	80
B_3	20	20	c	0	80

Bestimmen Sie die fehlenden Werte und berechnen Sie die Inputmatrix. In der nächsten Periode sollen folgende Mengen produziert werden: B_1 150 ME, B_2 100 ME und B_3 110 ME. Berechnen Sie den zugehörigen Konsumvektor.

POOL 2 Analysis

Lösungen Seite 21 - 23

Aufgabe 1

Gegeben sind die Schaubilder von vier Funktionen, jeweils mit sämtlichen Asymptoten:

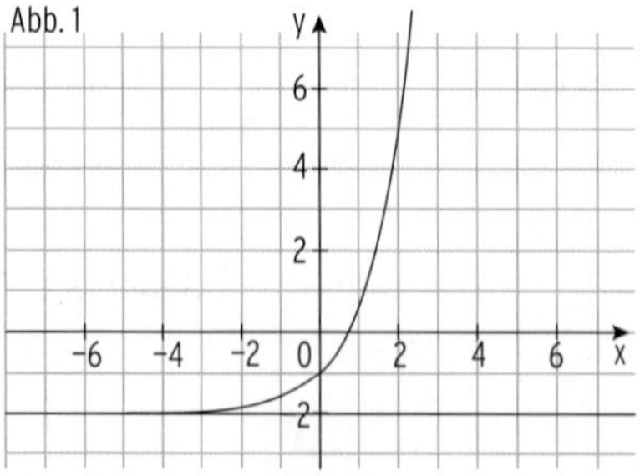

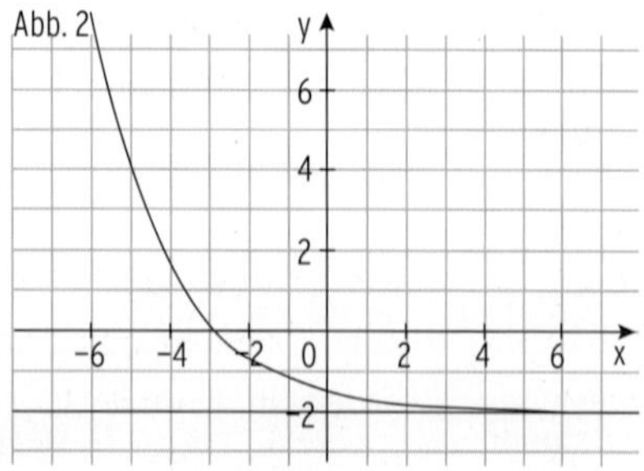

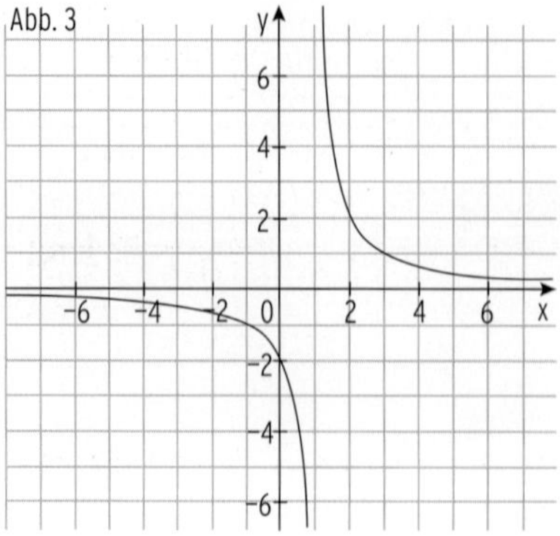

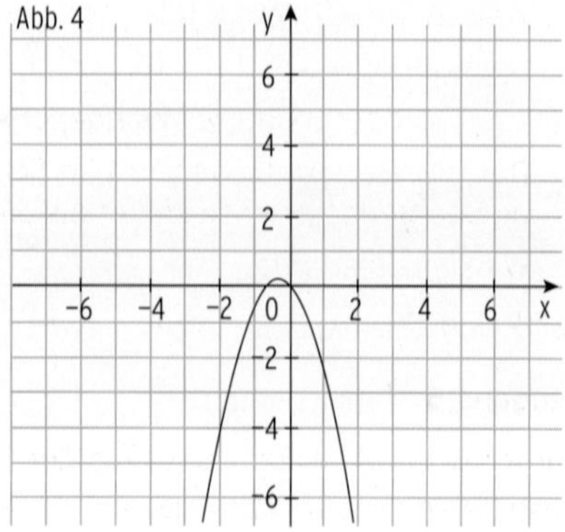

Drei dieser vier Schaubilder werden beschrieben durch die Funktionen f, g und h mit
$f(x) = \frac{2}{x + a}$, $g(x) = -2 + be^{-0,5x}$, $h(x) = cx^2 - x$

a) Ordnen Sie den Funktionen f, g und h das jeweils passende Schaubild zu. Begründen Sie Ihre Zuordnung.

b) Bestimmen Sie die Werte für a, b und c.

Aufgabe 2

Die Abbildung zeigt das Schaubild der Ableitungsfunktion f ′ einer Funktion f. Welcher derfolgenden Aussagen über die Funktion f sind wahr, falsch oder unentscheidbar ?

Begründen Sie Ihre Antworten.

1. f ist streng monoton wachsend für $-3 < x < 3$.
2. Das Schaubild von f hat mindestens einen Wendepunkt.
3. Das Schaubild von f ist symmetrisch zur y-Achse.
4. Es gilt $f(x) > 0$ für alle $x \in [-3;3]$.

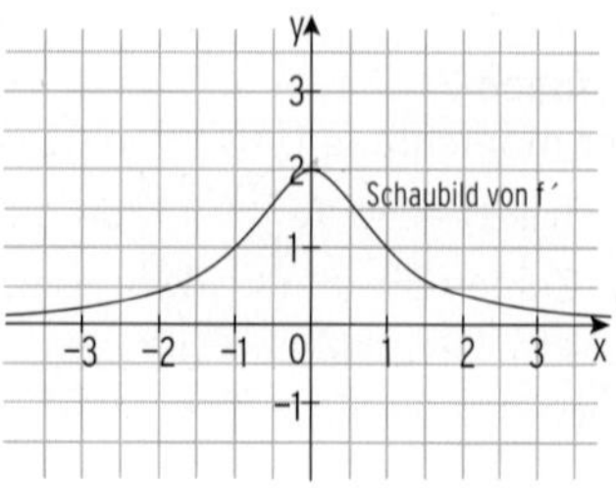

Aufgabe 3

Welche der folgenden Aussagen sind wahr, welche nicht?

Begründen Sie Ihre Entscheidung.

a) Der Graph von f mit $f(x) = -\frac{3}{x-c}$ hat zwei Asymptoten.

b) Es gibt eine ganzrationale Funktion dritten Grades, die genau zwei Nullstellen hat.

c) Der Graph einer ganzrationalen Funktion vierten Grades hat immer einen höchsten Punkt.

Aufgabe 4

Die Abbildung zeigt das Schaubild der Ableitungsfunktion f′ einer Funktion f. Geben Sie für jeden der folgenden Sätze an, ob er richtig, falsch oder nicht entscheidbar ist.

Begründen Sie jeweils ihre Antwort.

1. Das Schaubild von f hat bei $x = -2$ einen Tiefpunkt.
2. Das Schaubild von f hat für $-3 \leq x \leq 6$ genau zwei Wendepunkte.
3. Das Schaubild von f verläuft im Schnittpunkt mit der y-Achse steiler als die erste Winkelhalbierende
4. $f(0) > f(5)$

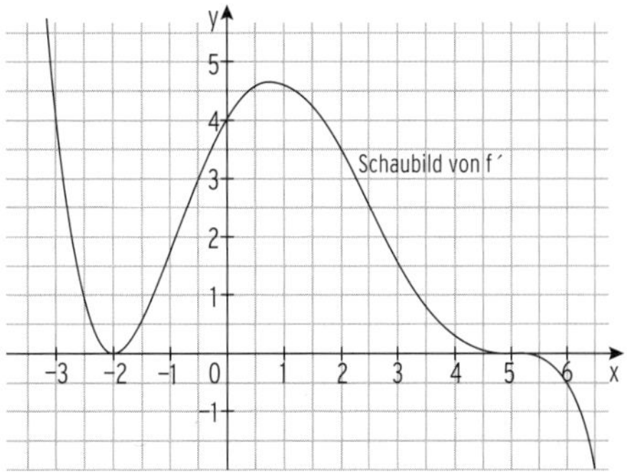

Aufgabe 5

Für jedes $t \in \mathbb{R}$ besitzt der Graph der Funktion f_t mit $f_t(x) = t^2 - x + e^{x-t}$ einen Tiefpunkt. Bestimmen Sie t so, dass dieser Tiefpunkt möglichst tief liegt.

Aufgabe 6

Die Abbildung zeigt das Schaubild einer Funktion f. F ist eine Stammfunktion von f.

a) Welche Aussagen über F ergeben sich daraus im Bereich $-2 < x < 7$ hinsichtlich Extremstellen, Wendestellen, Nullstellen? Begründen Sie Ihre Antworten.

b) Begründen Sie, dass $F(6) - F(2) > 1$ gilt.

c) Bestimmen Sie näherungsweise: $\int_{-1}^{0} f(x)dx$.

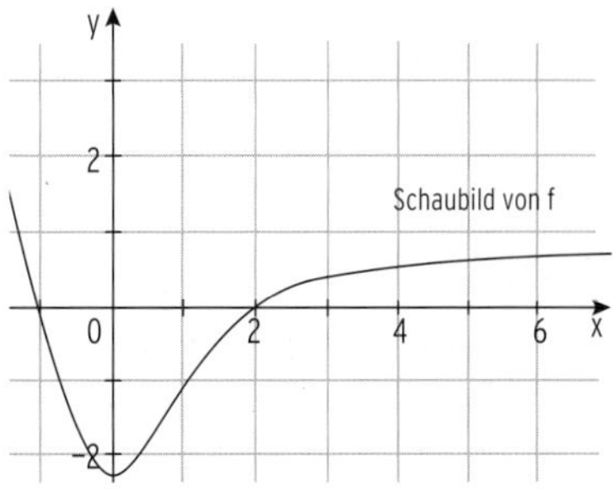

Aufgabe 7

Der momentane Umsatz in GE/ZE zum Zeitpunkt t wird durch die Funktion u mit $u(t) = 200te^{-0{,}025t^2}$ dargestellt.

a) Zeigen Sie, dass $U(t) = -4000e^{-0{,}025t^2} + 4000$ eine Stammfunktion von u ist.

b) Ermitteln Sie $\lim\limits_{t\to\infty} U(t)$. Interpretieren Sie den Wert aus ökonomischer Sicht.

Aufgabe 8

Abb. 1 zeigt den Gesamtabsatz in den ersten 20 Wochen nach Einführung.

a) Erläutern Sie, wie sich der Gesamtabsatz langfristig entwickeln wird.

b) Bestimmen Sie in etwa den Zeitpunkt, an dem die momentane Änderungsrate maximal ist. Kennzeichnen Sie diesen Zeitpunkt in der Abbildung.

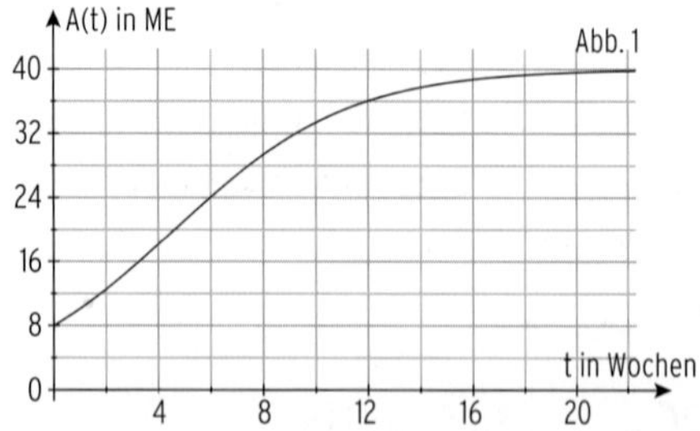

Aufgabe 9

Gegeben ist die Funktionenschar f_a mit $f_a(x) = \frac{5}{1 + a \cdot e^{-x}}$.

Die Abbildung rechts zeigt den Graphen von f_a für ein bestimmtes a.

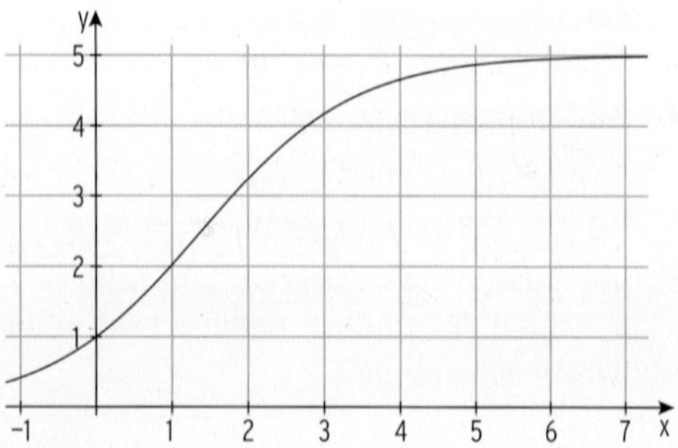

a) Bestimmen Sie mithilfe des Graphen von f_a

- den Wert des Parameters a
- näherungsweise einen Wert für die maximale Änderungsrate von f_a.

b) Skizzieren Sie den Graphen von f_a' in dem Koordinatensystem der unteren Abbildung.

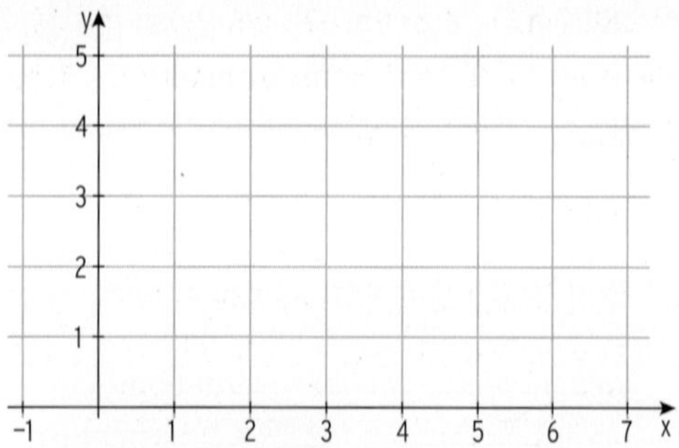

Aufgabe 10

Wenn das Medikament durch Tropfinfusion zugeführt wird, lässt sich die Wirkstoffmenge im Blut beschreiben durch die Funktion g mit $g(t) = 80 \cdot (1 - e^{-0{,}05t})$; $t \geq 0$ (t in Minuten seit Infusionsbeginn, g(t) in mg).

Welche Wirkstoffmenge wird sich langfristig im Blut befinden?

Zeigen Sie, dass die Wirkstoffmenge im Blut ständig zunimmt.

Zu welchem Zeitpunkt beträgt die momentane Änderungsrate der Wirkstoffmenge im Blut $1\frac{\text{mg}}{\text{min}}$?

Aufgabe 11

Die Abbildung zeigt die Graphen einer Angebots- und einer Nachfragefunktion.

a) Ordnen Sie begründet zu.

b) Berechnen Sie die Konsumentenrente und kennzeichnen Sie diese in der Abbildung.

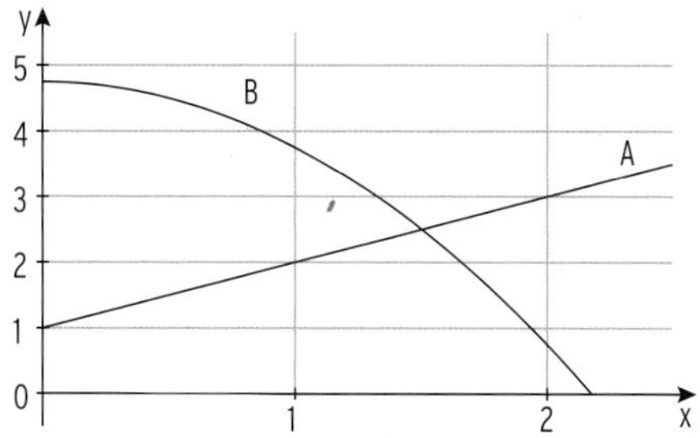

POOL 2 Stochastik

Lösungen Seite 23/24

Aufgabe 1

An einem Spielautomaten verliert man durchschnittlich zwei Drittel aller Spiele.

a) Formulieren Sie ein Ereignis A, für das gilt:

$$P(A) = \binom{10}{8} \cdot \left(\frac{2}{3}\right)^{8} \cdot \left(\frac{1}{3}\right)^{2} + 10 \cdot \left(\frac{2}{3}\right)^{9} \cdot \frac{1}{3} + \left(\frac{2}{3}\right)^{10}$$

b) Jemand spielt vier Spiele an dem Automaten.
Mit welcher Wahrscheinlichkeit verliert er dabei genau zwei Mal?

Aufgabe 2

Erfahrungsgemäß sind 4 % der produzierten Smartphones eines Herstellers defekt. Ein Lieferant erhält ein Paket mit 50 Smartphones des Herstellers. Wie groß ist die Wahrscheinlichkeit für höchstens ein defektes Smartphone? Geben Sie einen Term an.

Aufgabe 3

Die Zufallsvariable X ist binomialverteilt mit n = 10 und p = 0,6.

a) Welche der Abbildungen zeigt die Verteilung von X? Begründen Sie Ihre Entscheidung.

b) Bestimmen Sie mithilfe der Abbildung näherungsweise $P(4 < X < 7)$ und $P(X \neq 5)$.

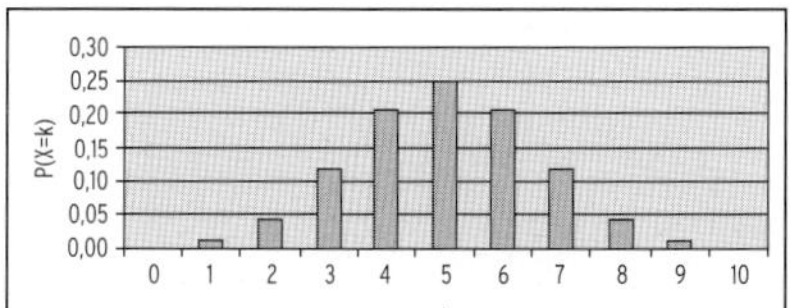

Abb. 1

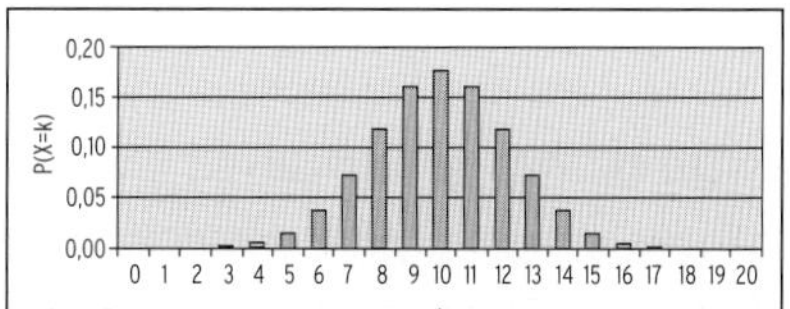

Abb. 2

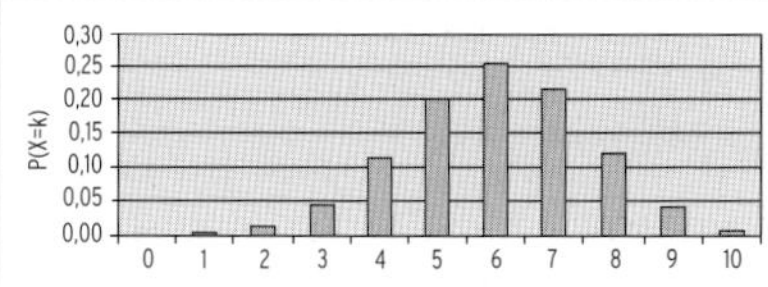

Abb. 3

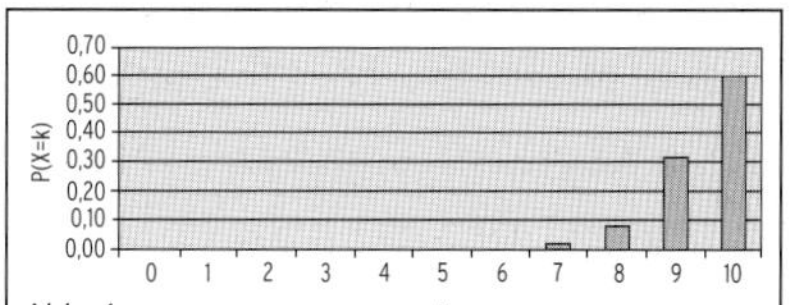

Abb. 4

Aufgabe 4

Ein Basketballspieler übt Freiwürfe. Erfahrungsgemäß trifft er bei 80% seiner Würfe. Mit welcher Wahrscheinlichkeit trifft er mit den ersten beiden Würfen zweimal?

Geben Sie Ereignisse A und B an, so dass gilt: $P(A) = 0{,}2^{10}$; $P(B) = \binom{50}{40} 0{,}8^{40} \cdot 0{,}2^{10}$

Aufgabe 5

Von den o-clock17-Besitzern sind 25 % unzufrieden mit der Ladezeit der Internetseiten. Nach einem Zufallsprinzip wird eine Umfrage hierzu durchgeführt, wobei Mehrfachbefragungen nicht ausgeschlossen werden können
(o-clock17 ist eine internetfähige Armbanduhr).

1 Entwerfen Sie eine Aufgabenstellung, die zu folgendem Lösungsansatz führt:
$P(X = 35) = \binom{135}{35} \cdot 0{,}25^{35} \cdot 0{,}75^{100}$

2 Nun werden 80 o-clock17-Besitzer befragt. Darunter sind 25 % unzufrieden mit der langen Ladezeit. Untersuchen Sie, ob dieses Ergebnis innerhalb des Intervalls $[\mu - \sigma; \mu + \sigma]$ liegt.

Aufgabe 6

Die Zürla-Kohlin GmbH bezieht von einem Zulieferer seit Jahren selbstsichernde Muttern in großen Mengen, bei denen zwei Fehlerarten auftreten: Falsche Form und fehlerhaftes Gewinde. Insgesamt sind nur 93,60 % aller Muttern fehlerfrei, d. h. sie haben weder eine falsche Form noch ein fehlerhaftes Gewinde. 5 % der Muttern haben eine falsche Form. 40 % der Muttern mit falscher Form haben auch ein fehlerhaftes Gewinde.

Mit welcher Wahrscheinlichkeit hat eine Mutter mit fehlerhaftem Gewinde auch ein falsche Form?

Aufgabe 7

Für ein Zufallsexperiment wird eine Zufallsgröße X festgelegt, welche die drei Werte 2, 4 und 6 annehmen kann.
In der Abb. ist die Wahrscheinlichkeitsverteilung von X unvollständig dargestellt.

a) Geben Sie die Wahrscheinlichkeit $P(X = 4)$ an.
Berechnen Sie den Erwartungswert von X.

b) Das Zufallsexperiment wird zweimal unter gleichen Bedingungen durchgeführt.
Dabei wird jeweils der Wert der Zufallsgröße notiert.
Bestimmen Sie die Wahrscheinlichkeit dafür, dass das Produkt dieser beiden Werte den Wert 12 ergibt.

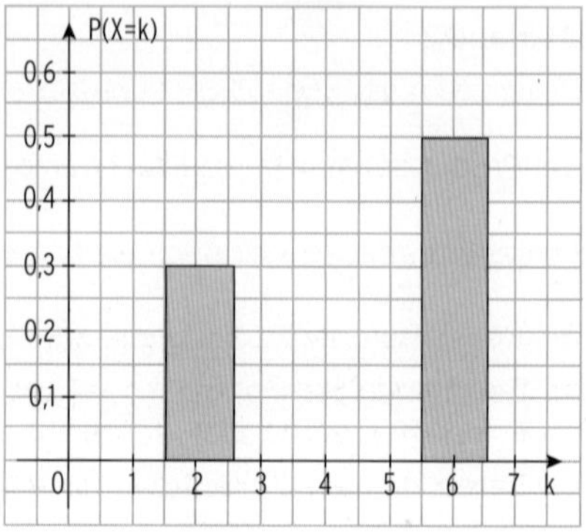

POOL 2 Lineare Algebra

Lösungen Seite 24 - 26

Aufgabe 1

Die Bewohner einer Stadt können zwischen drei Frisörsalons F, N und V wählen.
Der nebenstehende Graph gibt das Wahlverhalten der Bewohner von einem Besuch zum nächsten an.
Es soll davon ausgegangen werden, dass die Gesamtanzahl der Frisörbesuche konstant bleibt.

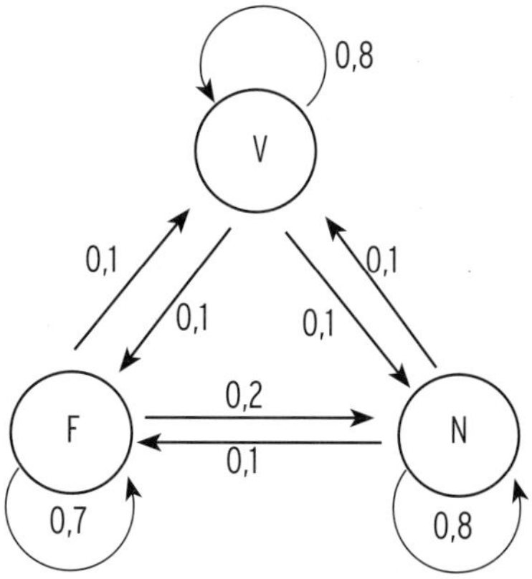

a) Geben Sie die in der zugehörigen Übergangsmatrix M fehlenden Werte an: $M = \begin{pmatrix} \square & 0{,}2 & \square \\ 0{,}1 & 0{,}8 & 0{,}1 \\ \square & 0{,}1 & \square \end{pmatrix}$

b) Geben Sie den Wert a_{21} der Matrix $M^2 = \begin{pmatrix} a_{11} & a_{12} & a_{13} \\ a_{21} & a_{22} & a_{23} \\ a_{31} & a_{32} & a_{33} \end{pmatrix}$ an.

Interpretieren Sie diesen Wert.

Aufgabe 2

Zwei Unternehmen sind nach dem Leontief-Modell verflochten.

von \ nach	Unternehmen A	Unternehmen B	Markt
Unternehmen A	7	5	8
Unternehmen B	2	8	5

a) Zeichnen Sie das zugehörige Verflechtungsdiagramm.

b) Nachdem der Produktionsprozess angepasst wurde, ergibt sich folgende Technologiematrix $A = \begin{pmatrix} 0{,}2 & 0{,}5 \\ 0{,}4 & 0{,}3 \end{pmatrix}$. Bestimmen Sie die Leontief-Inverse.

Aufgabe 3

In einem mehrstufigen Prozess ergeben sich folgende Zusammenhänge: $C_{RE} = \begin{pmatrix} 4 & 5 & 2 \\ 1 & 3 & 4 \\ 2 & 1 & 5 \end{pmatrix}$.

Die Produktion der Endprodukte erfolgt mit $\vec{m} = \begin{pmatrix} x \\ 2x \\ 3x \end{pmatrix}$.

Im Lager befinden sich noch die folgenden Rohstoffe: $\vec{r} = \begin{pmatrix} 20 \\ 19 \\ 19 \end{pmatrix}$.

Die Rohstoffpreise pro Mengeneinheit werden durch den Vektor $\vec{k}_R^{\,T} = (2 \;\; 3 \;\; 2)$ angegeben.

a) Bestimmen Sie die Anzahl der Endprodukte, die durch den vollständigen Verbrauch der Rohstoffe hergestellt werden können.

b) Berechnen Sie die Rohstoffkosten für die Produktion von 3 ME E_1, 2 ME von E_2 und 1 ME von E_3.

Aufgabe 4

BioKosmetiKuss stellt in einem zweistufigen Produktionsprozess aus pflanzlichen Rohstoffen Zwischenprodukte und aus diesen wiederum verschiedene Parfums her. Die folgenden Matrizen beschreiben die Verflechtung:

$$X = \begin{pmatrix} 7 & 11 & 7 \\ 15 & 23 & 13 \\ 10 & 17 & 7 \end{pmatrix};\ Y = \begin{pmatrix} 1 & 2 & 1 \\ 1 & a & 3 \\ 4 & 1 & b \end{pmatrix};\ Z = \begin{pmatrix} 1 & 2 & 1 \\ 2 & 3 & 3 \\ 2 & 3 & c \end{pmatrix}.$$

a) Begründen Sie, welche Matrix die Rohstoff-Zwischenprodukt-Matrix, die Zwischenprodukt-Endprodukt-Matrix bzw. die Rohstoff-Endprodukt-Matrix ist.

b) Bestimmen Sie die produktionsbedingten Parameter a, b und c.
Deuten Sie Ihre Ergebnisse im Sachzusammenhang.

Aufgabe 5

Gegeben ist die Matrix $A = \begin{pmatrix} 1 & 2 & 1 \\ 2 & 3 & 3 \\ 2 & 3 & 0 \end{pmatrix}$.

a) Zeigen Sie, die Matrix A besitzt eine Inverse.

b) Bestätigen Sie, dass $B = \begin{pmatrix} -3 & 1 & 1 \\ 2 & -\frac{2}{3} & -\frac{1}{3} \\ 0 & \frac{1}{3} & -\frac{1}{3} \end{pmatrix}$ die Inverse der Matrix A ist.

Aufgabe 6

Eine Firma stellt aus drei unterschiedlichen Rohstoffen vier Zwischenprodukte her. Aus den Zwischenprodukten entstehen in einer zweiten Produktionsstufe die Endprodukte E_1 und E_2. Die Materialkosten für E_1 und E_2 betragen (42,4 72,2), die Kosten für die Fertigung von je einer ME der Zwischenprodukte und der Endprodukte sind durch folgende Vektoren gegeben: $\vec{k}_Z^T = (1 \quad 0{,}5 \quad 1 \quad 0{,}6)$; $\vec{k}_E^T = (6 \quad 8)$.

Für die Zwischenprodukt-Endproduktmatrix B gilt $B = \begin{pmatrix} 6 & 3 \\ 6 & 0 \\ 2 & 1 \\ 0 & 10 \end{pmatrix}$.

Die Endprodukte sollen zu einem Preis am Markt angeboten werden, der mindestens 25% über den variablen Herstellkosten liegt.
Bestimmen Sie die Preisuntergrenze für E_1 und E_2.

Aufgabe 7

In einer Population von 100 Individuen vererbt jedes Individuum auf seinen einzigen Nachkommen ein bestimmtes Merkmal in den Ausprägungen A, B oder C.

Die Übergangsmatrix für diese Vererbung lautet: $M = \begin{pmatrix} 0{,}2 & 0{,}8 & 0 \\ 0{,}1 & 0{,}5 & 0{,}4 \\ 0 & 0{,}2 & 0{,}8 \end{pmatrix}$.

Dabei bedeuten z. B. die Einträge in der ersten Zeile der Matrix:
Von den Individuen mit Merkmalsausprägung A haben 20 % einen Nachkommen mit A, 80 % einen Nachkommen mit B und keines einen Nachkommen mit C.
Geben Sie eine Verteilung der Merkmalsausprägungen an, die in allen nachfolgenden Generationen stabil bleibt.

Lösungen POOL 1 Analysis

Aufgabe 1

$f(x) = \frac{2}{x} + 2;\ x \neq 0;\quad f'(x) = -\frac{2}{x^2};\ f'(1) = -2;\ f(1) = 4$

Tangente t im Punkt P(1 | 4): $y = -2x + c$

Punktprobe mit P ergibt: $4 = -2 + c \Leftrightarrow c = 6$

Gleichung von t: $y = -2x + 6$

Die Tangente t schneidet die x-Achse im Punkt S(3 | 0): $-2x + 6 = 0 \Leftrightarrow x = 3$

Aufgabe 2

$f_a(x) = ax^4 - x^2,\ a > 0$

a) $\int_0^1 f_a(x)dx = \left[\frac{a}{5}x^5 - \frac{1}{3}x^3\right]_0^1 = \frac{1}{5}a - \frac{1}{3}$

b) Mit $x_1 < x_4$ gilt für den Abstand $x_4 - x_1 = \sqrt{\frac{1}{a}} - (-\sqrt{\frac{1}{a}}) = 2\sqrt{\frac{1}{a}}$

Bedingung für Abstand 4: $2\sqrt{\frac{1}{a}} = 4 \quad \Leftrightarrow \quad \sqrt{\frac{1}{a}} = 2$

Quadrieren: $\frac{1}{a} = 4$

Gesuchter a-Wert: $a = \frac{1}{4}$

Aufgabe 3

$f(x) = -x^3 + 3x^2 - x - 4;\ f'(x) = -3x^2 + 6x - 1;\ f''(x) = -6x + 6$

Wendepunkt: $f''(x) = 0 \qquad -6x + 6 = 0 \Leftrightarrow x = 1$

Mit $f(1) = -3$ und $f'(1) = 2$ erhält man mit $y = mx + c$ die Tangente in W(1 | − 3):

$-3 = 1 \cdot 2 + c \Rightarrow c = -5$

Gleichung der Tangente: $y = 2x - 5$

Aufgabe 4

Ansatz: $f(x) = ax^3 + bx^2 + cx + d;\ f'(x) = 3ax^2 + 2bx + c;\ f''(x) = 6ax + 2b$

Bedingungen: $f(0) = 0 \quad \Leftrightarrow d = 0$

$f'(0) = 0 \quad \Leftrightarrow c = 0$

H(1 | 1) der Hochpunkt: $f(1) = 1 \quad \Leftrightarrow a + b + c + d = 1$

$f'(1) = 0 \quad \Leftrightarrow 3a + 2b + c = 0$

c und d eingesetzt: $a + b = 1$ und $3a + 2b = 0$

Additionsverfahren: $-b = -3 \Leftrightarrow b = 3$ Einsetzen ergibt $a = -2$.

Funktionsterm: $f(x) = -2x^3 + 3x^2$

Aufgabe 5

$f(x) = e^{x-3} - 2;\ f'(x) = e^{x-3}$

Mit $f(3) = -1$ und $f'(3) = 1$ erhält man mit $y = mx + c$ die Tangente in P(3 | − 1):

$-1 = 1 \cdot 3 + c \Rightarrow c = -4$

Gleichung der Tangente: $y = x - 4$

Schnitt mit der Asymptote: $y = -2$: $\quad -2 = x - 4 \Leftrightarrow x = 2$

Koordinaten von S(2 | − 2).

2 Ott - ISBN 978-3-8120-0223-3

Lösungen POOL 1 Analysis

Aufgabe 6

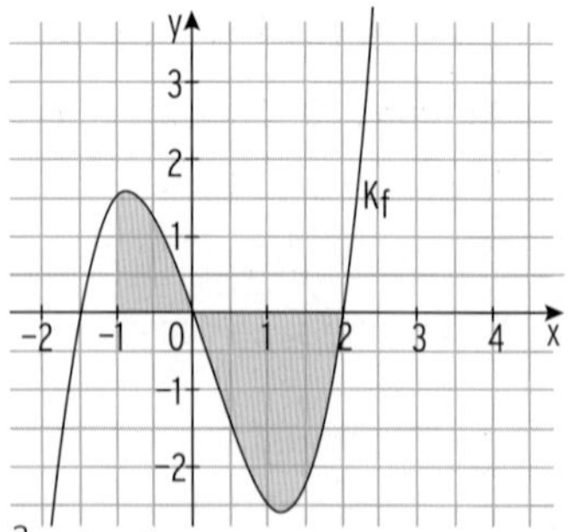

$\int_{-1}^{2}(x^3 - 0{,}5x^2 - 3x)dx = \left[\frac{1}{4}x^4 - \frac{1}{6}x^3 - \frac{3}{2}x^2\right]_{-1}^{2} = -\frac{10}{3} + \frac{13}{12} = -\frac{9}{4}$

Das Flächenstück zwischen K_f und der x-Achse oberhalb der x-Achse ist um 2,25 kleiner als das Flächenstück zwischen K_f und der x-Achse unterhalb der x-Achse.

Aufgabe 7

Schnittstellen von f und g durch Gleichsetzen: $f(x) = g(x) \Leftrightarrow -x^2 + 3 = 2x$

Nullform: $x^2 + 2x - 3 = 0$

Lösung mit Formel: $x_{1|2} = \frac{-b \pm \sqrt{b^2 - 4ac}}{2a}$ $\quad x_{1|2} = \frac{-2 \pm \sqrt{4 - 4 \cdot (-3)}}{2} = \frac{-2 \pm 4}{2}$

Schnittstellen = Integrationsgrenzen: $x_1 = -3;\ x_2 = 1$

Integration von - 3 bis 1 über f(x) − g(x):

$\int_{-3}^{1}(f(x) - g(x))dx = \int_{-3}^{1}(-x^2 + 3 - 2x)dx = \left[-\frac{1}{3}x^3 + 3x - x^2\right]_{-3}^{1}$

Einsetzen obere Grenze - untere Grenze $= -\frac{1}{3} + 3 - 1 - (-\frac{1}{3}(-3)^3 + 3(-3) - (-3)^2) = \frac{32}{3}$

Der Inhalt der eingeschlossenen Fläche beträgt $\frac{32}{3}$ FE.

Aufgabe 8

$f(x) = 4e^{2x} - 2$; Stammfunktion: $F(x) = 2e^{2x} - 2x + c;\ c \in \mathbb{R}$

Bedingung für c: $F(0{,}5) = -1$: $F(0{,}5) = 2e^1 - 1 + c = -1 \Leftrightarrow c = -2e$

Gesuchte Stammfunktion: $F(x) = 2e^{2x} - 2x - 2e$

Aufgabe 9

Bedeutung der Bedingungen:

(1) $f(2) = 1$ Der Graph von f verläuft durch (2 | 1)

(2) $f'(2) = 0$ Der Graph von f hat in x = 2 eine waagrechte Tangente

(3) $f''(4) = 0$ und $f'''(4) \neq 0$ Der Graph von f hat in x = 4 eine Wendestelle.

(4) Für $x \to \infty$ und $x \to -\infty$ gilt: $f(x) \to 5$
Der Graph von f hat eine waagrechte Asymptote mit der Gleichung y = 5.

Skizze:

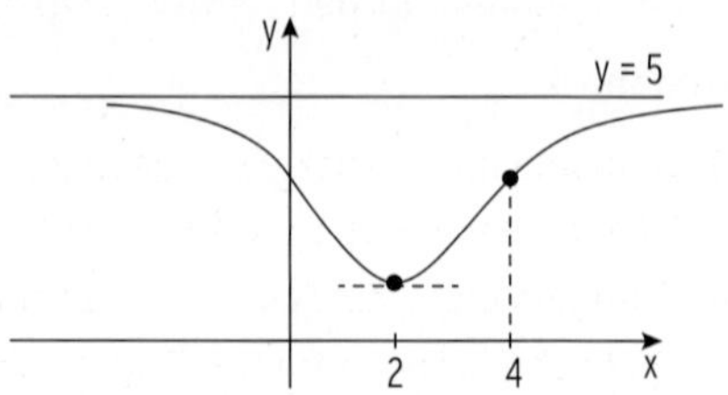

Aufgabe 10

Ableitung von f mit $f(x) = (2x^2 + 5) \cdot e^{-2x}$ mit der Produktregel

Mit $u(x) = 2x^2 + 5 \Rightarrow u'(x) = 4x$ und $v(x) = e^{-2x} \Rightarrow v'(x) = -2e^{-2x}$

Lösungen POOL 1 Analysis

Aufgabe 10: Fortsetzung

folgt durch Einsetzen in $f'(x) = u(x)v'(x) + u'(x)v(x)$: $f'(x) = (2x^2 + 5) \cdot (-2e^{-2x}) + 4x\, e^{-2x}$

Zusammenfassen durch Ausklammern: $f'(x) = e^{-2x}\left((2x^2 + 5) \cdot (-2) + 4x\right)$

Erste Ableitung von f: $f'(x) = e^{-2x}\left(-4x^2 + 4x - 10\right)$

Aufgabe 11

$\int_0^{90} k(t)dt$: gesamte Heizkosten über 90 Tage seit dem 1. Januar 2017.

$\frac{1}{90}\int_0^{90} k(t)dt$: durchschnittliche tägliche Heizkosten über 90 Tage seit dem 1. Januar 2017.

Aufgabe 12

variable Stückkosten $k_v(x) = 0{,}5x^2 - 8x + 45$; $k_v'(x) = x - 8$; $k_v''(x) = 1 > 0$

Minimum der variablen Stückkosten: $k_v'(x) = 0$ für $x = 8$; $k_v(8) = 13$

Interpretation: Der minimale Verkaufspreis, bei dem bereits die fixen Kosten als Verlust in Kauf genommen werden, beträgt 13 GE/ME.

Lösungen POOL 1 Stochastik

Aufgabe 1

a) • P(nur den letzten) = $0{,}2^3 \cdot 0{,}8 = 0{,}0064$
   • P(mindestens einen) = 1 – P(keinen) = $1 - 0{,}2^4 = 0{,}9984$

b) $P(C) = \binom{10}{k} \cdot 0{,}8^b \cdot a^2$ für $k = 2$; $a = 0{,}2$; $b = 8$

Ereignis C: Der Spieler hat eine Trefferwahrscheinlichkeit von 80 % und verwandelt 8 von 10 Strafstößen.

Aufgabe 2

x_i	2 €	3 €	4 €
Gewinn	-1 €	0 €	1 €
$P(X = x_i)$	0,375	0,375	0,25

Erwartungswert für den Gewinn: $E(X) = -1 \cdot 0{,}375 + 1 \cdot 0{,}25 = -0{,}125$

Aufgabe 3

a) 3 Kugeln mit Zurücklegen gezogen.
   P(keine gelbe Kugel) = $0{,}8^3 = 0{,}512$

b) 2 Kugeln ohne Zurücklegen gezogen
   P(gleiche Farbe) = P(rr) + P(ww) + P(gg) = $\frac{5}{10} \cdot \frac{4}{9} + \frac{3}{10} \cdot \frac{2}{9} + \frac{2}{10} \cdot \frac{1}{9} = \frac{14}{45}$

Aufgabe 4

a) A: Nils zieht genau 3 Gewinnlose.

b) B: Nils zieht 2 oder 3 Gewinnlose.

c) C: Nils zieht nur Gewinnlose.

d) Durchschnittlich zu erwartende Anzahl von Gewinnlosen unter 14 Losen

POOL 1 Lineare Algebra

Aufgabe 1

1 Gegeben sind die Matrix $A = \begin{pmatrix} 0 & 0{,}5 & 0 \\ 0 & 0 & 0{,}1 \\ 20 & 0 & 0 \end{pmatrix}$ und der Vektor $\vec{v}_0 = \begin{pmatrix} 1 \\ 2 \\ 3 \end{pmatrix}$

a) $\vec{v}_1^{\,T} = \vec{v}_0^{\,T} \cdot A = (60 \quad 0{,}5 \quad 0{,}2)$; $\vec{v}_2^{\,T} = \vec{v}_1^{\,T} \cdot A = (4 \quad 30 \quad 0{,}05)$, also $\vec{v}_2 = \begin{pmatrix} 4 \\ 30 \\ 0{,}05 \end{pmatrix}$

b) $(x \quad y \quad z)\begin{pmatrix} 0 & 0{,}5 & 0 \\ 0 & 0 & 0{,}1 \\ 20 & 0 & 0 \end{pmatrix} = (x \quad y \quad z)$ ergibt $20z = x \wedge 0{,}5x = y \wedge 0{,}1y = z$

LGS für x, y, z in Matrixform: $\begin{pmatrix} -1 & 0 & 20 \\ 0{,}5 & -1 & 0 \\ 0 & 0{,}1 & -1 \end{pmatrix} \sim \begin{pmatrix} -1 & 0 & 20 \\ 0 & -2 & 20 \\ 0 & 0{,}1 & -1 \end{pmatrix} \sim \begin{pmatrix} -1 & 0 & 20 \\ 0 & -2 & 20 \\ 0 & 0 & 0 \end{pmatrix}$

Das LGS ist mehrdeutig lösbar; Lösungsvektor: $\begin{pmatrix} 20r \\ 10r \\ r \end{pmatrix}$ und für r = 1: $\vec{w} = \begin{pmatrix} 20 \\ 10 \\ 1 \end{pmatrix}$

Aufgabe 2

a) B ist die zu A inverse Matrix: $A \cdot B = \begin{pmatrix} 1 & 2 \\ 3 & -1 \end{pmatrix} \cdot \frac{1}{7}\begin{pmatrix} 1 & 2 \\ 3 & -1 \end{pmatrix} = \begin{pmatrix} 1 & 0 \\ 0 & 1 \end{pmatrix} = E$

b) Aus $C \cdot \begin{pmatrix} 1 \\ 0 \end{pmatrix} = \begin{pmatrix} 3 \\ 1 \end{pmatrix}$ und $C \cdot \begin{pmatrix} 0 \\ 1 \end{pmatrix} = \begin{pmatrix} 5 \\ 8 \end{pmatrix}$ folgt $C = \begin{pmatrix} 3 & 5 \\ 1 & 8 \end{pmatrix}$ Dann gilt: $C \cdot \begin{pmatrix} 1 \\ 1 \end{pmatrix} = \begin{pmatrix} 8 \\ 9 \end{pmatrix}$

Hinweis: $\begin{pmatrix} 1 \\ 0 \end{pmatrix}$ und $\begin{pmatrix} 0 \\ 1 \end{pmatrix}$ bilden E.

oder: $\begin{pmatrix} 1 \\ 0 \end{pmatrix} + \begin{pmatrix} 0 \\ 1 \end{pmatrix} = \begin{pmatrix} 1 \\ 1 \end{pmatrix}$ und $C \cdot \begin{pmatrix} 1 \\ 0 \end{pmatrix} + C \cdot \begin{pmatrix} 0 \\ 1 \end{pmatrix} = C \cdot \begin{pmatrix} 1 \\ 1 \end{pmatrix} = \begin{pmatrix} 3 \\ 1 \end{pmatrix} + \begin{pmatrix} 5 \\ 8 \end{pmatrix} = \begin{pmatrix} 8 \\ 9 \end{pmatrix}$

Aufgabe 3

Lösung des Gleichungssystems mit dem Gaußverfahren:

$$\left(\begin{array}{ccc|c} 2 & 3 & 2 & 4300 \\ 0 & 4 & 3 & 4250 \\ 1 & 1{,}5 & 1 & 4950 \end{array}\right) \sim \left(\begin{array}{ccc|c} 2 & 3 & 2 & 4300 \\ 0 & 4 & 3 & 4250 \\ 0 & 0 & 0 & 5600 \end{array}\right)$$

Das LGS enthält einen Widerspruch (3. Zeile); L = Ø

Das LGS ist unlösbar.

Ersetzt man 1,5 durch 5 so ergibt die Addition von Zeile 1 und Zeile 3: 0 7 0 | 5600 mit $x_2 = 800$. Durch Rückwärtseinsetzen ergibt sich: $x_1 = 600$ und $x_3 = 350$

Aufgabe 4

Eigenverbrauchsmengen: a = 50 ; b = 30 ; c = 40; Inputmatrix $A = \begin{pmatrix} 0{,}5 & 0{,}125 & 0{,}25 \\ 0{,}2 & 0{,}375 & 0{,}25 \\ 0{,}2 & 0{,}25 & 0{,}5 \end{pmatrix}$.

Berechnung des Konsumvektors: $\vec{y} = (E - A)\,\vec{x} = (E - A)\begin{pmatrix} 150 \\ 100 \\ 110 \end{pmatrix} = \begin{pmatrix} 35 \\ 5 \\ 0 \end{pmatrix}$

POOL 2 Analysis

Aufgabe 1 a) und b)

Abb. 4: Parabel 2. Ordnung mit h(x); geht durch den Ursprung und durch P(- 2 | - 4)
$-4 = c\,(-2)^2 - (-2)$ damit $c = -\frac{3}{2}$

Abb. 2: Graph einer Exponentialfunktion mit g(x); waagrechte Asymptote:
$y = -2$ für $x \to \infty$ verläuft durch S(0 | − 1,5), also b = 0,5

Abb. 3: Graph einer gebrochen-rationalen Funktion mit f(x); waagrechte Asymptote: y = 0
senkrechte Asymptote: x = 1 und damit a = − 1

Aufgabe 2

1. f ist streng monoton wachsend für $-3 < x < 3$: wahr, da $f'(x) > 0$ für alle x
2. Das Schaubild von f hat mindestens einen Wendepunkt:
   wahr, da das Schaubild von f′ mindestens einen Extrempunkt (Hochpunkt) hat.
3. Das Schaubild von f ist symmetrisch zur y-Achse: falsch, da $f'(-x) = f'(x)$ gilt
4. Es gilt $f(x) > 0$ für alle $x \in [-3;3]$: nicht entscheidbar, f(x) ist festgelegt bis auf einen konstanten Summanden.

Aufgabe 3

a) wahr, da: waagrechte Asymptote: y = 0; senkrechte Asymptote: x = c

b) wahr, da: z. B. $f(x) = x^2(x + 4)$ (eine Berührstelle, eine einfache Nullstelle)

c) falsch: Ist der Graph nach oben geöffnet,
so hat er keinen höchsten Punkt.

Aufgabe 4

1. falsch; f′(x) wechselt bei x = − 2 das Vorzeichen nicht.
2. wahr: Das Schaubild von f′ hat für $-3 \leq x \leq 6$ genau zwei Extrempunkte.
3. wahr: $f'(0) = 4 > 1$
4. falsch: $f'(x) > 0$ für $0 < x < 5$, also ist f wachsend

Aufgabe 5

$f_t(x) = t^2 - x + e^{x-t}$; $f_t'(x) = -1 + e^{x-t} = 0 \Leftrightarrow e^{x-t} = 1$ für x = t

Tiefpunkt $T(t \mid t^2 - t + 1)$

Hinweis: $f_t''(x) = e^{x-t} > 0$ für alle $x \in \mathbb{R}$

Die y-Werte liegen auf einer nach oben geöffneten Parabel ($y = t^2 - t + 1$)

mit Scheitel S(0,5 | 0,75)

($y' = 0 \Leftrightarrow 2t - 1 = 0$)

Für t = 0,5 liegt der Tiefpunkt möglichst tief.

Aufgabe 6

a) Aussagen über F: Zwei Extremstellen, da f zwei Nullstellen mit VZW hat;
eine Wendestelle, da f eine Extremstelle hat ; keine Aussage über Nullstellen möglich, da F nur bis auf einen Summanden festgelegt ist.

b) $\int_2^6 f(x)dx = F(6) - F(2) > 1$, da der Inhalt der Fläche zwischen dem Graph von f und der x-Achse auf [2; 6] größer als 1 ist. Vergleichen Sie: $A_\Delta = \frac{1}{2}(6 - 2) \cdot 0{,}7 = 1{,}4$

c) $\int_{-1}^0 f(x)dx \approx -(\frac{1}{2} \cdot 1 \cdot 2{,}5) = -1{,}25$

Aufgabe 7

Momentaner Umsatz in GE/ZE zum Zeitpunkt t: $u(t) = 200te^{-0{,}025t^2}$

a) Zu zeigen: $U'(t) = u(t)$ $U'(t) = -4000 \cdot (-0{,}05t)e^{-0{,}025t^2} = 200te^{-0{,}025t^2}$

b) $\lim\limits_{t\to\infty} U(t) = 4000$, da $\lim\limits_{t\to\infty} e^{-0{,}025t^2} = 0$

Der Gesamtumsatz wird 4000 GE nicht überschreiten.

Aufgabe 8

a) Langfristig wird sich der Gesamtabsatz 40 ME betragen.
Die Absatzkurve hat die Asymptote y = 40.

b) Momentane Änderungsrate maximal in der Wendestelle: $x \approx 4$

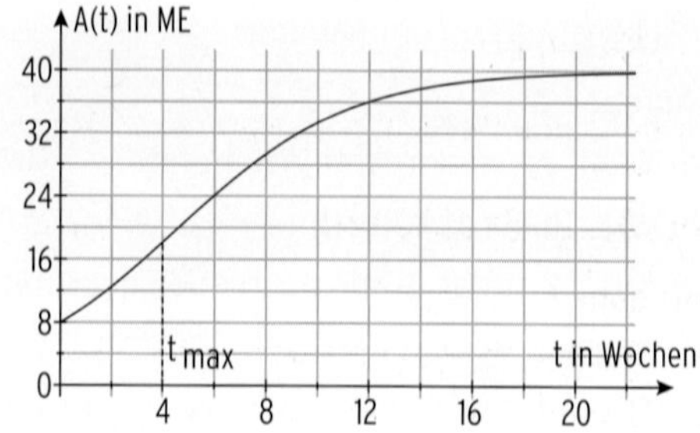

Aufgabe 9

$f_a(x) = \frac{5}{1 + a \cdot e^{-x}}$.

a) ● $f_a(0) = \frac{5}{1 + a} = 1$ $(e^0 = 1)$
Wert des Parameters a: a = 4
● maximale Änderungsrate von f_a beträgt etwa 1,2
(Steigung der Tangente in $x \approx 1{,}4$)

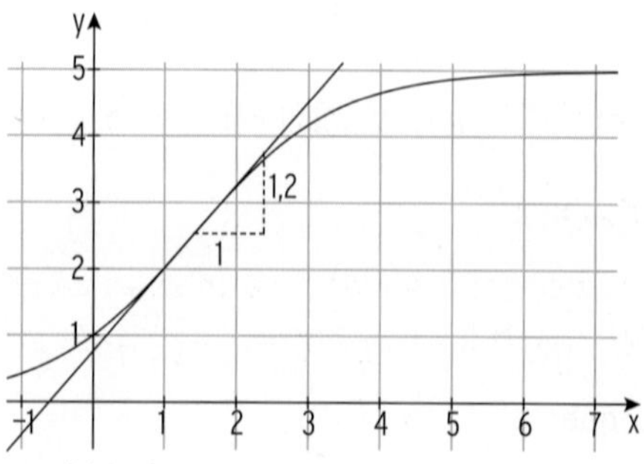

b) Graph von f_a'

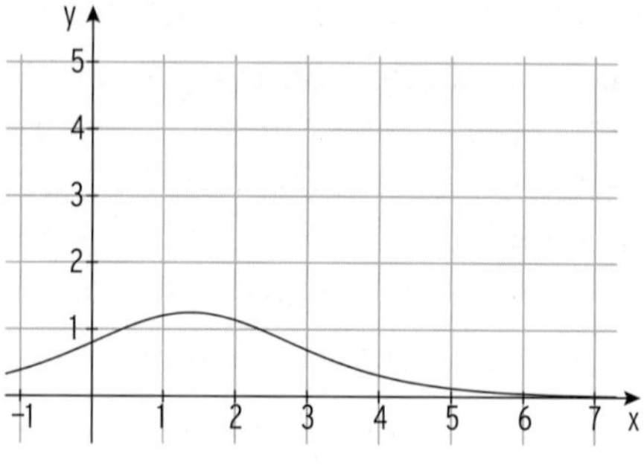

Aufgabe 10

$g(t) = 80 \cdot (1 - e^{-0{,}05t})$; $t \geq 0$ (t in Minuten seit Infusionsbeginn, g(t) in mg).

Für $t \to \infty$ gilt: $g(t) \to 80$ Langfristig befinden sich 80 mg Wirkstoffmenge im Blut.

$g'(t) = 80 \cdot 0{,}05 \cdot e^{-0{,}05t} > 0$ Die Wirkstoffmenge im Blut nimmt ständig zu.

Momentane Änderungsrate der Wirkstoffmenge beträgt $1\frac{mg}{min}$:

$g'(t) = 1 \Leftrightarrow e^{-0{,}05t} = \frac{1}{4}$ für $t = -20\ln(\frac{1}{4}) = 20\ln(4)$

Nach 20 ln(4) Minuten beträgt die momentane Änderungsrate $1\frac{mg}{min}$.

Aufgabe 11

a) A: Monoton wachsend; Angebotsfunktion

$p_A(x) = x + 1$

B: Monoton fallend; Nachfragefunktion

$p_N(x) = -x^2 + 3$

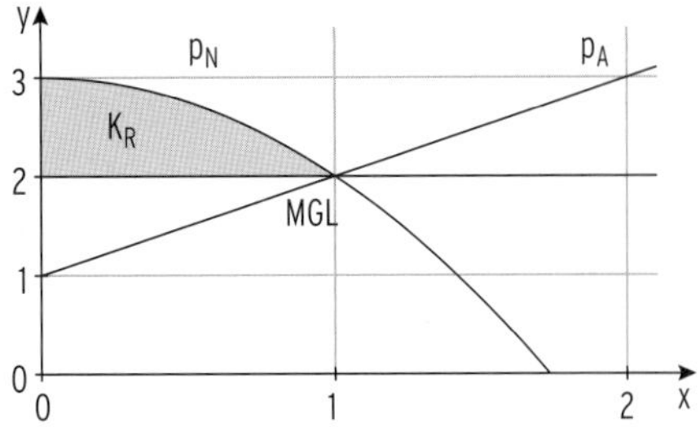

b) $p_A(x) = p_N(x)$ $-x^2 + 3 = x + 1$

$x^2 + x - 2 = 0 \Leftrightarrow x_1 = 1;\ x_2 = -2$

MGL (1 | 2)

Konsumentenrente: $\int_0^1 p_N(x)\,dx - 2 = \left[-\frac{1}{3}x^3 + 3x\right]_0^1 - 2 = \frac{2}{3}$

POOL 2 Stochastik

Aufgabe 1

a) Ereignis A: Man verliert von 10 Spielen mindestens acht.

b) Die Zufallsvariable X gibt die Anzahl der verlorenen Spiele an. X ist binomialverteilt mit $n = 4$ und $p = \frac{2}{3}$: $P(X = 2) = \binom{4}{2} \cdot \left(\frac{2}{3}\right)^2 \cdot \left(\frac{1}{3}\right)^2 = \frac{8}{27}$

Mit der Wahrscheinlichkeit von $\frac{8}{27}$ verliert er dabei genau zwei Mal.

Aufgabe 2

X: Anzahl der defekten Smartphones unter 50 Smartphones; X ist $B_{50;0{,}04}$- verteilt

$P(X \leq 1) = P(X = 0) + P(X = 1) = \binom{50}{0} \cdot 0{,}04^0 \cdot 0{,}96^{50} + \binom{50}{1} \cdot 0{,}04^1 \cdot 0{,}96^{49}$

Aufgabe 3

Die Zufallsvariable X ist binomialverteilt mit $n = 10$ und $p = 0{,}6$.

a) $E(X) = 6$; größter Wert in $X = 6$; Abb. 3 zeigt die Verteilung

b) $P(4 < X < 7) = P(X = 5) + P(X = 6) = 0{,}45$

$P(X \neq 5) = 1 - P(X = 5) = 0{,}8$

Aufgabe 4

Trefferquote $p = 0{,}8$ P(Zwei Treffer in den ersten beiden Würfen) $= 0{,}8^2 = 0{,}64$

Ereignis A: Er wirft 10 Mal daneben

Ereignis B: Er trifft bei 50 Würfen genau 40 Mal.

POOL 2 Stochastik

Aufgabe 5

1 Die zugehörige Aufgabenstellung lautet z. B.: Bestimmen Sie die Wahrscheinlichkeit, dass sich genau 35 von 135 befragten Personen über die lange Ladezeit beklagen, wenn die Quote der unzufriedenen Besitzer 25 % beträgt.

2 X ist die Anzahl der o-clock17-Besitzer, die sich über die lange Ladezeit beklagen.

Stichprobenumfang: $n = 80$

Trefferwahrscheinlichkeit: $p = 25\,\% = 0{,}25$; Erwartungswert: $E(X) = \mu = 80 \cdot 0{,}25 = 20$

Standardabweichung: $\sigma = \sqrt{80 \cdot 0{,}25 \cdot 0{,}75} = \sqrt{15}$

$[\mu - \sigma; \mu + \sigma] = [20 - \sqrt{15}\,; 20 + \sqrt{15}\,]$

Da $20 + \sqrt{15} < 25$, liegt das Ergebnis nicht im Intervall.

Überlegung: $\sqrt{15} < \sqrt{16} = 4$

$25 \notin [20 - \sqrt{15}\,; 20 + \sqrt{15}\,]$

Aufgabe 6

FF: falsche Form; RF: richtige Form

FG: fehlerhaftes Gewinde; RG: fehlerfreies Gewinde

Gegeben: $P(FF) = 0{,}05$; $P_{FF}(FG) = 0{,}4$; $P(RF \cap RG) = 0{,}936$

Gesucht: $P_{FG}(FF)$

$P_{FF}(FG) = 0{,}4 \Leftrightarrow P_{FF}(FG) = \frac{P(FF \cap FG)}{P(FF)} = 0{,}4 \quad \Leftrightarrow P(FF \cap FG) = 0{,}05 \cdot 0{,}4 = 0{,}02$

Aufstellen einer Vierfeldertafel:

	FF	RF	gesamt
FG	0,02	0,014	0,034
RG	0,03	0,936	0,966
gesamt	0,05	0,95	1

$P_{FG}(FF) = \frac{P(FF \cap FG)}{P(FG)} = \frac{0{,}02}{0{,}034} = \frac{10}{17}$ ($\approx 58{,}8\,\%$)

Aufgabe 7

a) $P(X = 4) = 1 - 0{,}3 - 0{,}5 = 0{,}2$

Erwartungswert von X: $E(X) = 2 \cdot 0{,}3 + 4 \cdot 0{,}2 + 6 \cdot 0{,}5 = 4{,}4$

b) Das Produkt 12 kann hier auf zwei Möglichkeiten erreicht werden: 2;6 und 6;2.

Damit ergbt sich die Wahrscheinlichkeit: $P(12) = 2 \cdot 0{,}3 \cdot 0{,}5 = 0{,}30$

POOL 2 Lineare Algebra

Aufgabe 1

a) Zeilensumme = 1; Übergangsmatrix $M = \begin{pmatrix} 0{,}7 & 0{,}2 & 0{,}1 \\ 0{,}1 & 0{,}8 & 0{,}1 \\ 0{,}1 & 0{,}1 & 0{,}8 \end{pmatrix}$ Hinweis: $F \rightarrow N \rightarrow V$

b) $a_{21} = (0{,}1 \quad 0{,}8 \quad 0{,}1) \cdot \begin{pmatrix} 0{,}7 \\ 0{,}1 \\ 0{,}1 \end{pmatrix} = 0{,}16$

Der Anteil der Frisörbesucher von Salon N, die beim übernächsten Besuch zum Salon F wechseln, liegt bei 16 %.

POOL 2 Lineare Algebra

Aufgabe 2

a) Verflechtungsdiagramm

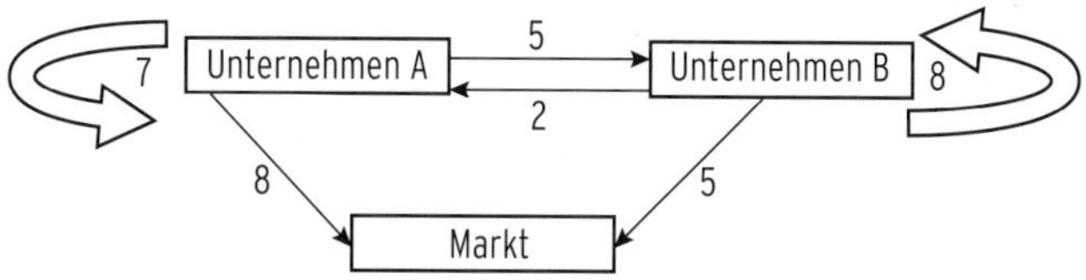

b) Berechnung der Leontief-Inversen:

$$E - A = \begin{pmatrix} 0{,}8 & -0{,}5 \\ -{,}4 & 0{,}7 \end{pmatrix}; \left(\begin{array}{cc|cc} 0{,}8 & -0{,}5 & 1 & 0 \\ -0{,}4 & 0{,}7 & 0 & 1 \end{array}\right) \sim \left(\begin{array}{cc|cc} 0{,}8 & -0{,}5 & 1 & 0 \\ 0 & 0{,}9 & 1 & 2 \end{array}\right) \sim \left(\begin{array}{cc|cc} 0{,}8 & -0{,}5 & 1 & 0 \\ 0 & 0{,}1 & \frac{1}{9} & \frac{2}{9} \end{array}\right)$$

$$\sim \left(\begin{array}{cc|cc} 0{,}8 & 0 & \frac{14}{9} & \frac{10}{9} \\ 0 & 0{,}1 & \frac{1}{9} & \frac{2}{9} \end{array}\right) \sim \left(\begin{array}{cc|cc} 1 & 0 & \frac{35}{18} & \frac{25}{18} \\ 0 & 1 & \frac{10}{9} & \frac{20}{9} \end{array}\right) \quad \text{Leontief-Inverse: } (E - A)^{-1} = \begin{pmatrix} \frac{35}{18} & \frac{25}{18} \\ \frac{10}{9} & \frac{20}{9} \end{pmatrix}$$

Aufgabe 3

a) $C_{RE} \cdot \vec{m} = \vec{r}$ ergibt $4x + 10x + 6x = 20$ für $x = 1$

(so wie $x + 6x + 12x = 19$ für $x = 1$ und $2x + 2x + 15x = 19$ für $x = 1$)

Von E_1 können 1 ME, von E_2 2 ME und von E_3 3 ME hergestellt werden.

b) $\vec{k}_R^{\,T} \cdot C_{RE} = (2 \quad 3 \quad 2)\begin{pmatrix} 4 & 5 & 2 \\ 1 & 3 & 4 \\ 2 & 1 & 5 \end{pmatrix} = (15 \quad 21 \quad 26)$; $(15 \quad 21 \quad 26) \cdot \begin{pmatrix} 3 \\ 2 \\ 1 \end{pmatrix} = 113$

Die Rohstoffkosten belaufen sich auf 113 GE.

Aufgabe 4

a) Es gilt: $Y \cdot Z = X$ (Probe an einigen Werten)

Y: Rohstoff-Zwischenprodukt-Matrix,

Z: Zwischenprodukt-Endprodukt-Matrix; X: Rohstoff-Endprodukt-Matrix

b) $(1 \quad a \quad 3)\begin{pmatrix} 1 \\ 2 \\ 2 \end{pmatrix} = 15 \Leftrightarrow 1 + 2a + 6 = 15 \Rightarrow a = 4$

$(4 \quad 1 \quad b)\begin{pmatrix} 1 \\ 2 \\ 2 \end{pmatrix} = 10 \Leftrightarrow 4 + 2 + 2b = 10 \Rightarrow b = 2$

$(1 \quad 2 \quad 1)\begin{pmatrix} 1 \\ 3 \\ c \end{pmatrix} = 7 \Leftrightarrow 1 + 6 + c = 7 \Rightarrow c = 0$

Deutung im Sachzusammenhang:

a = 4: Für eine ME des Zwischenproduktes Z2 werden 4 ME des pflanzlichen Rohstoffs R2 benötigt.

b = 2: Für eine ME des Zwischenproduktes Z3 werden 2 ME des pflanzlichen Rohstoffs R3 benötigt.

c = 0: Für eine ME des Endproduktes E3 werden keine ME des Zwischenproduktes Z3 verbraucht.

Aufgabe 5

a) Die Matrix A besitzt eine Inverse, wenn das LGS $A \cdot \vec{x} = \begin{pmatrix} 0 \\ 0 \\ 0 \end{pmatrix}$ nur trivial lösbar ist.

$$\begin{pmatrix} 1 & 2 & 1 \\ 2 & 3 & 3 \\ 2 & 3 & 0 \end{pmatrix} \sim \begin{pmatrix} 1 & 2 & 1 \\ 0 & -1 & 1 \\ 0 & 0 & 3 \end{pmatrix}$$

b) $A \cdot B = \begin{pmatrix} 1 & 0 & 0 \\ 0 & 1 & 0 \\ 0 & 0 & 1 \end{pmatrix} = E$; B ist die Inverse der Matrix A ist.

Aufgabe 6

Variable Herstellkosten pro ME: $\vec{k}_V^T = \vec{k}_R^T \cdot C + \vec{k}_Z^T \cdot B + \vec{k}_E^T$

$$\vec{k}_Z^T \cdot B = (1 \quad 0{,}5 \quad 1 \quad 0{,}6) \begin{pmatrix} 6 & 3 \\ 6 & 0 \\ 2 & 1 \\ 0 & 10 \end{pmatrix} = (11 \quad 10)$$

Einsetzen ergibt $\vec{k}_V^T = (42{,}4 \quad 72{,}2) + (11 \quad 10) + (6 \quad 8) = (59{,}4 \quad 90{,}2)$

Mindestverkaufspreis: $59{,}4 \cdot 1{,}25 = 74{,}25$; $90{,}2 \cdot 1{,}25 = 112{,}75$

Erhöhung um 25% ergibt den Mindestverkaufspreis für E_1 von 74,25 und für E_2 von 112,75 GE.

Aufgabe 7

Für den Vektor $\vec{v} = \begin{pmatrix} v_1 \\ v_2 \\ v_3 \end{pmatrix}$ gilt $\qquad v_1 + v_2 + v_3 = 100 \qquad (1)$

und für die **stabile** Verteilung: $\qquad (v_1 \quad v_2 \quad v_3) \cdot M = (v_1 \quad v_2 \quad v_3)$

Einsetzen von M ergibt ein LGS für v_1, v_2, v_3:

$$\begin{aligned} 0{,}2v_1 + 0{,}1v_2 &= v_1 & & & -0{,}8v_1 + 0{,}1v_2 &= 0 & (2) \\ 0{,}8v_1 + 0{,}5v_2 + 0{,}2v_3 &= v_2 & &\Leftrightarrow & 0{,}8v_1 - 0{,}5v_2 + 0{,}2v_3 &= 0 & (3) \\ 0{,}4v_2 + 0{,}8v_3 &= v_3 & & & 0{,}4v_2 - 0{,}2v_3 &= 0 & (4) \end{aligned}$$

Das homogene LGS aus (2), (3) und (4) ist mehrdeutig lösbar:

$$\begin{pmatrix} -0{,}8 & 0{,}1 & 0 \\ 0{,}8 & -0{,}5 & 0{,}2 \\ 0 & 0{,}4 & -0{,}2 \end{pmatrix} \sim \begin{pmatrix} -0{,}8 & 0{,}1 & 0 \\ 0 & -0{,}4 & 0{,}2 \\ 0 & 0{,}4 & -0{,}2 \end{pmatrix} \sim \begin{pmatrix} -0{,}8 & 0{,}1 & 0 \\ 0 & -0{,}4 & 0{,}2 \\ 0 & 0 & 0 \end{pmatrix} \Rightarrow \vec{v}_{hom} = \begin{pmatrix} 0{,}125r \\ r \\ 2r \end{pmatrix}$$

Aus Gleichung (1) erhält man $\frac{25}{8}r = 100$ und daraus die Lösung: $v_1 = 4$; $v_2 = 32$; $v_3 = 64$

Eine **stabile Verteilung** der Merkmalsausprägungen ist also 4 : 32 : 64.

2 Analysis

Mathematische Formeln, Fachgymnasium

Kostenfunktionen **x: Ausbringungsmenge in ME** **y: Gesamtkosten in GE**	Gesamtkostenfunktion	$K(x) = K_v(x) + K_f(x)$
	Funktion der variablen Gesamtkosten	$K_v(x)$
	Funktion der fixen Gesamtkosten	$K_f(x)$
	Funktion der gesamten Stückkosten (Funktion der Durchschnittskosten)	$k(x) = \frac{K(x)}{x}$
	Funktion der variablen Stückkosten	$k_v(x)$
	Funktion der fixen Stückkosten	$k_f(x)$
	Grenzkostenfunktion	$K'(x)$
	Grenzstückkostenfunktion	$k'(x)$
	Betriebsoptimum (BO) - Tiefstelle von k(x)	x_{BO}
	Langfristige Preisuntergrenze (LPU)	$k(x_{BO})$
	Betriebsminimum (BM) - Tiefstelle von $k_v(x)$	x_{BM}
	Kurzfristige Preisuntergrenze (KPU)	$k_v(x_{BM})$
	Nachfragefunktion, Preis-Absatz-Funktion	$p_N(x)$ Bei Preiselastizitätsberechnungen kommt auch die Umkehrfunktion $x(p)$ zum Einsatz.
	Angebotsfunktion	$p_A(x)$ Angebotspreis in Abhängigkeit von der angebotenen Menge x.
	Gleichgewichtsmenge	x_G : Schnittstelle von $p_N(x)$ mit $p_A(x)$
	Gleichgewichtspreis	$y_G = p_G = p_A(x_G) = p_N(x_G)$
	Erlösfunktion	$E(x) = p(x) \cdot x$
	Grenzerlösfunktion	$E'(x)$
	Gewinnfunktion	$G(x) = E(x) - K(x)$
	Grenzgewinnfunktion	$G'(x)$
	Gewinnschwelle / Nutzenschwelle	x_S 1. Nullstelle der Gewinnfunktion
	Gewinngrenze / Nutzengrenze	x_G 2. Nullstelle der Gewinnfunktion
	Cournot'scher Punkt Gewinnmaximale Ausbringungsmenge	$C(x_C \mid p_N(x_C))$ x_C
	Produzentenrente	$P_R = \int_0^{x_G} (p_G - p_A(x))dx$ Differenz aus erzieltem Umsatz und mindestens erwartetem Umsatz.
	Konsumentenrente	$K_R = \int_0^{x_G} (p_n(x) - p_G)dx$ Differenz zwischen den theoretisch möglichen und den tatsächlichen Ausgaben für ein Gut.
	Preiselastizität der Nachfrage	$e_{x;p} = \frac{\text{relative (proz.) Mengenänderung } \frac{\Delta x}{x}}{\text{relative (proz.) Preisänderung } \frac{\Delta p}{p}}$
	Elastizitätsfunktion	$e_{f(x);x}(x) = \frac{f'(x)}{f(x)} \cdot x$
	Elastizitätsfunktion der Nachfrage	$e_{x;p}(p) = \frac{x'(p)}{x(p)} \cdot p$ mit x(p) als Umkehrfunktion der Preis-Absatz-Funktion bzw. $e_{x;p}(x) = \frac{p(x)}{p'(x) \cdot x}$ mit p(x) als Preis-Absatz-Fkt.

Bezeichnungen: $\mathbb{N}_{>0} = \{1; 2; \dots\} = \mathbb{N}^*$

$\mathbb{R}_{\geq 0} = \{x \in \mathbb{R} \wedge x \geq 0\} = \mathbb{R}_+$

$\mathbb{R}_{>0} = \{x \in \mathbb{R} \wedge x > 0\} = \mathbb{R}_+^*$

Intervalle: $[a; b] = \{x \in \mathbb{R} \wedge a \leq x \leq b\}$

$]a; b[= (a; b) = \{x \in \mathbb{R} \wedge a < x < b\}$

Aufgaben eA - GTR - zur Prüfungsvorbereitung

Aufgabe 1

Lösungen Seite 43/44

Ein Industriebetrieb stellt Vollmilchschokolade her. Aufgrund der gestiegenen Preise für Milchprodukte überlegt die Unternehmensleitung, einen Teil der Vollmilch durch Milchpulver zu ersetzen. Alle anderen Faktoren bleiben konstant. Der Geschmack der Schokolade soll dadurch nicht beeinträchtigt werden. Tests mit mehreren Probanden haben ergeben, dass sich dieses Ziel durch folgende Mengenkombinationen erreichen lässt:

x : Milchpulver in Mengeneinheiten [ME]	3	4	7
y: Milch in ME	9	7	5

Mit diesen Faktormengenkombinationen kann das Unternehmen jeweils 200 ME produzieren. Das Milchpulver kostet 3 Geldeinheiten pro ME [GE/ME], die Milch 4 GE/ME .

a) Insgesamt sind für den Einkauf von Milchpulver und Milch 48 GE eingeplant. Zeigen Sie, dass die Gleichung der Isokostengeraden dann $I_k(x) = -\frac{3}{4}x + 12$ lautet.

Ermitteln Sie die Anzahl der Mengeneinheiten an Milchpulver bzw. Milch für den Fall, dass die Geschäftsleitung nur einen der beiden Rohstoffe beschaffen möchte. Skizzieren Sie den Graphen von I_k in ein geeignetes Koordinatensystem.

b) Die allgemeine Funktionsgleichung einer Isoquante soll lauten: $I(x) = \frac{a}{x-b} + c$ mit $a, b, c \in \mathbb{R}_{>0}$. Bestimmen Sie die Funktionsgleichung der Isoquante für die Ausgangssituation. Skizzieren Sie den Graphen von I in das Koordinatensystem aus a).

Berechnen Sie die Faktormengenkombinationen, bei denen unter diesen Umständen 200 ME produziert werden können. Berechnen Sie die Maßzahl für die Fläche, die von den beiden Graphen eingeschlossen wird.

c) Bestimmen Sie die Gleichung der kostenminimalen Isokostengeraden. Skizzieren Sie diese in Ihr Koordinatensystem aus a). Erläutern Sie die grafische Ermittlung der minimalen Isokostengeraden. Berechnen Sie die zugehörigen minimalen Kosten.

d) Die Geschäftsleitung beschließt, das Budget für den Einkauf von Milchpulver und Milch auf insgesamt 38 GE zu beschränken. Das Verhältnis von Milchpulver zu Milch in ME muss in diesem speziellen Fall 1: 1,75 betragen. Ermitteln Sie die Faktormengenkombination, die unter diesen Umständen das Budget vollständig ausschöpft.

Der Geschäftsleitung ist bekannt, dass die Funktionsgleichung der zugehörigen Isoquante I* folgendermaßen lautet: $I^*(x) = 3 + \frac{a^*}{x-1}$.

Bestimmen Sie die Funktionsgleichung von I*. Interpretieren Sie die Veränderung der Isoquante aus ökonomischer Sicht.

(Abitur Fachgymnasium Niedersachsen 2009.)

Aufgabe 2 **Seite 1/2** **Lösungen Seite 44 - 46**

Ein Dorf in Südniedersachsen plant ein mehrtägiges Freiluftkonzert, bei dem täglich bis zu 8000 Besucher erwartet werden. Das Festival wird an einem Donnerstag für die Besucher geöffnet und schließt am darauf folgenden Sonntag.

Die zu erwartenden Besucherzahlen sollen durch eine Funktion f in Abhängigkeit von t angenähert werden. Bei dieser Funktion ist t die Zeit in Tagen und f (t) ist die Anzahl der Besucher in Mengeneinheiten (ME), die sich zu einem bestimmten Zeitpunkt auf dem Festivalgelände befinden.

Die Veranstalter haben bei einigen ähnlichen Veranstaltungen die anwesenden Besucher in regelmäßigen Zeitabständen gezählt und sind zu folgendem Ergebnis gekommen:

Tag	Donnerstag		Freitag		Samstag		Sonntag	
Uhrzeit	0:00 t = 0	12:00	0:00 t = 1	12:00	0:00 t = 2	12:00	0:00 t = 3	12:00
Anzahl der Besucher auf dem Gelände in Mengeneinheiten (ME)	0	870	2037	3519	5243	6911	7746	5994

a) Ermitteln Sie mittels geeigneter Regression die Gleichung der am besten geeigneten ganzrationalen Funktion f durch die angegebenen Datenpunkte und dokumentieren Sie Ihre Lösungsschritte. Begründen Sie Ihre Entscheidung für die von Ihnen gewählte Regression.

Skizzieren Sie die Daten aus der Wertetabelle und den Funktionsgraphen der von Ihnen gefundenen Näherungsfunktion f mit seinen Nullstellen, Extrempunkten und Wendepunkten in ein geeignetes Koordinatensystem.

Beschreiben Sie den Kurvenverlauf mathematisch und bezogen auf die Besucherzahlen.

Im Folgenden gilt als Näherung für die Besucherzahlen die Funktion

$$f_{neu}(t) = e^{0,99t}(2000 - 500t) - 2000$$

b) Um die Organisation der Verpflegung angemessen zu planen, werden von dem Planungsteam unterschiedliche Untersuchungen angestellt.

Bestimmen Sie für f_{neu} den ökonomisch sinnvollen Definitionsbereich.

Geben Sie den Zeitpunkt t , an dem der letzte Besucher das Konzert verlassen hat, in Wochentag und Stunde an.

Der Mittelwert $\bar{f}$ der Funktionswerte einer Funktion im Intervall [a; b] wird berechnet mit $\bar{f} = \frac{1}{b-a} \cdot \int_a^b f(x)dx$.

Ermitteln Sie den Mittelwert $\bar{f}$ der Funktion f_{neu}, der die durchschnittliche Anzahl der Besucher von Freitagmorgen 6:00 Uhr bis Sonntagmittag 12:00 Uhr angibt.

Aufgabe 2 **Seite 2/2**

c) Damit die Einsatzplanung des Sicherheitspersonals an die Besucherzahlen angepasst werden kann, müssen so genannte Stoßzeiten ermittelt werden.

Berechnen Sie den Zeitpunkt t, an dem der maximale Besucherstand erreicht wird.
Geben Sie den Zeitpunkt t, an dem sich die Besucherzahl auf dem Gelände um 1000 reduziert, in Wochentag und Stunde an.

Bestimmen Sie nur mithilfe der notwendigen Bedingung den Zeitpunkt t, an dem die Besucherzahlen am stärksten zunehmen. Berechnen Sie die Änderungsrate zu diesem Zeitpunkt und interpretieren Sie das Ergebnis.

d) Auf dem Festivalgelände werden an einem Stand Erfrischungsgetränke des Unternehmens Baonide verkauft. Die Kostenfunktion lautet

$$K_a(x) = \frac{3}{550}x^3 + ax^2 + 50x + 1080, \text{ mit } a \in [-0{,}95; 0].$$

Der Parameter a stellt dabei die Produktion unterschiedlicher Geschmacksrichtungen dar. Geben Sie die Funktionsterme für die Funktionsscharen der Grenzkosten, der Stückkosten und der variablen Stückkosten an.

Ermitteln Sie die Ortskurve der Betriebsminima.
Interpretieren Sie die Lage der Betriebsminima in Abhängigkeit des Parameters a.
(Abitur Fachgymnasium Niedersachsen 2012.)

Aufgabe 3 **Lösungen Seite 47**

Ein Hersteller von DVD hat beschlossen, seine Produktion um Blu-ray-Discs zu erweitern.

Dafür muss er Investitionen vornehmen, die die Gesamtkosten verändern. Die Gesamtkosten werden durch die Funktion K mit $K(x) = e^{0{,}25x}\,((x-2)^3 + 25)$ angenähert. Dabei wird x in ME und K(x) in GE angegeben.

a) Berechnen Sie die prozentuale Änderung der Fixkosten nach der Investitionstätigkeit unter der Voraussetzung, dass die Fixkosten vor der Investition 9 GE betrugen.

Untersuchen Sie unter Verwendung der lang- und kurzfristigen Preisuntergrenze die Wahlmöglichkeiten des Herstellers für alternative Einstiegspreise.

b) Ermitteln Sie die Grenzkostenfunktion K'.

Berechnen Sie die Produktionsmenge, bei der sich die Gesamtkosten am geringsten ändern, und bestimmen Sie diese Kostenänderung.

Bestimmen Sie das Integral $\int_0^2 K'(x)dx$
und interpretieren Sie das Ergebnis aus mathematischer und aus ökonomischer Sicht.
(Abitur Fachgymnasium Niedersachsen 2011.)

Aufgabe 4 **Seite 1/2** **Lösungen Seite 48 - 50**

Das Unternehmen Nuva hat ein neues Duschgel für Neurodermitiker entwickelt. Dieses Gel ist frei von Zusätzen und enthält ein Deodorant. Für dieses Produkt wird von enem Produktlebenszyklus ausgegangen, der durch die Umsatzfunktionenschar u_m mit $u_m(t) = 10t \cdot e^{m \cdot t}$; $m \in \mathbb{R}_{<0}$ beschrieben werden kann.

Der Parameter m beschreibt unterschiedliche Absatzmärkte.

Die Zeit t wird in Zeiteinheiten (ZE) angegeben und der Umsatz $u_m(t)$ in Geldeinheiten pro Zeiteinheit (GE/ZE). Die Produkteinführung erfolgt zum Zeitpunkt t = 0.

a) Skizzieren Sie qualitativ für ein beliebiges m mit $m \in \mathbb{R}_{<0}$ den Verlauf des Graphen der Schar im Intervall [0; 9]. Beschreiben Sie den Verlauf dieses Graphen mathematisch und interpretieren Sie ihn aus ökonomischer Sicht.

b) Ermitteln Sie den Extrempunkt der Umsatzfunktionenschar u_m und interpretieren Sie die Koordinaten in Abhängigkeit des Parameters m aus ökonomischer Sicht.

Betrachten Sie den Absatzmarkt mit m = – 0,5 .

Bestimmen Sie den maximalen Umsatz für das neue Duschgel.

Ermitteln Sie den Zeitpunkt, an dem die Umsatzänderung am stärksten ist.

Das Produkt sollte vom Markt genommen werden, der maximale Umsatz um 40% unterschritten wird, spätestens aber, wenn der größte Umsatzrückgang zu verzeichnen ist.
Ermitteln Sie den Zeitpunkt, an dem das Produkt vom Markt genommen werden sollte.

Für die folgenden Aufgaben gilt m = - 0,5.

c) Der Gesamtumsatz bis zu einem bestimmten Zeitpunkt t lässt sich mithilfe der Maßzahl der Fläche zwischen der Abszissenachse und dem Graphen der Umsatzfunktion $u_{-0,5}$ ermitteln.

Gegeben ist die Funktionsgleichung $U_{-0,5}(t) = -\frac{20(t + 2 + e^{0,5t})}{e^{0,5t}}$.

Zeigen Sie, dass $U_{-0,5}$ eine Stammfunktion von $u_{-0,5}$ ist.
Bestimmen Sie den Gesamtumsatz von der Produkteinführung bis zum Zeitpunkt t = 0,5.

Ermitteln Sie den Gesamtumsatz, auf den das Unternehmen verzichtet, wenn es das Duschgel zum Zeitpunkt t = 4 vom Markt nimmt.

Aufgabe 4 **Seite 2/2**

d) Der Preis für das Duschgel wird sich über die Zeit t voraussichtlich nach der Funktion p mit $p(t) = \frac{8}{0{,}3t + 3}$ entwickeln. Dabei wird p(t) in GE/ME angegeben.
Untersuchen Sie die Funktion p auf die Zeitpunkte mit dem höchsten bzw. dem niedrigsten Preis.
Bestimmen Sie den Funktionsterm der Absatzfunktion $a_{-0{,}5}$ mit $a_{-0{,}5}(t) = \frac{u_{-0{,}5}(t)}{p(t)}$ und vereinfachen Sie diesen so weit wie möglich.
Ermitteln Sie die zugehörige Maßeinheit.
Erläutern Sie die ökonomische Bedeutung der Maßzahl der Fläche zwischen der Abszissenachse und dem Graphen der Absatzfunktion im Intervall [0; 4].
(Abitur Fachgymnasium Niedersachsen 2011.)

Aufgabe 5 **Lösungen Seite 50/51**

Das Unternehmen Engel AG bietet seit Jahren das Schmuckarmband Pondaro an.

a) Die Engel AG führt im Rahmen der Absatzplanung eine Kostenanalyse durch. Die Gesamtkostenfunktion K ist mit $K(x) = 10\,e^{-0{,}6(0{,}3x-1{,}5)^2} + 0{,}1$ bekannt.
x wird in ME und K(x) in GE gemessen.
Bestimmen Sie den ökonomisch sinnvollen Definitionsbereich.
Bestimmen Sie die Stelle, bei der der Graph der Grenzkostenfunktion K′ im ökonomisch sinnvollen Definitionsbereich ein Extremum hat. Interpretieren Sie den Grenzkostenverlauf hinsichtlich der Gesamtkostenentwicklung. Erläutern Sie, dass die minimalen Stückkosten an der Kapazitätsgrenze erreicht werden und bestimmen Sie die minimalen Stückkosten. Bestimmen Sie das Integral $\int_0^2 K'(x)dx$ und interpretieren Sie das Ergebnis aus ökonomischer Sicht.

b) Im Rahmen einer alternativen Planung geht die Engel AG von einem ertragsgesetzlichen Gesamtkostenverlauf aus, der durch die ganzrationale Funktion K* mit $K^*(x) = 2x^3 - 12x^2 + 30x + 64$ gekennzeichnet ist.
Durch den Koordinatenursprung und den beliebigen Punkt P (x | K*(x)) verläuft eine Ursprungsgerade. Bestimmen Sie die Steigungen der Ursprungsgeraden, die durch den Punkt $P_1(1 \mid K^*(1))$ bzw. $P_2(2 \mid K^*(2))$ verlaufen. Vergleichen und interpretieren Sie Ihre Ergebnisse im Hinblick auf die anfallenden Stückkosten.
Eine weitere Ursprungsgerade stellt die Tangente an den Graphen zu K* dar.
Ermitteln Sie die Berührstelle der Tangente mit dem Graphen der Gesamtkostenfunktion K*. Interpretieren Sie diese Stelle aus ökonomischer Sicht.
(Teile aus Abitur Fachgymnasium Niedersachsen 2011.)

Aufgabe 6 Seite 1/2 Lösungen Seite 51 - 53

Ein Hersteller von laktosefreien Produkten hat den Markt für Milch untersucht, weil er inZukunft eine laktosefreie Vollmilch auf den Markt bringen möchte.

Bei der Untersuchung wurde festgestellt, dass die Nachfragefunktion p_N durch eine ganzra-tionale Funktion 3. Grades angenähert werden kann. Bei einem Preis von 5,4 Geldeinheiten pro Mengeneinheiten (GE/ME) wird 1 ME nachgefragt. Bei einem Preis von 3,4 GE/ME werden 2 ME nachgefragt. An dieser Stelle beträgt die momentane Änderungsrate −3,9. Der Höchstpreis liegt bei 6 GE/ME.

Die Angebotsfunktion wird durch die Funktionsschar $p_{A,c}$ mit $p_{A,c}(x) = \frac{-3}{x-2} + c$ beschrieben.

a) Um den Markt richtig einschätzen zu können, führt der Hersteller verschiedene Analysen durch. Bestimmen Sie dafür den Funktionsterm für die Nachfragefunktion p_N. Ermitteln Sie die Werte, die der Parameter c in der Angebotsfunktionsschar $p_{A,c}$ annehmen kann, damit der Schnittpunkt mit der Ordinatenachse nicht im negativen Bereich liegt.

Ermitteln Sie den ökonomisch sinnvollen Definitionsbereich für die gesamte Marktsituation und begründen Sie die Grenzen des Definitionsbereichs. Erläutern Sie die daraus resultierende Auswirkung für den Hersteller.

Bestimmen Sie die Wendestelle der Nachfragefunktion und interpretieren Sie die Stelle im ökonomischen Sinne.

Weisen Sie nach, dass der Graph der Angebotsfunktion im ökonomischen Definitionsbereich linksgekrümmt ist.

Erläutern Sie die Auswirkungen dieses Krümmungsverhaltens auf das Zusammenspiel von Preis und Angebotsmenge.

Der Hersteller der laktosefreien Milch wiederholt diese Marktuntersuchung kurze Zeit nach Einführung der laktosefreien Vollmilch und erhält folgende Situation:
$p_{A,neu}(x) = \frac{-3}{x-2} - 1{,}5$ und $p_{N,neu}(x) = -x^3 + 1{,}5x^2 - 1{,}1x + 7$

b) Die grafische Analyse von Angebot und Nachfrage sowie die Untersuchung von Produzenten- und Konsumentenrenten sollen weitere Erkenntnisse für die zukünftige Preisgestaltung erbringen. Skizzieren Sie die Graphen der Angebots- und der Nachfragefunktion in ein geeignetes Koordinatensystem und kennzeichnen Sie die Konsumenten- und Produzentenrente. Ermitteln Sie das aktuelle Marktgleichgewicht. Der Hersteller behauptet, dass die Produzentenrente mindestens 40% des Umsatzes ausmacht. Untersuchen Sie, ob die Aussage richtig ist.

3 Ott - ISBN 978-3-8120-0223-3

Aufgabe 6 Seite 2/2

c) Der Hersteller lässt Elastizitätsuntersuchungen im Bereich [0; 2) durchführen, um seine Preise besser festlegen zu können. Ermitteln Sie die Funktion für die Preiselastizität der Nachfrage unter Verwendung von $p_{N,neu}$.

Bestimmen Sie die Intervalle, in denen die Nachfrage elastisch bzw. unelastisch reagiert, und beschreiben Sie das jeweilige Intervall aus ökonomischer Sicht.

Geben Sie die zugehörigen Preisintervalle der Anbieter an.

Der Hersteller möchte die Auswirkungen von Preisänderungen auf die Nachfrage analysieren. Berechnen Sie den Preis, bei dem sich bei einer Preissteigerung um 1% die Nachfragemenge um 0,5% verringert.

d) Ein Jahr nach Einführung der laktosefreien Vollmilch überlegt der Hersteller, diese nicht nur in Lebensmittelgeschäften anzubieten, sondern auch in Reformhäusern als Bio-Produkt zu höheren Preisen, um so einen Teil der zur Zeit vorhandenen Konsumentenrente abzuschöpfen. Der Gleichgewichtspreis vor Einführung des Bio-Produktes liegt bei der derzeitigen Marktsituation bei 5,35 GE/ME und die Gleichgewichtsmenge bei 1,5 ME. Die Nachfragefunktion $p_{N,neu}$ mit
$p_{N,neu}(x) = -x^3 + 1{,}5x^2 - 1{,}1x + 7$ gilt auf beiden Märkten.

Der Hersteller strebt an, dass die Konsumenten auf dem Bio-Markt nur 20% der bisherigen Konsumentenrente erreichen.

Ermitteln Sie die Gleichgewichtsmenge und den Gleichgewichtspreis für den Bio-Markt, sodass die Vorstellungen des Herstellers realisiert werden können.

(Fachgymnasium Niedersachsen 2012.)

Aufgabe 7 Seite 1/2 Lösungen Seite 54 - 56

Ein Landwirt baut verschiedene Obst- und Gemüsesorten an. Bei jeder Sorte hat er unterschiedliche Möglichkeiten, die Ernte sowohl mit Hilfe von Erntehelfern als auch mit Hilfe von Erntemaschinen einzufahren. Die verschiedenen Kombinationsmöglichkeiten von Mengeneinheiten (ME) an Erntehelfern und ME an Erntemaschinen werden dabei durch die allgemeine Isoquantenfunktion I_P mit $I_P(x) = \frac{a}{x-b} + 7$ und $a, b \in \mathbb{R}_{>0}$ beschrieben.
Dabei gibt x den Faktoreinsatz in ME Erntehelfer, y den Faktoreinsatz in ME Erntemaschinen und P den konstanten Ernteertrag in ME an.

a) Bei der Kartoffelernte erreicht der Landwirt einen Ertrag von 1500 ME. In den vergangenen Jahren hat er für diesen Ertrag die Kombination von 2 ME Erntehelfer und 20 ME Erntemaschinen gewählt. Ebenso erreichte er den gleichen Ertrag durch 3 ME Erntehelfer und 13,5 ME Erntemaschinen bzw. 14 ME Erntehelfer und 8 ME Erntemaschinen.

   Aufgrund von wirtschaftlichen Veränderungen muss der Landwirt künftig die Kombination von 11 ME Erntehelfer und 8,3 ME Erntemaschinen einsetzen.
   Weisen Sie mit Hilfe der Isoquantenfunktion I_{1500} nach, dass diese Kombinationsmöglichkeit ebenfalls zum Ernteertrag von 1500 ME Kartoffeln führt.
   Untersuchen Sie, welche ME an Erntehelfern generell eingesetzt werden können, um den Ernteertrag von 1500 ME zu erzielen.
   Bestimmen Sie, wie viele ME an Erntemaschinen der Landwirt für einen Ernteertrag von 1500 ME mindestens benötigt. (13 BE)

b) Ein Hotel bestellt 500 ME Spargel.
   Dieser Ernteertrag lässt sich durch die Isoquantenfunktion I_{500} mit
   $I_{500}(x) = \frac{3}{x-2} + 1$, mit $D_{ök}(I_{500}) = \mathbb{R}_{>2}$, beschreiben.
   Die Kosten für die Erntehelfer betragen 120 Geldeinheiten pro Mengeneinheit (GE/ME) und für die Erntemaschinen 10 GE/ME.
   Der Spargelbauer kalkuliert zunächst mit Kosten von 300 GE.
   Entscheiden Sie mit Hilfe der Isokostenfunktion I_K, ob die Bestellung im Rahmen der kalkulierten Kosten angenommen werden kann.
   Berechnen Sie, mit welchen Kosten der Landwirt minimal kalkulieren müsste, damit er diese Bestellung gerade noch realisieren könnte.

   (12 BE)

Aufgabe 7 Seite 2/2

Der Landwirt verkauft auf dem Wochenmarkt Erdbeeren zu einem konstanten Preis p in GE/ME. Ein Konkurrent bietet Erdbeeren zu 13,50 GE/ME an. Für den Landwirt entstehen abhängig vom Standort q Gesamtkosten K_q mit

$$K_q(x) = x^3 - 5x^2 + 9qx + 2,\ q \in \mathbb{N}_{>0},$$

wobei x die Menge der Erdbeeren in ME ist. Die Kapazitätsgrenze liegt bei 4 ME.

c) Berechnen Sie mit Hilfe der kurzfristigen Preisuntergrenze, für welche Werte von q der Landwirt den Preis des Konkurrenten nicht überschreitet.

Entscheiden Sie anhand des Gewinns, welchen Standort er wählen sollte, wenn der Landwirt sich dem Preis des Konkurrenten anschließt und am Betriebsminimum verkauft. (15 BE)

d) Die Wochenmarktverwaltung weist dem Landwirt einen Standort zu, der dem Parameter q = 2 entspricht. Die Änderung der Gewinne entwickelt sich dabei entsprechend der Funktion G′ mit $G'(x) = -3x^2 + 10x - 5{,}05$.

Skizzieren Sie den Verlauf des Graphen von G′ in einem ökonomisch sinnvollen Bereich.

Nennen Sie vier wesentliche Merkmale des Graphen von G′.

Interpretieren Sie diese vier Merkmale hinsichtlich des Gewinnverlaufs.

Ermitteln Sie unter Berücksichtigung der Kostenfunktion K_2 und der Gewinnfunktion G den Preis, zu dem der Landwirt eine ME Erdbeeren angeboten hat.

Weiterhin behauptet der Sohn, dass sich mit dieser Gewinnentwicklung nie ein Gewinn von 1,2 GE erreichen lässt.

Beurteilen Sie diese Aussage. (20 BE)

(Haupttermin 2013 Fachgymnasium Niedersachsen)

Aufgabe 8 Seite 1/2 Lösungen Seite 57 - 59

In Deutschland hat die Nutzerzahl sozialer Netzwerke in den letzten zwei Jahren stark zugenommen. Die genaue Entwicklung des Gesamtmarktes hat das Marktforschungsinstitut INTERMEDIUM untersucht und ist zu den in der Tabelle stehenden Ergebnissen gekommen. t ist die Zeit in Zeiteinheiten (ZE), t = 0 ist der Beginn des ersten Quartals 2011.

Beginn	1.Quartal 2011	2.Quartal 2011	3.Quartal 2011	4.Quartal 2011	1.Quartal 2012	2.Quartal 2012	3.Quartal 2012	4.Quartal 2012
Zeit in ZE	t = 0	t = 1	t = 2	t = 3	t = 4	t = 5	t = 6	t = 7
Nutzerzahl in ME	6,8	9,5	11	12,1	15	19	20,5	22,5

a) Das Marktforschungsinstitut INTERMEDIUM bereitet für einen Auftraggeber das vorliegende Datenmaterial auf. Bestimmen Sie im Rahmen dieses Auftrags die Funktionsgleichung zur Funktion f mit Hilfe der Regression unter der Annahme, dass es sich um ein logistisches Wachstum handelt, und runden Sie die Werte auf eine Nachkommastelle. Dabei ist f(t) die Anzahl der Nutzer sozialer Netzwerke in Deutschland in ME zum Zeitpunkt t.

Geben Sie den mathematischen Definitionsbereich für diese Wachstumsfunktion an.
Der Auftraggeber prognostiziert für den Beginn des 3. Quartals 2013 eine Nutzerzahl von 32 ME. Untersuchen Sie, inwieweit sich die Prognose des Auftraggebers mit der ermittelten Funktion f bestätigen lässt.
Zudem möchte der Auftraggeber wissen, in welchem Monat er erstmalig mit einer Nutzerzahl von mindestens 27 ME rechnen kann. Berechnen Sie, in welchem Monat dieser Sachverhalt eintritt.
Der Auftraggeber behauptet, dass auf der Grundlage des vorliegenden Datenmaterials ein exponentielles Wachstum vorliegt.
Beurteilen Sie diese Behauptung im Sachzusammenhang. (13 BE)

Aus Erfahrung weiß das Marktforschungsinstitut, dass die Altersstruktur einen großen Einfluss auf die Nutzerzahl hat. Daher rechnet das Institut im Folgenden für den Gesamtmarkt mit dem verfeinerten Modell f_k mit $f_k(t) = \frac{180}{6 + 27e^{-kt}}$. Dabei ist $k \in \mathbb{R}\setminus\{0\}$ ein Parameter, der die Altersstruktur berücksichtigt.

b) Um Realitätsnähe zu gewährleisten, soll berücksichtigt werden, dass die Graphen der Wachstumsfunktionen monoton steigend sind.

Ermitteln Sie die Werte, die der Parameter k demnach annehmen kann.

Das Marktforschungsinstitut vermutet, dass der Zeitpunkt der größten Änderung der Nutzerzahl abhängig von k ist.

Aufgabe 8 **Seite 2/2**

b) Weiterhin wird vermutet, dass die Nutzerzahl zu diesem Zeitpunkt unabhängig von k ist.

Dem Marktforschungsinstitut ist f_k'' mit $f_k''(t) = \frac{-4860k^2e^{-kt} \cdot (6 - 27e^{-kt})}{(6 + 27e^{-kt})^3}$ bekannt.

Untersuchen Sie die Vermutungen des Marktforschungsinstituts.

Beschreiben Sie, in welchem Verhältnis die Nutzerzahl zum Zeitpunkt der größten Änderung der Nutzerzahl zur Sättigungsgrenze steht.

Beschreiben Sie, welche Auswirkung eine Veränderung des Parameters k auf das Erreichen der Nutzerzahl von 15 ME hat. (15 BE)

c) Im Folgenden gilt k = 0,3. Im Auftrag eines Anbieters sozialer Netzwerke sollen spezielle Entwicklungen untersucht werden. Zeichnen Sie den Graph der Funktion $f_{0,3}$ in ein geeignetes Koordinatensystem.

Der Anbieter strebt langfristig einen Marktanteil von 45% an. Ermitteln Sie die Anzahl der Nutzer, die er als Kunden haben muss, damit der angestrebte Marktanteil erreicht wird.

Das Marktforschungsinstitut hat festgestellt, dass folgender Zusammenhang zwischen der Nutzeränderung und der Nutzerzahl besteht: $f_{0,3}'(t) = 0{,}01 \cdot f_{0,3}(t) \cdot (30 - f_{0,3}(t))$.

Zeigen Sie, dass dieser Zusammenhang gilt. (13 BE)

d) In Frankreich wurde eine ähnliche Untersuchung durchgeführt, wobei statt der Nutzerzahl die momentane Änderungsrate der Nutzerzahl ermittelt wurde. Ein dort ansässiges Marktforschungsunternehmen hat das Änderungsverhalten durch die ganzrationale Funktion dritten Grades h mit

$$h(t) = \frac{1}{2000}t^3 - \frac{1}{40}t^2 + \frac{1}{4}t + \frac{5}{4};\ D(h) = [0; 40]$$

beschrieben, wobei t in ZE und h(t) in ME/ZE gemessen wird.

Das Marktforschungsunternehmen geht davon aus, dass die Gesamtnutzerzahl zwischenzeitlich sinkt. Ermitteln Sie den Zeitpunkt, ab dem dieser Nutzerrückgang erstmalig auftritt. Berechnen Sie die Nutzerzahl zu diesem Zeitpunkt.

Bestimmen Sie den Zeitpunkt, an dem die Nutzerzahl 17,5 ME beträgt.

Für das Marktforschungsinstitut ist die Zeitspanne zwischen der maximalen und der minimalen Änderungsrate von Bedeutung. Ermitteln Sie diese Zeitspanne und die Nutzerzahl, die in dieser Zeitspanne hinzugewonnen werden konnten.

Sollte die Zuwachsrate unter 1,5 ME/ZE fallen, möchte das Institut eine Werbeempfehlung aussprechen. Ermitteln Sie, zu welchem Zeitpunkt die Werbeempfehlung ausgesprochen werden sollte. (19 BE)

(Haupttermin 2013 Fachgymnasium Niedersachsen)

Zentralabitur 2014

Block 1 - Aufgabe 1 A **Seite 1/2** **Lösungen Seite 60 - 62**

Ein Hersteller von Autos hat für die Produktion seiner Modelle die Möglichkeit Maschinen und Mitarbeiter einzusetzen. Maschinen gehören zum Produktionsfaktor Kapital x in Mengeneinheiten (ME) und die Mitarbeiter zum Produktionsfaktor Arbeit I(x) = y in ME. Die Kombination der beiden Produktionsfaktoren ist unabhängig vom Modell, das produziert werden soll. Sie wird durch folgende Isoquantenfunktionenschar $I_{b,c}$ beschrieben:

$$I_{b,c}(x) = \frac{3}{x-b} + c$$

Der Zusammenhang zwischen den Preisen p_x und p_y in Geldeinheiten pro Mengeneinheit (GE/ME) der beiden Produktionsfaktoren und dem Kostenbudget K wird durch die Gleichung $K = p_x \cdot x + p_y \cdot y$

a) Erläutern Sie die Bedeutung der Parameter b und c mathematisch und ökonomisch. Bestimmen Sie den Definitionsbereich der beiden Parameter so, dass der Funktionsgraph von $I_{b,c}$ im ökonomischen Definitionsbereich monoton fallend ist und keine Schnittpunkte mit den Koordinatenachsen vorhanden sind.
Geben Sie den ökonomisch sinnvollen Definitions- und Wertebereich für die Isoquantenfunktionschar an.
Erklären Sie die Auswirkung von K auf den Verlauf des Graphen der Isokostenfunktion.
Beschreiben Sie im Sachzusammenhang, welche Parameter für die Steigung des Graphen der Isokostenfunktion verantwortlich sind und erläutern Sie die Auswirkungen auf den Verlauf des Graphen. (15 BE)

Damit eine Entscheidung bzgl. der Einteilung der Mitarbeiter sowie über die Anschaffung von Maschinen getroffen werden kann, benötigt die Geschäftsleitung Informationen über die Faktorkombinationsmöglichkeiten einzelner Modelle. Runden Sie alle Werte auf zwei Nachkommastellen.

b) Für das Modell LUNA gelten für die Isoquantenfunktion die Parameter b = 3 und c = 5 und für den Zusammenhang zwischen den Preisen der Produktionsfaktoren und dem Kostenbudget gilt die Gleichung K = 8x + 12y.
Berechnen Sie die Minimalkostenkombination und die Höhe der entstehenden Kosten.
Geben Sie die Werte für K an, für die realisierbare Produktionsmöglichkeiten entstehen und die Werte, für die keine Produktionsmöglichkeiten realisierbar sind.
Stellen Sie den gesamten Sachverhalt grafisch dar. (15 BE)

Block 1 - Aufgabe 1 A Seite 2/2

c) Für das Modell VENUS liegt die Grenzrate der Substitution, die durch die erste Ableitungsfunktion der Isoquantenfunktion gegeben wird, für 4 ME des Produktionsfaktors Kapital bei – 12. Die Isokostengerade wird durch die Funktion y mit $y(x) = -\frac{2}{3}x + 9$ gegeben.

Ermitteln Sie die Parameter b und c so, dass die Minimalkostenkombination für das Modell VENUS mit dem geringsten Einsatz des Produktionsfaktors Arbeit erreicht wird. (15 BE)

d) Für das Modell SUN muss die Bestandsentwicklung untersucht werden, damit Produktionsentscheidungen getroffen werden können.

Für die Bestandsentwicklung ist von dem Vorgängermodell bekannt, dass folgender Zusammenhang gilt: $f'(t) = (600 - f(t)) \cdot 0{,}05$. Dabei wird der Bestand in ME und t in Zeiteinheiten (ZE) angegeben; $t = 0$ stellt den Anfangszeitpunkt dar.
Der Anfangsbestand liegt bei 10 ME.
Erläutern Sie, um welchen Wachstumsprozess es sich handelt und geben Sie dabei zwei wichtige Wachstumsmerkmale an.
Weisen Sie nach, dass die Funktionsgleichung $f(t) = 600 - 590 \cdot e^{-0{,}05t}$ für den Bestand gilt.
Die Produktionskapazität kann nach 5 ZE ausgeweitet werden, wenn dies notwendig sein sollte. Notwendig wird diese Maßnahme, wenn die Wachstumsgeschwindigkeit mindestens $22\,\frac{ME}{ZE}$ beträgt oder wenn der Bestand über 150 ME liegt.
Untersuchen Sie, ob eine Ausweitung notwendig sein wird. (15 BE)

Block 1 - Aufgabe 1 B Seite 1/3 Lösungen Seite 62 - 64

Die Opposition und die Bundesregierung beauftragen verschiedene Wirtschaftsforschungsinstitute, Gutachten zur Finanzpolitik der Regierung über die zukünftige Änderung der Staatsverschuldung mithilfe der momentanen Verschuldung in Deutschland zu erstellen.
Für die Opposition hat das Forschungsinstitut IWO eine Prognose als momentane Verschuldungsfunktion f mit $f(t) = t \cdot e^{-0{,}1t}$ entwickelt.

Dabei ist t in Zeiteinheiten (ZE) und f(t) in Geldeinheiten pro Zeiteinheit (GE/ZE) angegeben, $t = 0$ ist der Prognosebeginn.

Die Neuverschuldung in einem Zeitintervall lässt sich mithilfe der Flächenmaßzahl zwischen der Abszissenachse und dem Graphen der momentanen Verschuldungsfunktion ermitteln.

Block 1 – Aufgabe 1 B **Seite 2/3**

a) Zur Erfüllung der EU-Vorgaben sind verschiedene Kriterien einzuhalten:
Die momentane Verschuldung muss spätestens nach 40 ZE kleiner als 1 GE/ZE sein und die momentane Verschuldung darf nie größer als 3 GE/ZE sein.
Skizzieren Sie für $t \leq 80$ den Graphen der momentanen Verschuldungsfunktion f.
Untersuchen Sie, ob mit der IWO-Prognose die genannten Kriterien eingehalten werden können.
Weiterhin darf die Neuverschuldung in den ersten 10 ZE des Prognosezeitraums höchstens 26 GE betragen. Kennzeichnen Sie in der Skizze diese Neuverschuldung.
Entscheiden Sie, ob dieses Kriterium erfüllt wird. (15 BE)

b) Die Opposition schlägt vor, die momentanen Steuereinnahmen zu erhöhen. Als Berechnungsgrundlage für die zusätzlichen momentanen Steuereinnahmen wird die Funktionenschar g_a mit $g_a(t) = a \cdot e^{-0{,}1t}$ herangezogen. $a \in \mathbb{R}_{>0}$ ist ein konjunkturabhängiger Parameter. Dabei ist t in Zeiteinheiten (ZE) und $g_a(t)$ in GE/ZE angegeben.
$t = 0$ ist der Prognosebeginn.

Bestimmen Sie die Funktionsgleichung der Funktionenschar h_a, die die momentane Verschuldung unter Berücksichtigung der Funktion f und der Funktionenschar g_a darstellt.
Bestimmen Sie die Funktionsgleichung von h'_a.

Zur Kontrolle: $h'_a(t) = (-0{,}1t + 0{,}1a + 1) \cdot e^{-0{,}1t}$

Weisen Sie zur mithilfe der notwendigen Bedingungen nach, dass die größte momentane Verschuldung bei dem neuen Modell h_a frühestens nach 10 ZE eintritt.

Skizzieren Sie für die ersten 50 ZE und für $a = 2$ den Graphen der momentanen Verschuldung h_2 in ein geeignetes Koordinatensystem.

Interpretieren Sie ohne weitere Rechnung die Entwicklung der Staatsverschuldung im Intervall [0; 2]. (16 BE)

Das Forschungsinstitut MFW hat für die Regierung die Prognose als momentane Verschuldungsfunktion m mit $m(t) = 0{,}1 \cdot t^2 \cdot e^{-0{,}1t}$ aufgestellt. Dabei ist t in ZE und m(t) in GE/ZE angegeben. $t = 0$ ist der Prognosebeginn.

c) Die Regierung hat versprochen, dass die momentane Verschuldung zunächst progressiv und anschließend degressiv steigen wird, bevor sie nur noch fällt.

Untersuchen Sie, ob die MFW-Prognose dieses Versprechen unterstützt.

Bestimmen Sie die entsprechenden Intervalle und die jeweilige momentane Verschuldung an den Intervallübergängen. (14 BE)

Block 1 – Aufgabe 1 B Seite 3/3

d) Der Opposition liegt folgende unvollständige Grafik der Graphen der beiden Prognosen f und m zur momentanen Verschuldung vor:

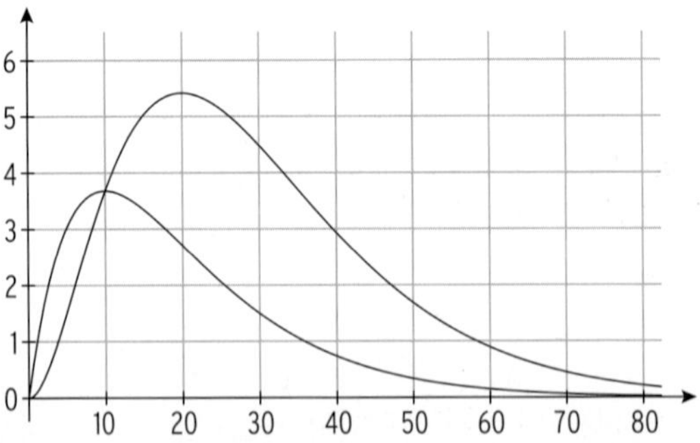

Geben Sie in dem **Material** auf der Seite unten die Achsenbezeichnungen an und ordnen Sie die Funktionsbezeichnungen zu. Die Opposition stellt folgende Behauptungen auf:

Die MFW-Prognose m löst nur in den ersten 10 ZE das Problem der Neuverschuldun besser als die IWO-Prognose f.

Die Prognose f beschränkt langfristig die Neuverschuldung besser als die Prognose m.

Untersuchen Sie die oben genannten Behauptungen der Opposition.
Kennzeichnen Sie in dem Material die Neuverschuldungsdifferenz.
Berechnen Sie die langfristige Neuverschuldungsdifferenz. (15 BE)

Informationen
f: IWO-Prognose der momentanen Verschuldung; f(t) in GE/ZE
g_a: Prognose der momentanen Steuereinnahme; $g_a(t)$ in GE/ZE
h_a: neue Prognose der momentanen Verschuldung; $h_a(t)$ in GE/ZE
m: MFW-Prognose der momentanen Verschuldung; m(t) in GE/ZE
progressiv steigend: Linkskrümmung; degressiv steigend: Rechtskrümmung

Material:

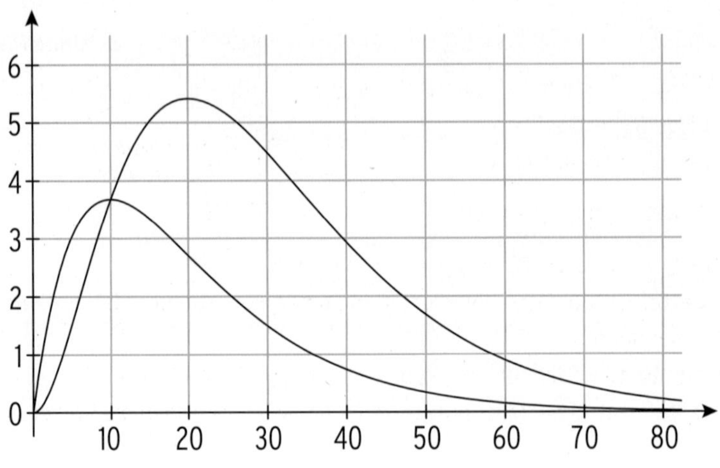

Lösungen Analysis

Lösung Aufgabe 1

Seite 1/2

a) Ansatz: $I_k(x, y) = xp_x + yp_y$

Einsetzen ergibt: $48 = 3x + 4y \Leftrightarrow y = -\frac{3}{4}x + 12$; also $I_k(x) = -\frac{3}{4}x + 12$

Nur Milch (kein Milchpulver, x = 0):

$I_k(0) = 12$

Nur Milchpulver (keine Milch, y = 0):

$I_k(x) = 0 \Leftrightarrow x = 16$

Graph von I_k

(Isoquante zu Aufgabenteil b):

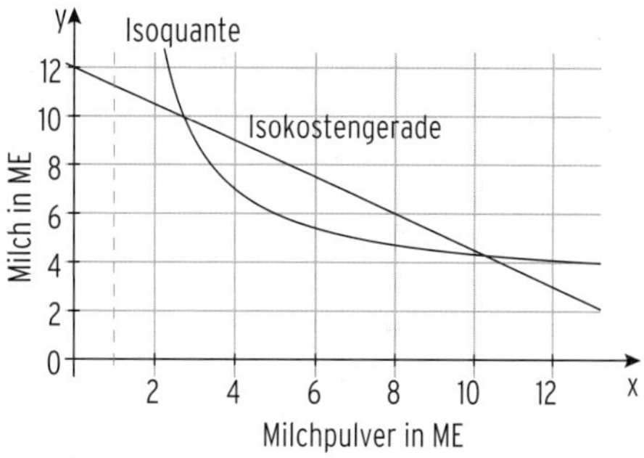

b) Isoquante: $I(x) = \frac{a}{x - b} + c$

Bedingungen: $I(3) = 9 = \frac{a}{3 - b} + c \Leftrightarrow 27 = a + 9b + 3c - bc$

$I(7) = 5 = \frac{a}{7 - b} + c \Leftrightarrow 35 = a + 5b + 7c - bc$ $\quad \Rightarrow \begin{matrix} -8 = 4b - 4c \\ 7 = -2b + 3c \end{matrix} \Rightarrow \begin{matrix} b = 1 \\ c = 3 \end{matrix}$

$I(4) = 7 = \frac{a}{4 - b} + c \Leftrightarrow 28 = a + 7b + 4c - bc$

Lösung des Gleichungssystems: $a = 12$; $b = 1$; $c = 3$

Bemerkung: Auflösen nach a und Gleichsetzen ergibt z. B. $8 = 4c - 4b \wedge 1 = c - 2b$

Isoquante: $I(x) = \frac{12}{x - 1} + 3 = \frac{12 + 3(x - 1)}{x - 1} = \frac{3x + 9}{x - 1}$

Berechnung der Faktormengenkombinationen: $I_k(x) = I(x) \Leftrightarrow x_1 \approx 2{,}73 \vee x_2 \approx 10{,}27$

Mit $I(x_1) \approx 9{,}96$ und $I(x_2) \approx 4{,}29$ erhält man: (2,73; 9,96) und (10,27; 4,29)

Maßzahl der von den Graphen I und I_k **eingeschlossenen Fläche:**

$$\int_{2,73}^{10,27} (I_k(x) - I(x))\, dx = \int_{2,73}^{10,27} \left(-\frac{3}{4}x + 12 - \frac{3x + 9}{x - 1}\right) dx \approx 10{,}96$$

c) **Kostenminimale Isokostengerade:**

$I'(x) = \frac{-12}{(x - 1)^2}$; $m_k = -\frac{3}{4}$

Bedingung: $I'(x) = m_k \Leftrightarrow \frac{-12}{(x - 1)^2} = -\frac{3}{4}$

$\Rightarrow (x - 1)^2 = 16 \Leftrightarrow x_1 = 5 \vee x_2 = -3$

Nur $x_1 \in D_{ök}$, also sinnvoll.

$I(5) = 6$ und $y = mx + b$ ergibt:

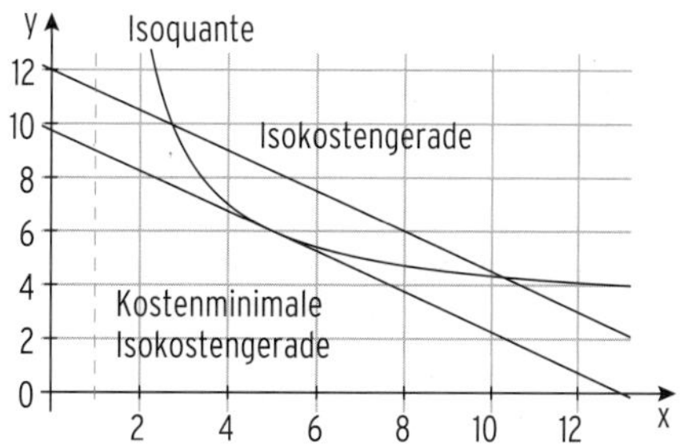

$-\frac{3}{4} \cdot 5 + b = 6 \Leftrightarrow b = 9{,}75$; also $y = -\frac{3}{4} \cdot x + 9{,}75$

Veränderter Graph: Parallelverschiebung einer Isokostengeraden bis zum Berührpunkt mit der Isoquante.

Minimale Kosten: $K(x, y) = xp_x + yp_y \Rightarrow K(x, y) = 5 \cdot 3 + 6 \cdot 4 = 39$

Beim Einsatz von 5 ME Milchpulver und 6 ME Milch betragen die Kosten 39 GE.

Lösung Aufgabe 1 **Seite 2/2**

d) $K(x, y) = xp_x + yp_y \Rightarrow 38 = 3x + 4y \Leftrightarrow y = -0{,}75x + 9{,}5$

Verhältnis: $\frac{1{,}75}{1} = \frac{y}{x} \Leftrightarrow y = 1{,}75x$

Gleichsetzen: $-0{,}75x + 9{,}5 = 1{,}75x \Rightarrow x = 3{,}8$ und damit $y = -0{,}75 \cdot 3{,}8 + 9{,}5 = 6{,}65$

$6{,}65 = 3 + \frac{a^*}{3{,}8 - 1} \Leftrightarrow a^* = 10{,}22$

Gleichung der Isoquante: $I^*(x) = 3 + \frac{10{,}22}{x - 1}$

Interpretation: Es wird ein geringerer Output erzeugt, da der Graph von I* unterhalb von dem von I mit $I(x) = \frac{12}{x-1} + 3$ verläuft.

Lösung Aufgabe 2 **Seite 1/3**

a) **Regression**

Die Datenpunkte werden als Liste in den GTR eingegeben und verschiedene Regressionsfunktionen werden ausprobiert.

Die beste Näherung ergibt sich für eine Regression 4. Grades:

$f(t) = -273{,}27t^4 + 1272{,}26t^3 - 1262{,}59t^2 + 2276{,}70t - 22{,}61$

Denn bei quadratischer Regression gilt: $R^2 \approx 0{,}9246$.

Bei kubischer Regression gilt: $R^2 \approx 0{,}9904$.

Bei Regression 4. Grades gilt: $R^2 \approx 0{,}9996$.

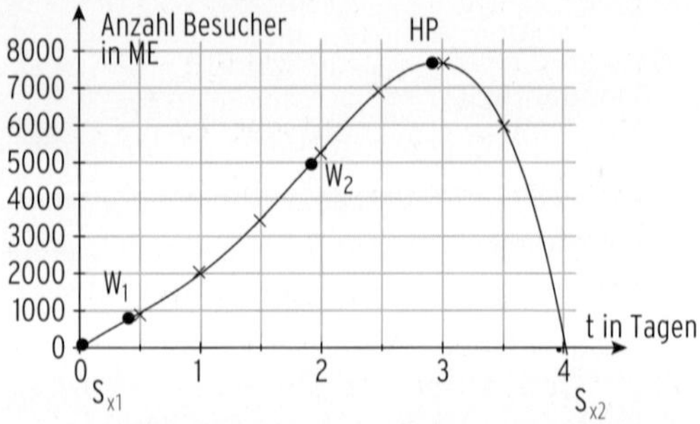

Beschreibung des Kurvenverlaufs

Der Graph beginnt im Ursprung. Von Donnerstagnacht bis Donnerstag kurz vor Mittag nimmt die Besucherzahl auf dem Festivalgelände langsam (degressiv) zu. Hier liegt der erste Wendepunkt und die Zunahme ist am geringsten. Von Donnerstagmittag bis Freitagabend nimmt die Besucherzahl dann stark (progressiv) zu. Hier liegt der zweite Wendepunkt und die Zunahme ist am stärksten. Ab Freitagnacht bis Samstagnacht strömen die Besucher nicht mehr so stark auf das Festivalgelände. Die Anzahl der Gäste auf dem Festival steigt wieder degressiv. Ungefähr Samstagnacht befinden sich die meisten Gäste auf dem Gelände. Hier liegt der Hochpunkt. In der folgenden Zeit bis Sonntagabend verlassen die Gäste in Scharen das Gelände (Kurve fällt progressiv), bis dann Sonntag um Mitternacht alle Gäste das Festivalgelände verlassen haben. Der Graph schneidet die Abszissenachse, es liegt eine Nullstelle von f vor.

Lösung Aufgabe 2 Seite 2/3

b) $f_{neu}(t) = e^{0{,}99t}(2000 - 500t) - 2000$

$f_{neu}(t) = 0 \Rightarrow t_1 \approx 3{,}92 \vee t_2 = 0$ damit $D_{ök} = [0; 3{,}92]$

Zeitpunkt, an dem die letzten Besucher das Konzert verlassen

$3 \triangleq$ Sonntag, $0{,}92 \cdot 24 = 22{,}08$

Die letzten Besucher verlassen am Sonntagabend um ca. 22 Uhr das Konzert.

Durchschnittliche Zahl der Besucher

Freitagmorgen 6:00 Uhr: $a = 1{,}25$ Sonntagmittag 12:00 Uhr: $b = 3{,}5$

$$\text{GTR}: \bar{f} = \frac{1}{3{,}5 - 1{,}25} \int_{1{,}25}^{3} f_{neu}(t)dt \approx \frac{1}{2{,}25} \cdot 13341{,}75 = 5929{,}67$$

Von Freitagmorgen 6:00 Uhr bis Sonntagmittag 12:00 Uhr befinden sich durchschnittlich 5930 ME Besucher auf dem Gelände.

c) **Maximaler Besucherstand**

Ableitung mit Produkt- und Kettenregel:

$f'_{neu}(t) = 0{,}99e^{0{,}99t}(2000 - 500t) + e^{0{,}99t}(-500) = e^{0{,}99t}(1480 - 495t)$

$f''_{neu}(t) = 0{,}99e^{0{,}99t}(1480 - 495t) + e^{0{,}99t}(-495) = e^{0{,}99t}(970{,}2 - 490{,}05t)$

Bedingung: $f'_{neu}(t) = 0 \Leftrightarrow 1480 - 495t = 0 \quad \Leftrightarrow t = \frac{1480}{495} = \frac{296}{99} \approx 2{,}99 \qquad (e^{0{,}99t} > 0)$

Mit $f''_{neu}(\frac{296}{99}) < 0$ erhält man: $t = \frac{296}{99}$ ist Maximalstelle

Der maximale Besucherstand wird bei $t \approx 2{,}99$ erreicht, also am Samstag kurz vor Mitternacht.

1000 Besucher verlassen das Gelände

Gesucht ist der Zeitpunkt mit der momentanen Änderungsrate 1000 ME/Tag.

$f'_{neu}(t) = -1000 \Rightarrow t \approx 3{,}09$ (Minuszahl (– 1000) wegen Abnahme)

Bei $t \approx 3{,}09$ sinkt die Besucherzahl um 1000 ME, das ist Sonntag früh, ungefähr um 2:10 Uhr.

Stärkste Besucherzunahme

Gesucht ist der Wendepunkt des Graphen von f_{neu}

$f''_{neu}(t) = 0 \Leftrightarrow 970{,}2 - 490{,}05t = 0 \Rightarrow t \approx 1{,}98 \qquad (e^{0{,}99t} > 0)$

$t \approx 1{,}98$ ist einfache Nullstelle von f''_{neu}, also Wendestelle von f_{neu}.

($f''_{neu}(t)$ wechselt das Vorzeichen in $t \approx 1{,}98$)

Die Besucherzahlen nehmen bei $t \approx 1{,}98$ am stärksten zu.

Änderungsrate: $f'_{neu}(1{,}98) \approx 3549{,}66$

Die Änderungsrate bei $t = 1{,}98$ beträgt 3549,66 ME/Tag.

Am Freitag kurz vor Mitternacht nimmt die Anzahl der Besucher auf dem Festivalgelände um etwa 3550 ME/Tag zu.

Lösung Aufgabe 2 Seite 3/3

d) **Funktionsscharen für Grenzkosten, Stückkosten und variable Stückkosten**

Grenzkosten (Ableitung von K_a): $K'_a(x) = \frac{9}{550}x^2 + 2ax + 50$

Stückkosten: $k_a(x) = \frac{K_a(x)}{x} = \frac{3}{550}x^2 + ax + 50 + \frac{1080}{x}$

Variable Stückkosten: $k_{a,v}(x) = \frac{K_{a,v}(x)}{x} = \frac{3}{550}x^2 + ax + 50$

Ortskurve der Betriebsminima

Bedingung: $K'_a(x) = k_{a,v}(x)$ oder Minimalstelle von $k_{a,v}$

$k'_{a,v}(x) = \frac{3}{275}x + a$; $k''_{a,v}(x) = \frac{3}{275} > 0$

$k'_{a,v}(x) = 0 \Leftrightarrow x = -\frac{275a}{3}$ $x = -\frac{275a}{3}$ ist Minimalstelle

$k_{a,v}(-\frac{275a}{3}) = \frac{3}{550}(-\frac{275a}{3})^2 + a(-\frac{275a}{3}) + 50 = -\frac{275}{6}a^2 + 50$

Mit $x = -\frac{275a}{3}$ ergibt sich $a = -\frac{3x}{275}$

Einsetzen in $y = -\frac{275}{6}a^2 + 50$ ergibt $y = -\frac{275}{6}(-\frac{3x}{275})^2 + 50 = -\frac{3}{550}x^2 + 50$

Die Ortskurve der Betriebsminima lautet $o(x) = -\frac{3}{550}x^2 + 50$

Hinweis: Einsetzen von $x = -\frac{275a}{3}$ in $k_{a,v}(x)$ ergibt die Gleichung der Ortskurve.

Lage der Betriebsminima in Abhängigkeit des Parameters a

Je mehr sich der Parameter a von links der Null nähert, desto höher und näher an der Ordinatenachse liegt das Betriebsminimum. D. h. die Ausbringungsmenge, bei der die variablen Stückkosten minimal sind, wird geringer, dabei steigen aber die minimalen variablen Stückkosten.

Je mehr sich der Parameter a von rechts – 0,95 nähert, desto tiefer und weiter entfernt von der Ordinatenachse liegt das Betriebsminimum. D. h. die Ausbringungsmenge, bei der die variablen Stückkosten minimal sind, wird größer. Gleichzeitig sinken die minimalen variablen Stückkosten.

Lösung Aufgabe 3

a) Prozentuale Änderung

Fixkostenbestimmung: $K(x) = e^{0,25x}((x-2)^3 + 25)$; $K(0) = 17$

$\frac{\text{Fixkosten}_{neu}}{\text{Fixkosten}_{alt}} = \frac{17}{9} \approx 1{,}89$ Die Fixkosten haben sich durch die Investition um 89% erhöht.

Bestimmung LPU und KPU

Stückkostenfunktion k mit $k(x) = \frac{K(x)}{x} = \frac{e^{0,25x}((x-2)^3 + 25)}{x}$

variable Stückkosten k_v mit $k_v(x) = \frac{K_v(x)}{x} = \frac{K(x) - K(0)}{x} = \frac{e^{0,25x}((x-2)^3 + 25) - 17}{x}$

Tiefpunkt der Stückkostenkurve: TP (2,90 | 18,32)

Tiefpunkt der Kurve der variablen Stückkosten: TP (2,35 | 11,94)

LPU (langfristige Preisuntergrenze): 18,32 GE/ME;

KPU: 11,94 GE/ME

Interpretation: Preis < 11,94 GE/ME: variable Stückkosten nur teilweise gedeckt

Preis zwischen 11,94 GE/ME und 18,32GE/ME: Stückkosten nur teilweise gedeckt, variable Stückkosten gedeckt, fixe Stückkosten nur zum Teil

Preis > 18,32 GE/ME: kein Verlust, variable und fixe Stückkosten vollständig gedeckt.

b) Ermittlung der ersten Ableitung mit Ketten- und Produktregel:

$K'(x) = 0{,}25e^{0,25x}((x-2)^3 + 25) + e^{0,25x} \cdot 3(x-2)^2$

$K'(x) = e^{0,25x}(0{,}25(x-2)^3 + 6{,}25 + 3(x-2)^2)$

Bemerkung: $[(x-2)^3]' = 3(x-2)^2 \cdot 1$ Kettenregel

Ermittlung der geringsten Änderung der Gesamtkosten

WP ermitteln mittels GTR: WP(1,72 | 38,40)

Bemerkung: x_{WP} = Extremstelle von K′

Kostenänderung: $K'(1{,}72) \approx 9{,}96$

Bei einer Produktionsmenge von 1,72 ME ist die Kostenänderung am geringsten.
Die Kostenänderung beträgt dann 9,96 GE/ME.

Integral: $\int_0^2 K'(x)dx = K(2) - K(0) \approx 41{,}22 - 17 = 24{,}22$

Das Integral berechnet die Maßzahl der Fläche zwischen Abszissenachse und dem Graph der Grenzkostenfunktion in dem Intervall [0; 2].
Die Flächenmaßzahl beträgt ca. 24,22.

Aus ökonomischer Sicht gibt dieser Wert die zusätzlichen variablen Gesamtkosten an, wenn statt 0 ME 2 ME produziert werden.

Lösung Aufgabe 4 **Seite 1/3**

a) Skizze von $u_{-1}(t) = 10te^{-t}$

Beschreibung

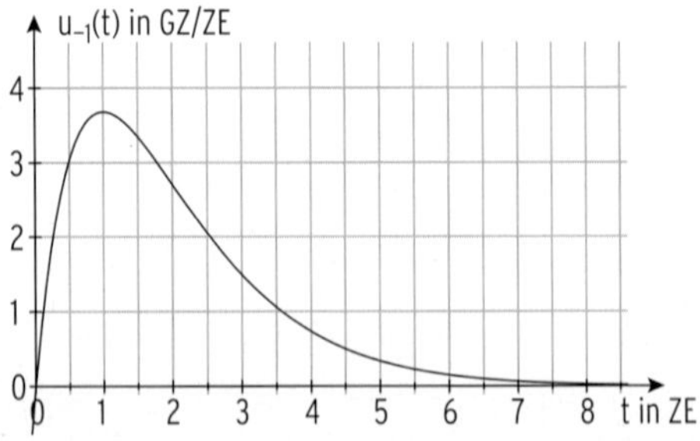

Bei t = 0 ist die Produkteinführung.

Der Graph hat eine Nullstelle im Koordinatenursprung und steigt monoton an, der Anstieg ist degressiv. Das Produkt wird von den Kunden akzeptiert, viele Kunden kaufen sofort das neue Duschgel. Nachdem der Hochpunkt erreicht wurde, fällt der Graph monoton, erst progressiv, dann degressiv (Wendepunkt). Nachdem der Boom vorüber ist, kaufen viele Kunden das Duschgel dieses Herstellers nicht mehr, z. B. weil ein Konkurrenzprodukt auf den Markt gekommen ist. Die verbleibenden Kunden sind wahrscheinlich die Stammkunden des Herstellers, die nur das Produkt wechseln, wenn der Hersteller ein neues Produkt auf den Markt bringt. Der Graph weist für $t \to \infty$ ein asymptotisches Verhalten auf. Die Asymptote liegt auf der Abszissenachse. Das Produkt könnte immer weiter verkauft werden, da der Graph keine weitere Nullstelle aufweist.

b) Ableitungsfunktionen von $u_m(t) = 10te^{mt}$ mit Produkt- und Kettenregel:
$u'_m(t) = 10e^{mt} + 10te^{mt} \cdot m = (10 + 10mt)e^{m \cdot t}$; $u''_m(t) = 10m(2 + mt)e^{mt}$

Bestimmung des Hochpunktes

Notw. Bedingung: $u'_m(t) = 0$ $\quad 10 + 10mt = 0 \Leftrightarrow t = -\frac{1}{m}$ $\quad (e^{m \cdot t} \neq 0)$

Mit $u''_m(-\frac{1}{m}) = 10m\,e^{-1} < 0$ wegen $m < 0$

und $u_m(-\frac{1}{m}) = 10(-\frac{1}{m})e^{m \cdot (-\frac{1}{m})} = -\frac{10}{m}e^{-1}$ ergibt sich der Hochpunkt $HP(-\frac{1}{m} \mid -\frac{10}{m}e^{-1})$.

Je nach Absatzmarkt ändert sich der maximale Umsatz. Je größer m $(\to \infty)$ wird, desto mehr Umsatz ist auf dem entsprechenden Markt möglich, aber umso später wird er erreicht.

Maximaler Umsatz mit m = – 0,5: Hochpunkt $H(2 \mid 20e^{-1}) = (2 \mid \frac{20}{e})$

Der maximale Umsatz liegt nach 2 ZE bei ca. 7,36 GE/ZE $(20e^{-1} \approx 7{,}36)$.

Zeitpunkt der stärksten Umsatzänderung

Graph der Ableitungsfunktion betrachten:
$u'_{-0,5}(t) = (10 - 5t)e^{-0,5t}$

Der Verlauf des Graphen macht deutlich, dass die zu vergleichenden Zeitpunkte durch den Randextrempunkt für t = 0 und die Tiefstelle gegeben werden:

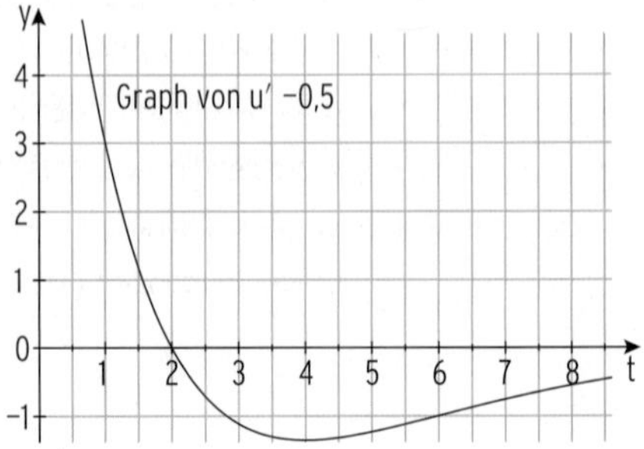

Lösung Aufgabe 4 **Seite 2/3**

b) Randextrempunkt: $u'_{-0,5}(0) = 10$

TP: $u''_{-0,5}(t) = 0 \Leftrightarrow t = 4$ und $u'_{-0,5}(4) \approx -1,35$

Die Umsatzänderung ist eine betragsmäßige Untersuchung, d. h. die stärkste Umsatzänderung erfolgt zum Zeitpunkt t = 0 also zur Produkteinführung, weil $10 > |-1,35|$

Umsatzrückgang maximal

Bei t = 4 liegt der TP der Grenzumsatzfunktion, d. h. $u''_{-0,5}(t) = 0 \wedge u'''_{-0,5}(t) > 0$

Daraus folgt, bei t = 4 liegt ein WP der Umsatzfunktion vor, d. h. dort ist der Umsatzrückgang bei einer kleinen zusätzlich umgesetzten Einheit am stärksten.

Bei 4 ZE liegt der Umsatz bei ca. 5,41 GE, die Umsatzänderung beträgt ca. –1,35 GE/ZE, d. h. der Umsatz geht um 1,35 GE zurück.

Umsatz geht um 40 % zurück, d. h. es werden nur noch 60% des maximalen Umsatzes erzielt: $0,6 \cdot 20e^{-1} = 12e^{-1}$

Bestimmung des Zeitpunktes: $u_{-1}(t) = \frac{12}{e}$ $\quad 10te^{-t} = \frac{12}{e} \Rightarrow t \approx 0,59 \vee t \approx 4,75$

Bei 0,59 ZE steigt der Umsatz, deshalb ist dieser Zeitpunkt nicht relevant. Bei 4,75 ZE ist der maximale Umsatzrückgang schon überschritten, d. h. das Produkt sollte nach 4 ZE vom Markt genommen werden.

c) **Nachweis der Stammfunktion** durch Ableitung mit Quotientenregel **oder** mit der Produktregel nach Umformung $\frac{1}{e^{0,5t}} = e^{-0,5t}$

$U_{-0,5}(t) = -20(t+2)\cdot e^{-0,5t} - 20$

$U'_{-0,5}(t) = -20e^{-0,5t} + 0,5 \cdot 20(t+2)\cdot e^{-0,5t} = 10t \cdot e^{-0,5t} = u_{-0,5}(t)$ was zu zeigen war

Gesamtumsatz bis t = 0,5: $\int_0^{0,5} u_{-0,5}(t)dt = 120e^{-2} \approx 1,06$

In dieser Phase werden insgesamt ca. 1,06 GE erzielt.

Umsatzverzicht:

Mit $\lim\limits_{z \to \infty} \int_4^z u_{-0,5}(t)dt = \lim\limits_{z \to \infty} (-20(z+2)\cdot e^{-0,5z} + 120e^{-2}) = 120e^{-2}$ folgt

$\int_4^{\infty} u_{-0,5}(t)dt \approx 16,24$

Das Unternehmen verzichtet auf 16,24 GE.

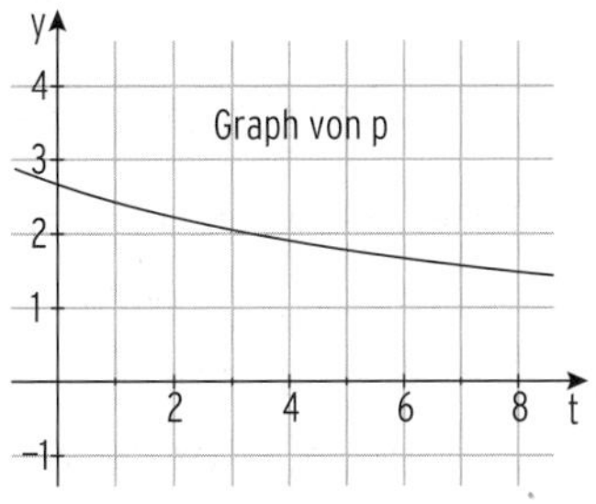

d) **Höchster und niedrigster Preis**

Aufgrund des Hyperbel-förmigen Verlaufes ist t = 0 bzw. p(t) = 0 zu betrachten.

$p(t) = \frac{8}{0,3t + 3}$ und $p(0) = \frac{8}{3}$

Der höchste Preis liegt bei 2,67 GE/ME.

$p(t) = 0 \qquad \frac{8}{0,3t + 3} = 0 \Rightarrow 0 \neq 8$

Den niedrigsten Preis gibt es nicht, das Duschgel wird immer gekauft.

Hinweis: Es handelt sich um eine Hyperbel mit der Asymptote y = 0; $p(t) > 0$ für $t \geq 0$
Der Preis ist stets positiv.

Lösung Aufgabe 4 **Seite 3/3**

d) **Bestimmung der Absatzfunktion**

Mit $u_{-0,5}(t) = 10t \cdot e^{-0,5t}$ und $p(t) = \frac{8}{0,3t+3}$ erhält man durch Einsetzen

$$a_{-0,5}(t) = \frac{u_{-0,5}(t)}{p(t)} = \frac{10t \cdot e^{-0,5t}}{\frac{8}{0,3t+3}} = 10t \cdot e^{-0,5t} \cdot \frac{3}{10}(t+10) \cdot \frac{1}{8} = \frac{3}{8}t(t+10)\,e^{-0,5t}$$

Bestimmung der Maßeinheiten von $a_{-0,5}(t) = \frac{u_{-0,5}(t)}{p(t)} : \frac{\frac{GE}{ZE}}{\frac{GE}{ME}} = \frac{ME}{ZE}$

Interpretation der Flächenmaßzahl: Die Flächenmaßzahl im Intervall [0; 4] gibt an, wie groß der Gesamtabsatz von der Produkteinführung bis zum Zeitpunkt t = 4 ist.

Lösung Aufgabe 5 **Seite 1/2**

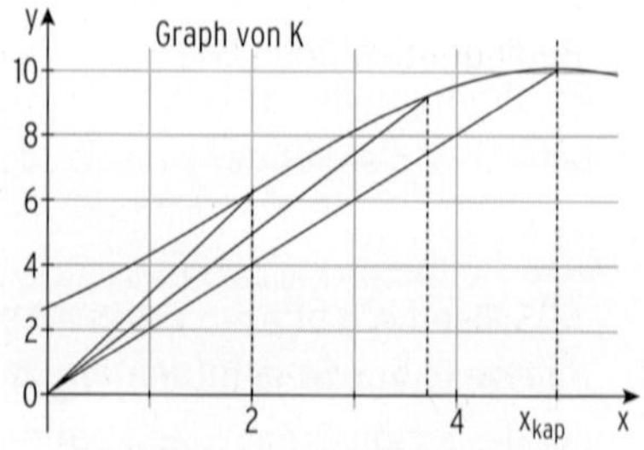

a) $K(x) = 10\,e^{-0,6(0,3x-1,5)^2} + 0,1$

Ökonomisch sinnvoller Definitionsbereich

$D_{ök} = [0;5]$, da für x = 5 ein Hochpunkt vorliegt.

Fallende Gesamtkosten sind ökonomisch nicht sinnvoll.

Nachweis Extremum der Grenzkosten K′

$K''(x) = 0$ für $x \approx 1,96$

Interpretation: Da die Grenzkosten in $D_{ök}$ positiv sind und bis zu ihrem Hochpunkt steigen, steigen die Gesamtkosten zunächst bis zum Wendepunkt progressiv. An der Stelle $x \approx 1,96$ steigen die Gesamtkosten am stärksten. Ab dem Hochpunkt der Grenzkosten fallen die Grenzkosten, die Gesamtkosten steigen nur noch degressiv bis zur Kapazitätsgrenze.

Bestimmung der langfristigen Preisuntergrenze

Graph der Stückkostenfunktion hat kein relatives Minimum. Der Graph ist in $D_{ök}$ monoton fallend. Die minimalen Stückkosten werden an der Kapazitätsgrenze erreicht:

k(5) = 2,02 (**vgl Abb.** k = Steigung der Ursprungsgeraden)

Die minimalen Stückkosten liegen bei 2,02 GE/ME.

Berechnung Integral: $\int_0^2 K'(x)dx = K(2) - K(0) \approx 3,56$

Die variablen Gesamtkosten bei einer Produktion von 2 ME betragen 3,56 GE.

b) **Steigung der Geraden durch den Koordinatenursprung:** allgemein ist $m = \frac{K^*(x)}{x}$

$K^*(1) = 84$ ergibt: $P_1(1|\,84)$ und $m_Q = 84$

$K^*(2) = 92$ ergibt: $P_2(2\,|\,92)$ und $m_R = \frac{K^*(2)}{2} = 46$

Vergleich und Interpretation: m_i stellt die Stückkosten an der Stelle x_i dar.

Bei einer Produktion von 1 ME betragen die Stückkosten 84 GE/ME, bei einer Produktion von 2 ME betragen die Stückkosten 46 GE/ME. Je größer die produzierte Menge x, desto kleiner sind zunächst die Stückkosten

Lösung Aufgabe 5 **Seite 2/2**

b) **Bestimmung der Tangentialstelle:**

Bedingung allgemein: $t(x) = mx \wedge m = K^{*\prime}(x)$

Gleichsetzen $t(x) = K^*(x)$ $\Leftrightarrow$ $K^{*\prime}(x) \cdot x = K^*(x)$

Mit $K^{*\prime}(x) = 6x^2 - 24x + 30$ $(6x^2 - 24x + 30)x = 2x^3 - 12x^2 + 30x + 64$

GTR liefert $x = 4$

Interpretation: Die Stückkosten sind im Tangentialpunkt minimal, weil dort die Steigung am geringsten ist, d. h. bei x = 4 liegt das Betriebsoptimum vor.

Lösung Aufgabe 6 **Seite 1/3**

a) **Bestimmung der Nachfragefunktion**

$p_N(x) = ax^3 + bx^2 + cx + d$; $p'_N(x) = 3ax^2 + 2bx + c$

Bedingungen und LGS:
$p_N(1) = 5{,}4 \Rightarrow a + b + c + d = 5{,}4$
$p_N(2) = 3{,}4 \Rightarrow 8a + 4b + 2c + d = 3{,}4$
$p'_N(2) = -3{,}9 \Rightarrow 12a + 4b + c = -3{,}9$
$p_N(0) = 6 \Rightarrow d = 6$

LGS lösen ergibt $a = -0{,}6$; $b = 1{,}1$; $c = -1{,}1$; $d = 6$

Nachfragefunktion p_N mit $p_N(x) = -0{,}6x^3 + 1{,}1x^2 - 1{,}1x + 6$

Parameterwerte bestimmen

$p_{A,c}(x) = -\frac{3}{x-2} + c$; $p_{A,c}(0) = -\frac{3}{0-2} + c \geq 0 \Rightarrow c \geq -\frac{3}{2}$

Der Parameter c muss größer oder gleich – 1,5 sein, damit der Schnittpunkt mit der Ordinate im nichtnegativen Bereich liegt.

Ökonomisch sinnvoller Definitionsbereich

linke Grenze: keine negativen ME möglich; $x \geq 0$
rechte Grenze: Sättigungsmenge: $p_N(x) = 0 \Rightarrow x \approx 2{,}60$
Hochpunkt der Angebotsfunktion: nicht vorhanden
Polstelle der Angebotsfunktion bei x = 2

} $D_{ök} = [0; 2[$

Der Hersteller sollte weniger als 2 ME auf den Markt bringen.

Wendestelle der Nachfragefunktion

$p'_N(x) = -1{,}8x^2 + 2{,}2x - 1{,}1$; $p''_N(x) = -3{,}6x + 2{,}2$; $p'''_N(x) = -3{,}6 \neq 0$

Bedingung für WP: $p''_N(x) = 0 \wedge p'''_N(x) \neq 0$

$p''_N(x) = 0 \Leftrightarrow -3{,}6x + 2{,}2 = 0 \Leftrightarrow x = \frac{11}{18} \approx 0{,}61$ $x = \frac{11}{18}$ ist Wendestelle

Bei einer Nachfragemenge von ca. 0,61 ME ist der Preisrückgang am geringsten.

Linkskrümmung der Angebotsfunktion

$p_{A,c}(x) = -\frac{3}{x-2} + c$; > 0 mit $D_{ök} = [0; 2[$; $p'_{A,c}(x) = \frac{3}{(x-2)^2}$; $p''_{A,c}(x) = \frac{-6}{(x-2)^3}$

$p''_{A,c}(x) > 0$ weil $(x-2)^3 < 0$ für $x \in [0; 2[$

Eine **Linkskrümmung** liegt vor.

Lösung Aufgabe 6 **Seite 2/3**

a) Eine Linkskrümmung bedeutet in diesem Fall einen progressiven Anstieg des Preises in Abhängigkeit von der Menge und damit einen degressiven Anstieg der Menge in Abhängigkeit des Preises. Z. B.: Je höher der Preis steigt, desto kleiner ist die Mengenerhöhung der Anbieter.

b) **Graphen** der Nachfrage- und der Angebotsfunktion

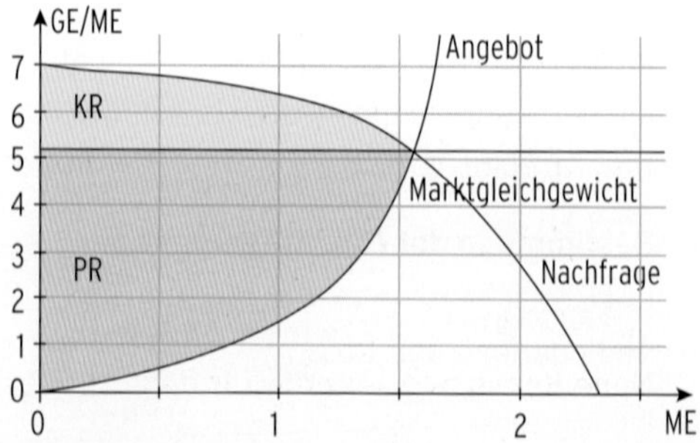

Aktuelles Marktgleichgewicht

$p_{A,neu}(x) = p_{N,neu}(x)$

$\Rightarrow \quad x \approx 1{,}55 = x_G$

$p_{A,neu}(1{,}55) \approx 5{,}17 = p_G$

Die Gleichgewichtsmenge liegt bei 1,55 ME, der Gleichgewichtspreis bei 5,17GE/ME.

Produzentenrente

$$PR = x_G \cdot p_G - \int_0^{x_G} p_{A,neu}(x)dx = 1{,}55 \cdot 5{,}17 - \int_0^{1{,}55} \left(-\frac{3}{x-2} - 1{,}5\right)dx \approx 8{,}01 - 2{,}15 = 5{,}86$$

Die Produzenten, die einen niedrigeren Preis für ihr Gut verlangt hätten, also ggf.auch der Hersteller, erzielen einen zusätzlichen Gewinn von 5,86 GE.

Anteil: $\frac{PR}{\text{tatsächlicher Umsatz}} = \frac{5{,}86}{8{,}01} \approx 0{,}7316$ $\qquad U = p \cdot x = 1{,}55 \cdot 5{,}17 = 8{,}01$

Die Produzentenrente entspricht 73,16% des erzielten Umsatzes, d. h. die Aussage des Herstellers stimmt.

c) **Preiselastizität der Nachfrage** $p_{N,neu}(x)$

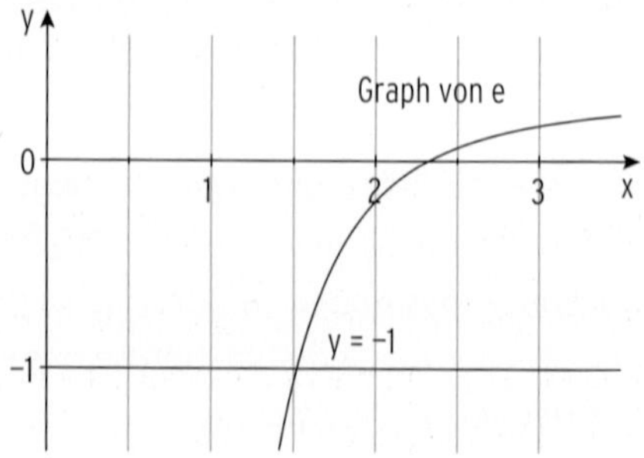

Einsetzen in $e(x) = \frac{p(x)}{p'(x) \cdot x}$ ergibt:

$$e(x) = \frac{-x^3 + 1{,}5x^2 - 1{,}1x + 7}{(-3x^2 + 3x - 1{,}1) \cdot x}$$

$$e(x) = \frac{-x^3 + 1{,}5x^2 - 1{,}1x + 7}{-3x^3 + 3x^2 - 1{,}1x} \quad \text{mit } x \neq 0;\ x > 0$$

Elastizitätsintervalle

Fließend: $e(x) = -1 \Rightarrow \frac{-x^3 + 1{,}5x^2 - 1{,}1x + 7}{-3x^3 + 3x^2 - 1{,}1x} = -1 \Rightarrow x \approx 1{,}52$

Elastisch: $e(x) < -1 \Rightarrow$ Mengenintervall]0; 1,52[$\quad (0 < x < 1{,}52)$

Wenn der Preis um 1% geändert wird, dann ändert sich die Menge um mehr als 1% in entgegengesetzter Richtung. Der Hersteller kann Preise im Intervall]0; 4,75[anbieten, damit die Nachfrage elastisch reagiert ($p_{A,neu}(1{,}52) = 4{,}75$).

Unelastisch: $-1 < e(x) < 0 \Rightarrow$ Mengenintervall]1,52; 2[

Wenn der Preis um 1% geändert wird, dann ändert sich die Menge um weniger als 1% in entgegengesetzter Richtung.

Lösung Aufgabe 6 **Seite 3/3**

c) Der Hersteller kann Preise im Intervall $]4{,}75; \infty[$ anbieten, damit die Nachfrage unelastisch reagiert.

Bestimmung des Preises: $e(x) = -0{,}5 \Rightarrow x \approx 1{,}74$ und $p_{N,neu}(1{,}74) \approx 4{,}36$

Bei einem Preis von 4,36 GE/ME führt eine Preiserhöhung um 1% zu einem Nachfragerückgang von 0,5%.

d) **Aktuelle Konsumentenrente**

Mit $x_G = 1{,}5$ und $p_G = 5{,}35$

$KR = \int_0^{x_G} p_{N,neu}(x)dx - x_G \cdot p_G = \int_0^{1,5} p_{N,neu}(x)dx - 1{,}5 \cdot 5{,}35 \approx 1{,}66$

20% der Konsumentenrente

$\frac{1{,}66}{100} \cdot 20 \approx 0{,}33$

Neue Konsumentenrente für den Bio-Markt

Bedingung: $\int_0^{x_{ges}} p_{N,neu}(x)dx - x_{ges} \cdot p_{N,neu}(x_{ges}) = 0{,}33$

$\left[-\frac{1}{4}x^4 + 0{,}5x^3 - 0{,}55x^2 + 7x\right]_0^{x_{ges}} - x_{ges} \cdot (-(x_{ges})^3 + 1{,}5(x_{ges})^2 - 1{,}1(x_{ges}) + 7) = 0{,}33$

$-\frac{1}{4}(x_{ges})^4 + 0{,}5(x_{ges})^3 - 0{,}55(x_{ges})^2 + 7(x_{ges}) + (x_{ges})^4 - 1{,}5(x_{ges})^3 + 1{,}1(x_{ges})^2 - 7 \cdot (x_{ges})$

$= 0{,}33$

Zusammengefasst: $\frac{3}{4}(x_{ges})^4 - (x_{ges})^3 + 0{,}55(x_{ges})^2 = 0{,}33$

GTR: $x_{ges,1} \approx -0{,}51$ $\notin D_{ök}$, also nicht relevant

$x_{ges,2} \approx 1{,}03$ Gleichgewichtsmenge

Einsetzen: $p_{N,neu}(x_{ges,2}) = 6{,}37$ Gleichgewichtspreis

Bei einem Gleichgewichtspreis von 6,37 GE/ME und einer Gleichgewichtsmenge von 1,03 ME erzielen die Nachfrager eine Konsumentenrente, die bei 0,33 GE und damit bei 20% der vorherigen KR liegt.

Lösung Aufgabe 7 **Seite 1/3**

a) Ansatz: $I_{1500}(x) = \frac{a}{x-b} + 7$

Bedingungen und LGS: $I_{1500}(2) = 20$: $20 = \frac{a}{2-b} + 7 \Rightarrow a + 13b = 26$

$I_{1500}(3) = 13{,}5$: $13{,}5 = \frac{a}{3-b} + 7 \Rightarrow a + 6{,}5b = 19{,}5$

$I_{1500}(14) = 8$: $8 = \frac{a}{14-b} + 7 \Rightarrow a + b = 14$

Auflösung des LGS: a = 13; b = 1 und damit $I_{1500}(x) = \frac{13}{x-1} + 7$

Überprüfung der Kombination: $I_{1500}(11) = \frac{13}{11-1} + 7 = 8{,}3$

Mit einer Kombination von 11 ME Erntehelfern und 8,3 ME Erntemaschinen kann der Output von 1500 ME Ertrag ebenfalls erreicht werden.

Faktoreinsatz von x ME Erntehelfern:

Definitionsbereich von I_{1500}: $x - 1 = 0 \Leftrightarrow x = 1$ I_{1500} hat eine Polstelle in x =1.

Negative Werte für x können ausgeschlossen werden.

Für $0 \leq x < 1$: $-1 \leq x - 1 < 0$; $\frac{13}{x-1} < -13$ und damit $I_{1500}(x) = \frac{13}{x-1} + 7 < 0$

Definitionsbereich von I_{1500}: $D_{ök}(I_{1500}) = (1; \infty) =]1; \infty[$

Alternativ mit einer Skizze:

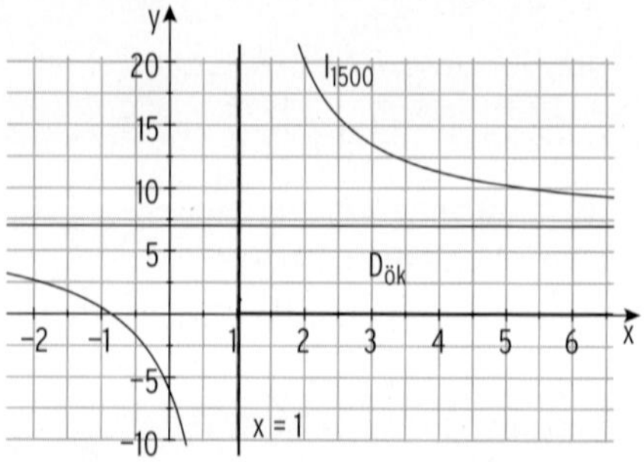

Links neben der Polstelle und unterhalb der waagrechten Asymptote widersprechen die Faktoreinsatzmengenkombinationen dem ökonomischen Prinzip.

Mindestanzahl benötigter ME an Erntemaschinen y:

Aus ökonomischer Sicht gilt: x > b;

wegen $a, b \in \mathbb{R}_{>0}$ folgt $\frac{a}{x-b} > 0$ und $\frac{a}{x-b} + 7 > 7$

(I_P hat die waagrechte Asymptote mit der Gleichung y = 7)

Für den Einsatz an Erntemaschinen gilt ein Wert größer als 7.

b) **Entscheidung über Auftragsannahme**

Aus 300 = 120x + 10y folgt mit $y = I_{300}(x) = -12x + 30$ die Isokostengerade.

Gleichsetzen: $I_{300}(x) = I_{500}(x)$ $\frac{3}{x-2} + 1 = -12x + 30$

Umformung ergibt $12x^2 - 17x + 61 = 0$ (D < 0)

$I_{300}(x) = I_{500}(x)$ hat keine Lösung; also für x > 2 auch keine Lösung

Lösung der Gleichung auch mit GTR möglich.

$I_{300}(x) \neq I_{500}(x)$: Die Bestellung kann zu den kalkulierten Kosten nicht angenommen werden, da keineFaktorkombination der Isokostengerade existiert, die gleichzeitig Faktorkombination der Isoquante ist.

Lösung Aufgabe 7 Seite 2/3

b) **Ermittlung der Minimalkostenkostenkombination**

Aus $K(x; y) = 120x + 10y$ folgt mit $y = I_K(x) = -12x + \frac{K}{10}$ die Isokostenfunktion I_K.

Bedingung: $I'_{500}(x) = I'_K(x) \Leftrightarrow -\frac{3}{(x-2)^2} = -12$

Umformung ergibt: $(x-2)^2 = \frac{1}{4} \Leftrightarrow x_1 = 2{,}5 \; (\vee \; x_2 = 1{,}5 \notin D_{ök})$

$I_{500}(2{,}5) = 7$ und $K(2{,}5; 7) = 120 \cdot 2{,}5 + 10 \cdot 7 = 370$

Die Minimalkostenkombination besteht aus 2,5 ME an Erntehelfern und 7 ME an Erntemaschinen. Dabei entstehen Kosten von 370 GE.

c) **Standortwahl**

Kurzfristige Preisuntergrenze als Minimalstelle von $k_{v,q}$: $k_{v,q}(x) = x^2 - 5x + 9q$

Minimum der variablen Stückkosten: $k_{v,q}'(x) = 0 \wedge k_{v,q}''(x) > 0$

$k_{v,q}'(x) = 0 \Leftrightarrow 2x - 5 = 0 \Leftrightarrow x = 2{,}5$

Mit $k_{v,q}''(x) = 2 > 0$ und $k_{v,q}(2{,}5) = -6{,}25 + 9q$ gilt:

Das Betriebsminimum liegt bei 2,5 ME, die kurzfristige Preisuntergrenze (KPU) ist $(9q - 6{,}25)$ GE.

Um sich dem Preis der Konkurrenten anzuschließen, muss gelten: $9q - 6{,}25 \leq 13{,}5$

Auflösen ergibt $q \leq \frac{19{,}75}{9} \approx 2{,}19$, also $q = 1$ oder $q = 2$

Der Landwirt kann die Standorte $q = 1$ oder $q = 2$ wählen, um den Preis des Konkurrenten nicht zu überschreiten.

Entscheidung über die Standortwahl:

Gewinn G_q mit $G_q(x) = 13{,}5x - (x^{3-} - 5x^2 + 9qx + 2)$

für $q = 1$: $G_1(2{,}5) \approx 24{,}87$ für $q = 2$: $G_2(2{,}5) \approx 2{,}37$

Der Landwirt sollte den Standorte $q = 1$ wählen, da der Gewinn hier deutlich über dem Gewinn von Standort $q = 2$ liegt.

d) **Skizze:**

Merkmale (z. B.):
Ordinatenschnittpunkt im negativen Bereich; zwei Nullstellen; Hochpunkt; Steigungsverhalten; Verhalten am rechten Rand von $D_{ök}$

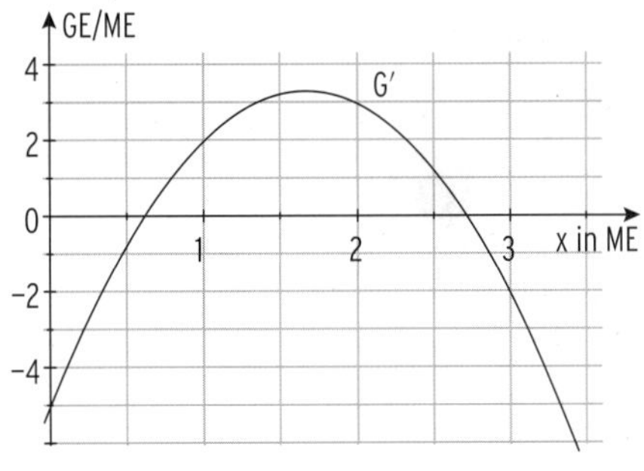

Lösung Aufgabe 7 Seite 3/3

d) **Interpretation**

Der Graph von G′ weist bis zur erste Nullstelle negative Funktionswerte auf, dies bedeutet für den Graphen der Funktion G, dass dieser einen fallenden Verlauf aufweist.
Der Verlust steigt.

Der Graph der Funktion G′ verläuft von der ersten Nullstelle bis zum Hochpunkt degressiv steigend mit positiven Funktionswerten, das bedeutet, dass der Graph der Funktion G mit zuehmendem Anstieg steigt. Der Verlust nimmt ab bzw. der Gewinn nimmt zu.

Vom Hochpunkt bis zur zweiten Nullstelle verläuft der Graph der Funktion G′ mit positiven Funktionswerten progressiv fallend. Das bedeutet für den Graphen der Funktion G, dass dieser mit abnehmender Steigung steigt. DerVerlustrückgang ist geringer bzw. der Gewinn steigt langsam an.

Nach der zweiten Nullstelle des Graphen der Funktion G′ weist diese negative Funktionswerte auf. Dies bedeutet, dass der Gaph der Funktion G fällt. Der Verlust steigt wieder bzw. der Gewinn nimmt ab.

Ermittlung des Preises

Es gilt: $G(x) = E(x) - K(x) \Leftrightarrow E(x) = G(x) + K(x)$

Also: $E(x) = p \cdot x = \int G'(x)dx + K_2(x)$

Hinweis: $\int G'(x)dx = G_c(x)$

Aus $G_c(x) = -x^3 + 5x^2 - 5{,}05x + c$ und $K_2(0) = 2$ und $E(0) = 0$ folgt $c = -2$, also
$G_{-2}(x) = -x^3 + 5x^2 - 5{,}05x - 2$
$E(x) = -x^3 + 5x^2 - 5{,}05x - 2 + (x^3 - 5x^2 + 18x + 2) = 12{,}95x$

$\Rightarrow p = \frac{E(x)}{x} = 12{,}95$

Der Landwirt hat die Erdbeeren zu einem Preis von 12,95 GE/ME angeboten.

Beurteilung der Aussage des Sohnes:

Mit dem GTR: $G'_{-2}(x) = 0$ für $x_1 \approx 2{,}71$ (oder $x_2 \approx 0{,}62$ als Minimalwert)
$G_{max} = G_{-2}(2{,}71) \approx 1{,}13$
Die Aussage des Sohnes ist richtig, da maximal ein Gewinn von 1,13 GE erreicht wird.

Lösung Aufgabe 8 Seite 1/3

a) Eingabe aller Daten ergbt mithilfe **logistischer Regression:** $f(t) = \frac{34{,}7}{1 + 3{,}9e^{-0{,}3t}}$
(gerundet auf eine Dezimale)
Mathematischer Definitionsbereich: $\mathbb{R}$ da $(1 + 3{,}9e^{-0{,}3t}) > 0$ für alle t

Prognose über die Nutzerzahl im 3. Quartal 2013
Für den Beginn des 3. Quartals 2013 gilt t = 10: $f(10) = \frac{34{,}7}{1 + 3{,}9e^{-0{,}3 \cdot 10}} \approx 29{,}06$

Für den Beginn des 3. Quartals 2013 wird eine Nutzerzahl von ca. 29,06 ME erwartet, womit die Prognose des Auftraggebers zu hoch ist.

Zeitpunkt der Nutzerüberschreitung

Bedingung: $f(t) > 27$

GTR löst $f(t) = 27$ für $t \approx 8{,}72$

Da die Zahl der Nutzer steigt (sie strebt gegen 34,7 ME), gilt:

Die Anzahl der Nutzer in Höhe von 27 ME wird erstmals im März 2013 überschritten.

Beispielhafte Beurteilung zum exponentiellen Wachstum

Die Funktionswerte weisen am Ende des abgebildeten Beobachtungszeitraums eine abnehmende Differenz auf, was einem exponentiellen Wachstum widerspricht. Jedoch zeigt auch die exponentielle Regression bis t = 7 einen ähnlichen Verlauf zur logistischen Regression. Die Aufgabenstellung beinhaltet die Anzahl der Nutzer sozialer Netzwerke.

Diese Anzahl ist allein durch die Bevölkerung bereits begrenzt, sodass ein exponentieller Anstieg nicht sinnvoll ist.

b) **Sinnvolle Werte für k**

Bedingung für monoton steigend: $f_k'(t) \geq 0 \quad \Leftrightarrow \quad \frac{4860ke^{-kt}}{(6 + 27e^{-kt})^2} \geq 0$

Wegen $e^{-kt} > 0$ und $(6 + 27e^{-kt})^2 > 0$ für $k \neq 0$ und $4860k > 0$ für $k > 0$ gilt:
$f'_k(t) \geq 0$ für $k > 0$: Der Parameter k darf alle Werte größer Null annehmen, damit der Graph der Funktion f_k monoton steigend ist.

Größte Nutzerzunahme abhängig von k

Bedingung für die Wendestelle: $f_k''(t) = 0 \Leftrightarrow \frac{-4860k^2e^{-kt}(6 - 27e^{-kt})}{(6 + 27e^{-kt})^3} = 0$

Betrachtung des Zählerterms: $-4860k^2e^{-kt}(6 - 27e^{-kt}) = 0$

wegen $4860k^2e^{-kt} > 0$ $\quad 6 - 27e^{-kt} = 0$

$$t = -\frac{\ln(\frac{2}{9})}{k} \quad (= t_w)$$

Lösung Aufgabe 8 Seite 2/3

b) Die Vermutung, dass der Zeitpunkt der größten Änderung der Nutzerzahl abhängig von k ist, wird bestätigt.

Bemerkung: Die größte Änderung (hier Zunahme) der Nutzerzahl findet statt in der Wendestelle oder am Rand des Definitionsbereichs.

Mit $f_k'(0) = \frac{4860k}{33^2} \approx 4{,}46k$; $f_k'\left(-\frac{\ln(\frac{2}{9})}{k}\right) = 7{,}5k$; $\lim\limits_{t \to \infty} \frac{4860ke^{-kt}}{(6 + 27e^{-kt})^2} = 0$

lässt sich zeigen, die größte Nutzerzunahme ist in der Wendestelle.

Nutzerzahl im Wendepunkt: $f_k\left(-\frac{\ln(\frac{2}{9})}{k}\right) = \frac{180}{6 + 27 \cdot \frac{2}{9}} = 15$ $\quad (e^{-kt} = \frac{2}{9}$ für $t = t_W)$

Die Vermutung des Marktforschungsinstituts wird bestätigt, dass die größte Nutzeränderung stets bei einer Nutzerzahl von 15 ME eintritt (unabhängig von k).

Verhältnis zur Sättigungsgrenze

Sättigungsgrenze 30 ME da $\lim\limits_{t \to \infty} f_k(t) = 30$

$\frac{\text{Nutzerzahl im WP}}{\text{Sättigungsgrenze}} = \frac{15}{30} = \frac{1}{2}$

Zum Zeitpunkt der größten Änderung der Nutzerzahl ist die Nutzerzahl halb so groß wie die Sättigungsgrenze.

Auswirkungen von k auf das Erreichen von 15 ME:

Mit steigenden k lässt sich erkennen, dass die 15 ME früher erreicht werden.

Für die Stelle $t = -\frac{\ln(\frac{2}{9})}{k}$ gilt: $\lim\limits_{k \to \infty}\left(-\frac{\ln(\frac{2}{9})}{k}\right) = 0$

c) **Zeichnung** von $f_{0,3}$

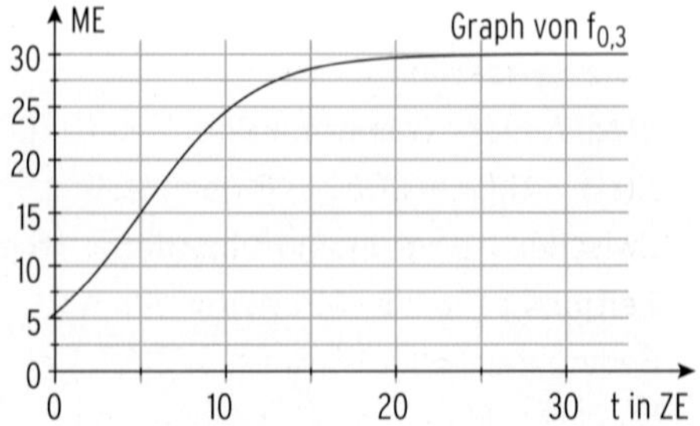

Angestrebte Kundenzahl:

$\lim\limits_{t \to \infty} f_{0,3}(t) = \frac{180}{6} = 30$ $\quad (e^{-0,3t} \to 0)$

45 % von 30 = 13,5

Der Anbieter muss 13,5 ME Kunden haben.

Nachweis des Zusammenhangs: $f_{0,3}'(t) = 0{,}01 \cdot f_{0,3}(t) \cdot (30 - f_{0,3}(t))$ (Differentialgleichung)

Einsetzen ergibt $\frac{1458e^{-0,3t}}{(6 + 27e^{-0,3t})^2} = 0{,}01 \cdot \frac{180}{6 + 27e^{-0,3t}} \cdot \left(30 - \frac{180}{6 + 27e^{-0,3t}}\right)$

$$\frac{1458e^{-0,3t}}{(6 + 27e^{-0,3t})^2} = \frac{54}{6 + 27e^{-0,3t}} - \frac{324}{(6 + 27e^{-0,3t})^2} = \frac{54 \cdot (6 + 27e^{-0,3t}) - 324}{(6 + 27e^{-0,3t})^2}$$

$\frac{1458e^{-0,3t}}{(6 + 27e^{-0,3t})^2} = \frac{1458e^{-0,3t}}{(6 + 27e^{-0,3t})^2}$ was zu zeigen war.

Lösung Aufgabe 8 Seite 3/3

d) **Zeitpunkt des erstmaligen Nutzerrückganges**

Bedingung: $h(t) = 0$ mit Vorzeichenwechsel +/− für $t \approx 21{,}79$ (Abnahme)

weitere Lösungen nicht sinnvoll: $t = -3{,}61 < 0$; $t = 31{,}81$ mit VZW −/+ (Zunahme)

Ab dem Zeitpunkt $t \approx 21{,}79$ tritt erstmals ein Nutzerrückgang auf.

Anzahl der Nutzer zum Zeitpunkt der erstmalig negativen Änderungsrate h(t)

Durch Integration mithilfe einer Stammfunktion:

$$\int_0^{21{,}79} h(t)\,dt = \left[\frac{1}{8000}t^4 - \frac{1}{120}t^3 + \frac{1}{8}t^2 + \frac{5}{4}t\right]_0^{21{,}79} \approx 28{,}55$$

(keine Stammfunktion verlangt)

Zum Zeitpunkt $t \approx 21{,}79$ gibt es ca. 28,55 ME Nutzer.

Zeitpunkt x mit 17,5 ME Nutzern

Bedingung: $\int_0^x h(t)dt = 17{,}5$ für $x \approx 9{,}76$ (mit GTR)

Zum Zeitpunkt $t \approx 9{,}76$ ist mit ca. 17,5 ME Nutzer zu rechnen.

Zeitspanne zwischen den größten Nutzeränderungen

Bedingung für die Extrema der Nutzeränderung: $h'(t) = 0$

GTR liefert $t_1 \approx 6{,}13$; $t_2 \approx 27{,}21$

Zeitspanne: $t_2 - t_1 = 21{,}08$

Die Zeitspanne zwischen den größten Nutzeränderungen beträgt 21,08 ZE.

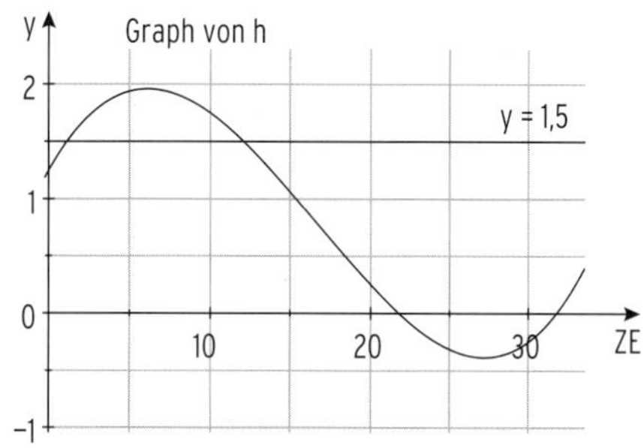

Nutzerzugewinn
mithilfe der Stammfunktion H von h

$H(t_2) - H(t_1) \approx 27{,}20 - 10{,}61 = 16{,}59$

Zwischen den größten Nutzeränderungen kommen ca. 16,59 ME Nutzer hinzu.

Zeitpunkt für die Werbeempfehlung

Bedingung: $h(t) = 1{,}5$ für $t_1 \approx 1{,}12$; $t_2 \approx 12{,}1$; $t_3 \approx 36{,}77$

$t_1 \approx 1{,}12$ und $t_3 \approx 36{,}77$ entfallen, da die Änderungsrate steigend ist.

Die Werbeempfehlung sollte zum Zeitpunkt $t \approx 12{,}1$ ausgesprochen werden.

Zentralabitur 2014 Block 1 Aufgabe 1 A Seite 1/3

a) **Erläuterung Parameter b**

Verschiebung des Graphen nach rechts um b Einheiten. Bei x = b liegt eine Polstelle vor, deshalb werden von dem Produktionsfaktor Kapital mehr als b Einheiten benötigt.

Erläuterung Parameter c

Verschiebung des Graphen um c Einheiten nach oben. Die waagrechte Asymptote liegt bei y = c, deshalb werden von dem Produktionsfaktor Arbeit mehr als c Einheiten benötigt.

Definitionsbereich der Parameter

Damit der ökonomische Definitionsbereich im 1. Quadranten liegt, gilt $b \geq 0$ und $c \geq 0$. Schnittpunkte mit den Koordinatenachsen entstehen nicht, weil b eine Polstelle und c eine waagrechte Asymptote darstellt.

$I'_{b,c}(x) = -\frac{3}{(x-b)^2} < 0$ für alle $x \neq b$, d. h. der Graph von $I_{b,c}$ ist monoton fallend.

Definitionsbereich und Wertebereich

$I_{b,c}(x) = \frac{3}{x-b} + c \Rightarrow D_{ök} = (b; \infty) \wedge b \geq 0;\ W_{ök} = (c; \infty) \wedge c \geq 0$

Auswirkung des Parameters K

K ist ein Teil des Absolutgliedes der linearen Isokostenfunktion. Das Absolutglied ist ein Bruch, bei dem K im Zähler steht und der Nenner konstant ist, d. h. je größer K wird, desto höher liegt der Schnittpunkt mit der Ordinatenachse und umgekehrt.
Auf die Steigung hat K keinen Einfluss, deshalb handelt es sich um eine Parallelverschiebung, die durch Variation von K ausgelöst wird.

Steigung des Graphen der Isokostenfunktion

Die Steigung wird durch $m = -\frac{p_x}{p_y}$ angegeben. Je größer das Verhältnis der Preise der beiden Produktionsfaktoren ist, desto stärker fällt der Graph der Isokostenfunktion und umgekehrt.

b) **Minimalkostenkombination und Kosten**

$I_{3,5}(x) = \frac{3}{x-3} + 5 \Rightarrow \quad I'_{3,5}(x) = -\frac{3}{(x-3)^2};\ D_{ök} = (3; \infty)$

$y_K(x) = -\frac{8}{12}x + \frac{K}{12} \Rightarrow \quad y'_K(x) = -\frac{p_x}{p_y} = -\frac{8}{12}$

Gleichung lösen: $-\frac{3}{(x-3)^2} = -\frac{8}{12} \Rightarrow (x-3)^2 = \frac{9}{2}$

Lösung z. B. durch Wurzelziehen $-x - 3 = \pm\sqrt{\frac{9}{2}} \Leftrightarrow x \approx 0{,}88\ (\notin D_{ök}) \vee x \approx 5{,}12$

(auch mit p-q-Formel oder quadratische Ergänzung

oder auch mit dem GTR im Wahlteil)

Zentralabitur 2014 Block 1 Aufgabe 1 A Seite 2/3

b) $I_{3,5}(5{,}12) = \frac{3}{5{,}12 - 3} + 5 = 6{,}42$

Einsetzen: $6{,}42 = -\frac{8}{12} \cdot 5{,}12 + \frac{K}{12} \Rightarrow K \approx 118$

Die optimale Faktorkombination führt zu Kosten in Höhe von ca. 118 GE. Dafür werden ca. 5,12 ME des Produktionsfaktors Kapital und ca. 6,42 ME des Produktionsfaktors Arbeit benötigt.

Werte für K angeben

Für $K \in [0; 118)$ Produktion nicht realisierbar

Für $K \in [118; \infty)$ Produktion realisierbar

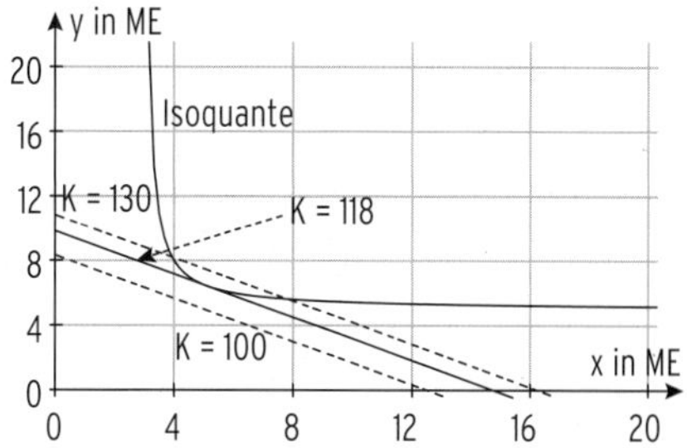

c) **Grenzrate der Substitution** (Ermittlung von b)

$I'_{b,c}(x) = -\frac{3}{(x-b)^2} \Rightarrow \quad I'_{b,c}(4) = -\frac{3}{(4-b)^2} = -12$

GTR löst die Gleichung (z. B. grafisch): $-\frac{3}{(4-b)^2} = -12 \Leftrightarrow b = 3{,}5 \vee b = 4{,}5$

Da die Grenzrate der Substitution bei x = 4 angegeben wurde, kann nur b = 3,5 gelten. (vgl. $D_{ök} = (b; \infty)$)

Minimalkostenkombination (MMK) ermitteln für b = 3,5

$m = -\frac{8}{12} = -\frac{2}{3}; \; I'_{3,5,c}(x) = -\frac{3}{(x-3{,}5)^2}$

Bedingung: $-\frac{2}{3} = -\frac{3}{(x-3{,}5)^2} \Rightarrow x \approx 1{,}38 \; (\notin D_{ök}) \vee x \approx 5{,}62$

$y(5{,}62) = -\frac{2}{3} \cdot 5{,}62 + 9 \approx 5{,}25$ (ME des Produktionsfaktors Arbeit)

Ermittlung von c

$b = 3{,}5 \wedge x \approx 5{,}62 \wedge y \approx 5{,}25$ einsetzen in $\quad I_{3,5;\,c}(x) = \frac{3}{x-3{,}5} + c$

$I_{3,5,c}(5{,}62) = \frac{3}{5{,}62 - 3{,}5} + c = 5{,}25 \Rightarrow c \approx 3{,}83$

Isoquantenfunktionsterm $\quad I_{3,5;\,3,83}(x) = \frac{3}{x-3{,}5} + 3{,}83$

Vom Produktionsfaktor Kapital werden ca. 5,62 ME, vom Produktionsfaktor Arbeit werden ca. 3,83 ME eingesetzt.

Zentralabitur 2014 Block 1 Aufgabe 1 A Seite 3/3

d) **Wachstumsprozess erläutern**

Differentialgleichung für beschränktes Wachstum, weil die Wachtumsgeschwindigkeit proportional zum Sättigungsmanko ist.

Mögliche Merkmale (zwei sind gefordert):

- Sättigungsgrenze bei 600 ME
- Proportionalitätsfaktor bei 0,05
- Prozentuales Wachstum (Abnahme des Sättigungsmankos)
  $-0{,}05 = \ln(b) \Rightarrow b = e^{-0{,}05} \approx 0{,}9512 \Rightarrow p = 1 - b = 0{,}0488 = 4{,}88\,\%$

Nachweis des Funktionsterms

$f(0) = 10$

$f(t) = g - a \cdot b^t$ mit a als Sättigungsmanko bei $t = 0$

$f(t) = 600 - 590 \cdot 0{,}9512^t$ mit $k = \ln(b)$ folgt $f(t) = 600 - 590 \cdot e^{-0{,}05t}$

Ausweitung der Produktionskapazität

$f(5) = 600 - 590 \cdot e^{-0{,}05 \cdot 5} \approx 140{,}51 < 150$

$f'(5) = (600 - f(5)) \cdot 0{,}05 = (600 - 140{,}51) \cdot 0{,}05 \approx 22{,}97 > 22$

Der Bestand liegt nicht über 150 ME, aber die Wachstumsgeschwindigkeit ist größer als $22\,\frac{ME}{ZE}$, d. h. eine Ausweitung der Produktionskapazität ist notwendig.

Zentralabitur 2014

Block 1 Aufgabe 1 B Seite 1/3

a) **Skizze** von $f(t) = t \cdot e^{-0{,}1t}$

Kriterien untersuchen

Kriterium: Momentane Verschuldung spätestens nach 40 ZE kleiner als 1 GE/ZE

Bedingung: $f(40) < 1$

$f(t) < 1$ ist bereits für $t > 3{,}77$ erfüllt, f ist für $t > 0$ monoton fallend und strebt gegen 0.

($f(t) < 1$ für $0 < t < 1{,}12$ nicht relevant, da ein steigender Verlauf vorliegt.)

Das Kriterium ist erfüllt.

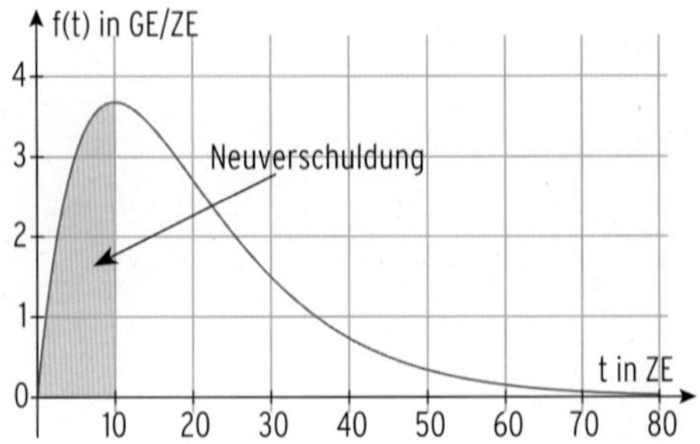

Zentralabitur 2014 Block 1 Aufgabe 1B Seite 2/3

a) **Kriterium:** Momentane Verschuldung nie größer als 3 GE/ZE

Bedingung: $f'(t) \leq 3$

$f'(t) = (1 - 0{,}1t)\, e^{-0{,}1t}$ mit $e^{-0{,}1t} > 0$

$f'(t) = 0 \Leftrightarrow$ $(1 - 0{,}1t) \cdot e^{-0{,}1t} = 0$

$1 - 0{,}1t = 0$ Satz vom Nullprodukt

$t = 10$

Es liegt eine Maximalstelle von f vor, da bei f'(t) ein VZW von + nach − besteht.

$f(10) = 10e^{-1} \approx 3{,}68 > 3$

Das Kriterium ist nicht erfüllt.

Kriterium: Neuverschuldung unter 26 GE

$\int_0^{10} f(t)dt = 26{,}42 > 26$ Fläche zwischen der f-Kurve und der t-Achse

Das Kriterium ist nicht erfüllt.

Hinweis: Eine Stammfunktion ist nicht verlangt.

b) **Momentane Verschuldungsfunktion bestimmen**

$h_a(t) = f(t) - g_a(t) = t \cdot e^{-0{,}1t} - a \cdot e^{-0{,}1t} = (t - a) \cdot e^{-0{,}1t}$

Ableitungsfunktion mit Produkt- und Kettenregel:

$h'_a(t) = -0{,}1(t - a) \cdot e^{-0{,}1t} + e^{-0{,}1t} = (-0{,}1t + 0{,}1a + 1) \cdot e^{-0{,}1t}$

Zeitpunkt der größten momentanen Verschuldung für h_a

$h'_a(t) = 0 \Leftrightarrow -0{,}1t + 0{,}1a - 1 = 0$ wegen $e^{-0{,}1t} > 0$ und Satz vom Nullprodukt

Auflösen nach t: $t = 10 + a$ Da $a > 0$ ist $t > 10$.

Die maximale momentane Verschuldung tritt erst bei $t > 10$ ein (nach mehr als 10 ZE).

Skizze für a = 2

$h_2(t) = (t - 2) \cdot e^{-0{,}1t}$

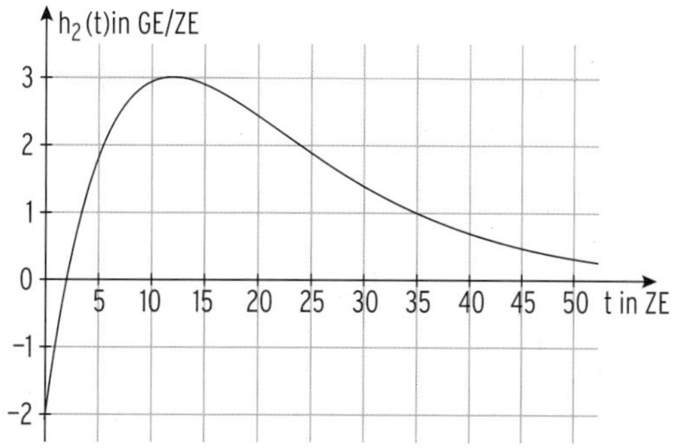

Interpretation der Staatsverschuldung

[0; 2] negative momentane Verschuldung also Abbau der Gesamtverschuldung.

An der Stelle t = 2 ist die momentane Verschuldung 0, die Gesamtverschuldung ist hier minimal

(Bemerkung: Ab jetzt kommem wieder neue Schulden hinzu.)

Zentralabitur 2014 Block 1 Aufgabe 1B Seite 3/3

c) **Degressions- und Progressionsintervalle untersuchen und momentane Verschuldung an den Intervallübergängen bestimmen**

Notwendige Bedingung für einen Krümmungswechsel (Wendepunkt): $m''(t) = 0$

Mit dem GTR (z. B. Extremstellen von $m'(t)$) $t \approx 5{,}86 \vee t \approx 34{,}14$

$t \approx 34{,}14 > 20$ ist nicht zu berücksichtigen, da er im fallenden Bereich liegt.

Extremstellen von m: $m'(t) = 0$ für $t = 0$ (Minimalstelle) bzw. $t = 20$ (Maximalstelle)

$[0; 5{,}86]$ progressiv steigend, da für $t < 5{,}86$ $m''(t) > 0$: $m(5{,}86) \approx 1{,}91$

$(5{,}86; 20]$ degressiv steigend, da für $t > 5{,}86$ $m''(t) < 0$: $m(20) \approx 5{,}41$

Für $t > 20$ ist die momentane Verschuldung nur noch fallend, da nur ein Hochpunkt bei $t = 20$ vorliegt.

Die MFW-Prognose unterstützt das Versprechen.

d) **Skizze vervollständigen**

Prognose m löst Neuverschuldung in den ersten 10 ZE besser als Prognose f

Im Intervall $(0; 10)$ gilt: $f(t) > m(t)$

also gilt: $\int_0^{10} f(t)\,dt > \int_0^{10} m(t)\,dt$

Die Behauptung trifft zu.

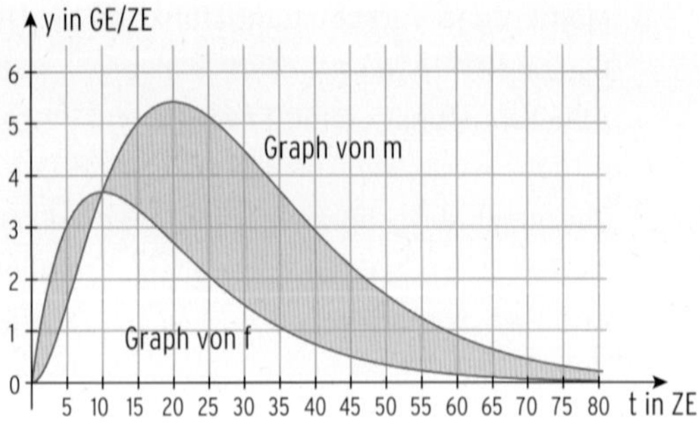

Prognose m löst langfristig die Neuverschuldung besser als Prognose f

Prognose m: $\lim\limits_{t \to \infty} \int_0^t m(t)\,dt = 200$

Prognose f: $\lim\limits_{t \to \infty} \int_0^t f(t)\,dt = 100$

Berechnung der langfristigen Neuverschuldungsdifferenz

Langfristig führt die Prognose f zu einer Neuverschuldung von 100 GE, während die Prognose m eine Neuverschuldung von 200 GE liefert.

Die Neuverschuldungsdifferenz beträgt 100 GE.

3 Stochastik

Formelsammlung zur Statistik

Mittelwert $\overline{x}$: $\overline{x} = \frac{1}{n}(x_1 + x_2 + \ldots x_n) = \sum_{i=1}^{n} x_i$ oder $\overline{x} = \frac{1}{n}\sum_{i=1}^{k} x_i n_i = \sum_{i=1}^{k} x_i h_i$ mit $h_i = \frac{n_i}{n}$

Varianz: $\sigma^2 = \frac{1}{n}\sum_{i=1}^{n} (x_1 - \overline{x})^2 \Rightarrow$ Standardabweichung $\sigma = \sqrt{\sigma^2}$

Formelsammlung zur Stochastik

Für die Wahrscheinlichkeit eines Ereignisses A gilt:	$0 \leq P(A) \leq 1$
Für das Gegenereignis $\overline{A}$:	$P(\overline{A}) = 1 - P(A)$
Additionssatz:	$P(A \cup B) = P(A) + P(B) - P(A \cap B)$
Multiplikationssatz:	$P(A \cap B) = P(A) \cdot P_A(B)$
Bedingte Wahrscheinlichkeit:	$P_A(B) = \frac{P(A \cap B)}{P(A)}$
Spezieller Multiplikationssatz: (A und B sind unabhängige Ereignisse.)	$P(A \cap B) = P(A) \cdot P(B)$

Binomialverteilung:

Die Zufallsgröße (Zufallsvariable) X ist binomialverteilt: $X \sim B_{n;\,p}$

Formel von Bernoulli:	$P(X = k) = \binom{n}{k} \cdot p^k \cdot (1 - p)^{n-k}$
Erwartungswert (Mittelwert):	$\mu = E(X) = n \cdot p$
Varianz	$V(X) = \sigma^2 = n \cdot p \cdot (1 - p)$
Standardabweichung	$\sigma = \sqrt{V(X)}$

Kumulierte Binomialverteilung **F(n; p; k):**

Linksseitiges Intervall:	$P(X \leq 8) = F(n; p; 8)$
Rechtsseitiges Intervall:	$P(X \geq 8) = 1 - P(X \leq 7)$
Intervallwahrscheinlichkeit:	$P(3 \leq X \leq 8) = P(X \leq 8) - P(X \leq 2)$

5 Ott - ISBN 978-3-8120-0223-3

Normalverteilung

Für eine $B_{n;\,p}$-verteilte Zufallsgröße (Zufallsvariable) X gilt bei großen Werten von n:

$$P(a \leq X \leq b) = \Phi(\frac{a - \mu}{\sigma}) - \Phi(\frac{b - \mu}{\sigma})$$

bzw. $$P(a \leq X \leq b) = \Phi(\frac{a + 0{,}5 - \mu}{\sigma}) - \Phi(\frac{b - 0{,}5 - \mu}{\sigma})$$

Die Näherungsformel liefert brauchbare Werte, wenn die Faustformel

(Empirisches Kriterium) $V(X) = \sigma^2 = n \cdot p \cdot (1 - p) > 9$ erfüllt ist.

Vertrauensintervall (Konfidenzintervall)

Die relative Häufigkeit ist ein Schätzwert für die Wahrscheinlichkeit p.

Ein **Vertrauensintervall** ist ein **Schätzintervall,** welches die unbekannte Wahrscheinlichkeit p mit einer Sicherheitswahrscheinlichkeit γ enthält.

Vertrauensintervall $[p_1; p_2]$

als Lösung der Ungleichung für die Variable p: $(h - p)^2 \leq c^2 \cdot \frac{p(1 - p)}{n}$

Exaktes Konfidenzintervall: $h \in [h_u; h_o] = \left[p - c\sqrt{\frac{p(1-p)}{500}}\,; p + c\sqrt{\frac{p(1-p)}{500}}\right]$

Alternativ über die Näherung: $\left[h - c\sqrt{\frac{h(1-h)}{n}}\,; h + c\sqrt{\frac{h(1-h)}{n}}\right]$

Dabei ist c (auch z) die Vertrauenszahl zur Sicherheitswahrscheinlichkeit γ.

Umgebungen des Erwartungswertes bei Binomialverteilungen und die zugehörigen Wahrscheinlichkeiten						
Vertrauenszahl c	1	1,64	1,96	2	2,58	3
Radius der Umgebung	$1 \cdot \sigma$	$1{,}64 \cdot \sigma$	$1{,}96 \cdot \sigma$	$2 \cdot \sigma$	$2{,}58 \cdot \sigma$	$3 \cdot \sigma$
Sicherheitswahrscheinlichkeit γ	68 %	90 %	95 %	95,5 %	99 %	99,7 %

Für die Mindestzahl n des **Stichprobenumfangs** gibt es die Abschätzung:

$$n \geq (\frac{c}{2\varepsilon})^2$$

mit c = Vertrauenszahl und

2ε = Länge des Vertrauensintervalls $[h - \varepsilon; h + \varepsilon]$

Aufgaben eA - GTR - zur Prüfungsvorbereitung

Aufgabe 1 Lösungen Seite 80/81

In einer niedersächsischen Stadt werden im Vorfeld der Kommunalwahl verschiedene Analysen durchgeführt. Dabei werden die Wahlberechtigten in vier Gruppen eingeteilt:

Gruppe I: Wahlberechtigte, die jünger als 25 Jahre sind,
Gruppe II: Wahlberechtigte von 25 bis unter 50 Jahren,
Gruppe III: Wahlberechtigte von 50 bis unter 65 Jahren,
Gruppe IV: Wahlberechtigte, die 65 Jahre und älter sind.

Diese Wählergruppen verhalten sich zahlenmäßig wie 4 : 5 : 5 : 6.

Die Wahlbeteiligung beträgt erfahrungsgemäß in Gruppe I 83 %, in Gruppe II 79 %, in Gruppe III 60 % und in Gruppe IV 45%.
In der Stadt sind insgesamt 30210 Bürger wahlberechtigt.

a) Erstellen Sie für die Kommunalwahl ein Baumdiagramm.
Stellen Sie die vermutliche Wahlbeteiligung der einzelnen Wählergruppen in einem gemeinsamen Säulendiagramm dar. Erläutern Sie im Zusammenhang mit der Kommunalwahl anhand eines Beispiels die Regel der Pfadaddition.
Ermitteln Sie die prozentuale Wahlbeteiligung aller Wahlberechtigten.

Berechnen Sie die Wahrscheinlichkeit, mit der ein beliebiger Bürger im Alter von 25 bis unter 65 Jahren nicht wählen geht.

Ermitteln Sie die Anzahl der Bürger, die voraussichtlich zur Wahl gehen wird.

b) Im Einzugsgebiet eines Wahllokals leben 250 Wahlberechtigte. Bestimmen Sie die Wahrscheinlichkeit dafür, dass unter diesen
(1) genau 120 Personen aus Gruppe IV sind,
(2) höchstens 100 Personen aus Gruppe II sind,
(3) mehr als 40 Personen und weniger als 70 Personen aus Gruppe III sind.

Berechnen Sie die Mindestgröße einer Stichprobe aus der Gruppe IV, damit mit mehr als 90 % Wahrscheinlichkeit wenigstens eine Person darunter ist, die nicht an der Wahl teilnehmen wird.

c) Zwei Monate vor der Wahl wurde die „Sonntagsfrage" gestellt: „Welche Partei würden Sie wählen, wenn am Sonntag Wahl wäre?"

Die Umfrage wurde mit 1500 zufällig ausgesuchten Wahlberechtigten durchgeführt. Hierbei haben sich 45 % für die Partei A entschieden.

Berechnen Sie bezogen auf diese Stichprobe mithilfe des 90 %-Vertrauensintervalls die Mindest- und Höchstanzahl aller Wahlberechtigten dieser Stadt, die die Partei A am Sonntag nach der Umfrage gewählt hätten.

Der Anteil der Wahlberechtigten, die am Sonntag nach der Umfrage Partei A gewählt hätten, soll mit einer Genauigkeit von 2 % und mit einer Sicherheit von 99 % geschätzt werden. Ermitteln Sie die mindestens erforderliche Anzahl der Wahlberechtigten, die in diesem Fall hätten befragt werden müssen.

(Abitur Fachgymnasium 2011.)

Aufgabe 2 Lösungen Seite 82/83

Das Statistische Bundesamt Wiesbaden hat 2011 folgende Graphik veröffentlicht.

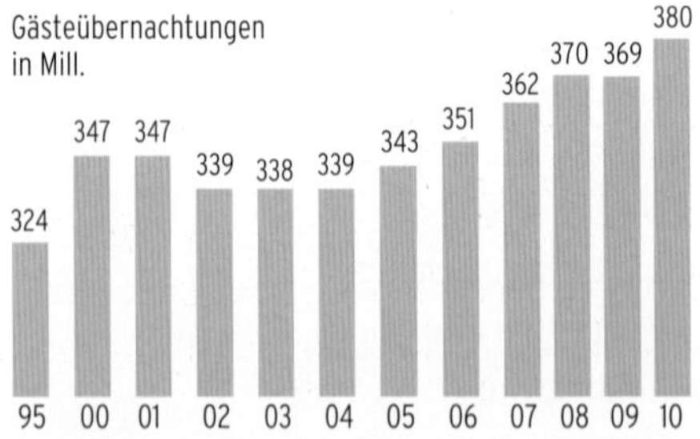

Daten aus
www.destatis.de (30.06.2011/21.30 Uhr)
Statistisches Bundesamt 2011

a) Für einen Zeitungsartikel mit dem Thema „Deutschland – ein Urlaubsland" soll die Graphik ausgewertet werden. Beschreiben Sie drei Kernaussagen dieser Graphik, die für den Zeitungsartikel relevant sind. Bestimmen Sie das arithmetische Mittel und das Intervall um das arithmetische Mittel für die Jahre 2000 bis 2010 und interpretieren Sie beide Ergebnisse für den Artikel.
Zeichnen Sie den zugehörigen Boxplot.

Der Redakteur hat sich für seinen Artikel noch weitere Informationen beschafft.

b) Bei einer Umfrage unter Touristen wurden zufällig 600 Personen zum Thema Urlaub in Deutschland befragt. Darunter waren 120 Personen, die jedes Jahr Urlaub in Deutschland machen. Berechnen Sie - bezogen auf diese Stichprobe - das 95%-Vertrauensintervall für den Anteil der Personen, die jedes Jahr in Deutschland Urlaub machen.

Das Vertrauensintervall lässt sich mit $h \in [h_u; h_o] = \left[p - c\sqrt{\frac{p(1-p)}{n}}; p + c\sqrt{\frac{p(1-p)}{n}}\right]$

allgemein bestimmen. Stellen Sie die obige Auswertung mithilfe der Graphen der oberen Begrenzungsfunktion h_o und der unteren Begrenzungsfunktion h_u in einem geeigneten Koordinatensystem dar. Interpretieren Sie das Ergebnis für den Zeitungsartikel.

c) Eine Untersuchung hat ergeben, dass 35% der Touristen mindestens 7 Tage in Deutschland verbringen. Außerdem unternehmen 25% aller Urlauber Städtetouren. Des Weiteren unternehmen 45% der Urlauber keine Städtetouren und sind gleichzeitig weniger als 7 Tage in Deutschland. Der Redakteur benötigt für seinen Artikel noch verschiedene Angaben. Stellen Sie dafür die oben angegebenen und die sich daraus ergebenden Informationen grafisch oder tabellarisch dar.
Berechnen Sie die Wahrscheinlichkeit dafür, dass
   (1) ein Tourist eine mindestens 7 Tage lange Städtetour in Deutschland unternimmt, und geben Sie die zugehörige Gästezahl für 2010 an.
   (2) Kurzurlauber (Tourist verbringt weniger als 7 Tage in Deutschland.) nach Deutschland kommen.
   (3) ein Tourist eine Städtetour macht, unter der Voraussetzung, dass er mindestens 7 Tage in Deutschland bleibt.

(Abitur Fachgymnasium 2012.)

Aufgabe 3 Lösungen Seite 83/84

Ein Hersteller von Kosmetikartikeln richtet eine neue Abfüllanlage ein. Die Pumpflaschen sollen jeweils mit 300 Milliliter (ml) Bodylotion befüllt werden.

Nach der Installation der Anlage erfolgt die Abfüllung näherungsweise normalverteilt mit dem Erwartungswert 303 ml und der Standardabweichung 4 ml.

a) Bestimmen Sie die Wahrscheinlichkeit einer Unterbefüllung.

Der Pumpmechanismus der Flasche funktioniert nur, wenn höchstens 305 ml in der Flasche enthalten sind. Wenn mehr als 15 % der Flaschen diese Bedingung nicht erfüllen, muss die Abfüllanlage neu eingestellt werden. Beurteilen Sie, ob eine Neueinstellung, der Maschine notwendig ist.

Skizzieren Sie den Graphen der zugehörigen Wahrscheinlichkeitsdichtefunktion.

Ermitteln Sie ein Intervall, in dem 95,4 % der Füllmengen liegen und kennzeichnen Sie das Intervall in der Skizze.

b) Die Pumpflaschen mit der Bodylotion werden vor dem Verpacken kontrolliert.

Bei 5 % der Flaschen ist das Etikett nicht richtig aufgeklebt. Bei 15 % aller Flaschen funktioniert der Pumpmechanismus nicht.

Stellen Sie diesen Sachverhalt in einem Baumdiagramm dar.

Nur fehlerfreie Pumpflaschen gelangen in den Versand.

Ermitteln Sie die Wahrscheinlichkeit dafür, dass eine Flasche wegen mindestens eines Fehlers nicht in den Versand, sondern in den Werksverkauf kommt.

Erklären Sie anhand dieses Baumdiagramms die Regel der Pfadmultiplikation.

Berechnen Sie die Wahrscheinlichkeit, dass drei Flaschen, die hintereinander geprüft werden, alle einen defekten Pumpmechanismus haben.

Aus der laufenden Produktion werden 100 Flaschen entnommen.

Bestimmen Sie die Wahrscheinlichkeit dafür, dass genau 10 Flaschen falsch etikettiert sind. Ermitteln Sie die Wahrscheinlichkeit dafür, dass mindestens 30 Flaschen richtig etikettiert sind.

c) Die Reklamationen bzgl. des Pumpmechanismus nehmen zu. Deshalb erfolgt mit 600 zufällig ausgewählten Flaschen eine Prüfung. Darunter waren 10 % mit defekten Pumpsystemen. Berechnen Sie bezogen auf diese Stichprobe das 95 %-Vertrauensintervall für den Anteil der defekten Pumpflaschen an der Gesamtproduktion.

Der Anteil der defekten Pumpflaschen in einer Lieferung soll mit einer Genauigkeit von 5 % und mit einer Sicherheit von 95 % geschätzt werden.

Ermitteln Sie die mindestens erforderliche Anzahl der zu prüfenden Flaschen.

(Niedersachsen, Fachgymnasium 2011.)

Aufgabe 4

Lösungen Seite 85/86

Der Schraubenhersteller VÜRTH hat eine neue Maschine in Betrieb genommen. In der Einrichtungsphase wird die Maschine eingestellt. Dazu werden die Schrauben hinsichtlich der Länge und der Dicke überprüft.

a) Der Produktion von Schrauben mit der Soll-Länge 50 Millimeter (mm) wurden 80 Stück entnommen. Die Messergebnisse bezüglich der Länge wurden in der folgenden Tabelle erfasst:

Länge in mm	48	47	47,5	49,5	50	51	50,5
Anzahl	8	3	1	15	20	10	23

Von dieser Stichprobe liegen bezüglich des Durchmessers der Mittelwert von 4 mm sowie folgende unvollständige Informationen vor:

Durchmesser in mm	3,85	3,9	4,0	??
Anzahl	10	20	??	35

Bestimmen Sie die fehlenden Daten bezüglich der Tabelle der Durchmesser.

Berechnen Sie den Mittelwert bezüglich der Länge der Schrauben.

Beurteilen Sie diesen Mittelwert als Kenngröße für die Produktionsqualität.

b) Nach der Herstellung werden die Schrauben in Kartons zu je 100 Stück gefüllt und verkauft. Es hat sich herausgestellt, dass 2% der produzierten Schrauben fehlerhaft und damit unbrauchbar sind. VÜRTH garantiert, dass in einem Karton höchstens 5 fehlerhafte Schrauben enthalten sind. Andernfalls gilt ein Karton als mangelhaft und VÜRTH verspricht seinen Kunden hierfür einen 5 Euro-Warengutschein. Bestimmen Sie den Gesamtbetrag für Warengutscheine in einem Geschäftsjahr, denVÜRTH erwarten kann, wenn mit 100 000 verkauften Kartons kalkuliert wird und nur 60% der berechtigten Kunden den Gutschein einfordern.

Ein Kunde hat gerade 10 Kartons mit Schrauben gekauft.

Berechnen Sie die Wahrscheinlichkeit dafür, dass unter diesen 10 Kartons mindestens 4 Kartons mit nur fehlerfreien Schrauben sind. (13 BE)

c) Bei der genauen Begutachtung von 500 Schrauben wurden 16 fehlerhafte Schrauben gezählt.

Bestimmen und interpretieren Sie bei einer Sicherheitswahrscheinlichkeit von 95% das exakte Konfidenzintervall für die unbekannte Wahrscheinlichkeit p. Es gilt:

$$h \in [h_u; h_o] = \left[p - c\sqrt{\frac{p(1-p)}{n}}; p + c\sqrt{\frac{p(1-p)}{n}}\right].$$

Stellen Sie das Konfidenzintervall mit Hilfe der Konfidenzellipse in einem geeigneten Koordinatensystem dar.

Die Geschäftsleitung behauptet, dass mit steigender Sicherheitswahrscheinlichkeit auch die Länge des Konfidenzintervalls zunimmt.

Beurteilen Sie diese Behauptung. (10 BE)

(Abitur 2013, Fachgymnasium.)

Aufgabe 5 Seite 1/2 Lösungen Seite 86/87

Der Kaffeeautomatenhersteller COFFEEMADE produziert Kaffeeautomaten für verschiedene Reiseunternehmen.

a) Für die weitere Planung ist nur das Trinkverhalten bezüglich Kaffee und Cappuccino von Bedeutung. Es wurden zwei Umfragen in Auftrag gegeben.

Ergebnis der Umfrage 1:

Bei der Befragung zum Trinkverhalten waren $\frac{4}{9}$ der Befragten männlich. Von diesen männlichen Teilnehmern tranken $\frac{3}{4}$ Cappuccino. Von den weiblichen Teilnehmern tranken $\frac{4}{5}$ Kaffee.

Ergebnis der Umfrage 2:

$\frac{5}{9}$ der Befragten tranken Kaffee. Unter den Kaffeetrinkern hatten die Frauen einen Anteil von $\frac{4}{5}$. Cappuccino wurde zu $\frac{3}{4}$ von Männern getrunken.

Untersuchen Sie mit Hilfe geeigneter Darstellungen, ob sich die Aussagen der beiden Umfragen widersprechen. (7 BE)

b) COFFEEMADE untersucht für die Kaffeemaschine CLASSIMO die Füllmenge in Milliliter (ml) für Becher mit einem Sollwert von 200 ml.
Die Ergebnisse wurden im folgenden Diagramm dargestellt.

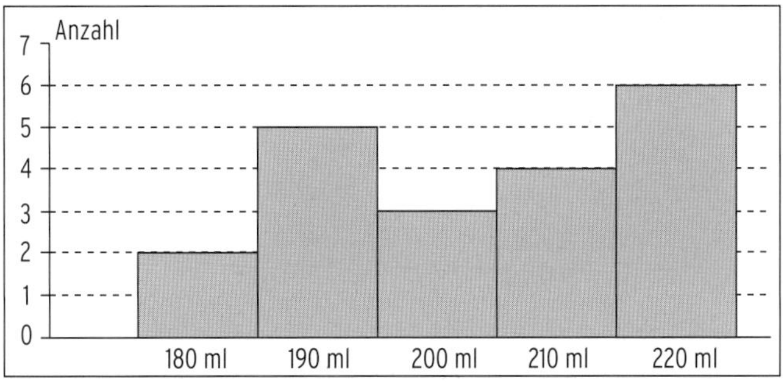

Berechnen Sie für diese Untersuchung die durchschnittliche Füllmenge.

Im Folgenden gilt: Die Füllmenge ist normalverteilt mit $\mu = 205$ und $\sigma = 14$.

Eine Becherfüllung unter 175 ml bzw. über 230 ml führt zu Kundenbeschwerden.

Bestimmen Sie die Wahrscheinlichkeit dafür, dass sich Kunden beschweren.

Das Bechervolumen beträgt 230 ml. Ein Kunde verwendet zur Reinigung durchschnittlich 2 Servietten, wenn die Flüssigkeit übergelaufen ist. Beurteilen Sie, ob bei 1000 Becherfüllungen pro Tag 50 Servietten pro Tag als Vorrat ausreichen.

(11 BE)

Aufgabe 5 Seite 2/2

c) Für die Kaffeemaschine NESTO wurde die normalverteilte Füllmenge für einen Becher mit einem Sollwert von 200 ml untersucht. Als Ergebnis wird der Geschäftsleitung diefolgende Grafik vorgelegt.

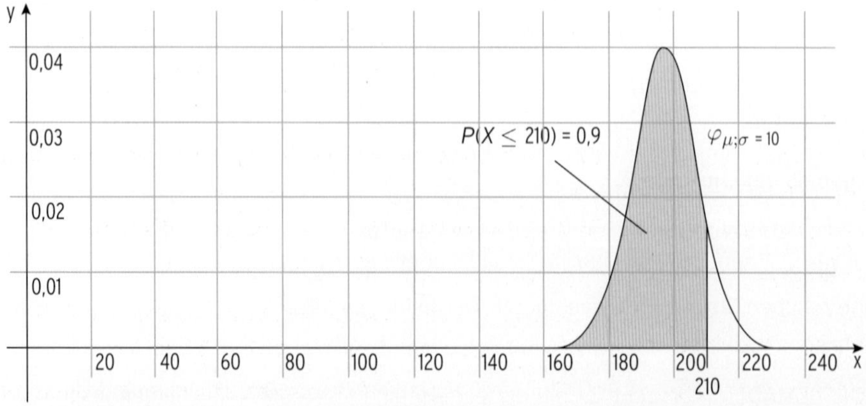

Erläutern Sie im Sachzusammenhang drei wesentliche Informationen, die in der Grafik enthalten sind.
Bestimmen Sie den exakten Wert für die durchschnittliche Füllmenge μ.

(12 BE)

(Abitur 2013, Fachgymnasium.)

Aufgabe 6

Lösungen Seite 88/89

Die Region Hannover gab eine Studie zur Internetnutzung in Auftrag, die zum Teil als Befragung und zum Teil als Onlinestudie durchgeführt wurde. Dabei wurde insgesamt festgestellt, das 20 % der Internetnutzer älter als 54 Jahre und 30 % der Internetnutzer bis 24 Jahre alt sind.
Weiterhin zeigen die Ergebnisse, dass der Männeranteil in der Region bei 47 % liegt. Laut Befragung nutzen 70,5 % dieser Männer das Internet. Bei den Frauen liegt der Anteil der Internetnutzer bei 66 %. Die Onlinestudie wurde zeitlich begrenzt unter 50 zufällig ausgewählten Usern durch den Provider HANTEL durchgeführt.

a) Stellen Sie den Sachverhalt der Befragung zur Geschlechtsangabe und zur Internetnutzung grafisch dar.

   Bestimmen Sie den Anteil der Internet-Nichtnutzer innerhalb der Befragung.

   Ermitteln Sie den Anteil der Frauen unter den Internetnutzern.

   Bestimmen Sie für die Onlinestudie die Wahrscheinlichkeit dafür, dass genau 7 User älter als 54 Jahre sind bzw. dass mindestens 6 User jünger als 25 Jahre sind.

   Bestimmen Sie für die Onlinestudie die Anzahl der Internetnutzer, die mindestens ausgewählt werden müssen, damit sich mit einer Wahrscheinlichkeit von mindestens 95,5 % mindestens ein User darunter befindet, der älter als 54 Jahre ist.

b) Der Provider HANTEL bietet die zwei Tarife T_1 und T_2 an:

   T_1: Festnetzanschluss mit Telefon-Flat für monatlich 19,95 € sowie Internet by CALL zuzüglich $\frac{50}{33}$ Cent/Minute.

   T_2: DSL Maxi mit Internet- und Telefon-Flat für monatlich 29,95 €.

   Im letzten Quartal waren die T_1-Kunden durchschnittlich 10,5 Stunden monatlich im Internet, wobei deren Nutzungsdauer normalverteilt ist. Für 6 % dieser Kunden wäre der Tarif T_2 im letzten Monat günstiger gewesen.

   Berechnen Sie die Stundenanzahl der Internetnutzung, ab der Tarif T_2 günstiger ist.
   Bestimmen Sie die zugehörige Standardabweichung der Zufallsgröße „Nutzungsdauer eines T_1-Kunden".
   Berechnen Sie das Intervall der Nutzungsdauer, das mit einer Wahrscheinlichkeit von 95 % eintritt.

c) Bei einer Befragung von 2500 Internetnutzern gaben 1090 User an, bei einem regionalen Provider vertraglich gebunden zu sein.

   Bestimmen Sie den Marktanteil, von dem der Provider bei einer Sicherheitswahrscheinlichkeit von 95,5 % ausgehen kann.

(Abitur Niedersachsen 2010.)

Aufgabe 7 Lösungen Seite 90

Die Wahl zum Bürgermeister einer Großstadt gewinnt derjenige Kandidat, der mehr als 50 % der Stimmen erhält.

a) Bei der Wahl gewinnt der amtierende Bürgermeister mit einem Anteil von 56 % der Stimmen. Nach der Wahl wird eine repräsentative Umfrage durchgeführt, in der unter anderem danach gefragt wird, ob man für den amtierenden Bürgermeister gestimmt hat.
Berechnen Sie die Wahrscheinlichkeit dafür, dass von 5 Befragten genau 3 den amtieren den Bürgermeister gewählt haben.
Berechnen Sie die Wahrscheinlichkeit dafür, dass unter 500 zufällig ausgesuchten Wählern mindestens 260 und höchstens 300 den amtierenden Bürgermeister gewählt haben. Dabei kann davon ausgegangen werden, dass die Anzahl der Stimmen für den amtierenden Bürgermeister binomialverteilt ist.

Bereits vor der Bürgermeisterwahl wurden Umfragen zum Wahlausgang durchgeführt.

b) In einer repräsentativen Umfrage gaben 424 von 800 Personen an, den amtierenden Bürgermeister wählen zu wollen.
Entscheiden Sie mithilfe eines Vertrauensintervalls zur Sicherheitswahrscheinlichkeit von 95 %, ob der amtierende Bürgermeister mit einem Wahlsieg rechnen konnte.
In einer weiteren repräsentativen Umfrage unter n zufällig ausgewählten Personen gaben 54 % der Befragten an, den amtierenden Bürgermeister wählen zu wollen. Ermitteln Sie die Mindestanzahl n an Personen, die befragt worden sein müssen, damit das Vertrauensintervall zur Sicherheitswahrscheinlichkeit von 95 % für den unbekannten Stimmenanteil p nur Werte enthält, die größer als 0,5 sind.

(Teile aus Abitur 2010, Fachgymnasium Niedersachsen.)

Aufgabe 8 **Seite 1/2** Lösungen Seite 91 - 93

Im Rahmen des Qualitätsmanagements in einem Maschinenbau-Unternehmen werden unterschiedliche Aspekte in der Produktion untersucht. Die Produktion des Unternehmens besteht aus den drei Abteilungen Gießerei (G), Schlosserei (S) und Montage (M). In dem Unternehmen gibt es 270 jüngere Mitarbeiter (J) unter 40 Jahren und 230 ältere Mitarbeiter (A) über 40 Jahren. 170 Mitarbeiter arbeiten in der Gießerei, davon sind 120 jüngere Mitarbeiter. In der Schlosserei arbeiten 17 jüngere und 80 ältere Mitarbeiter.

Aufgabe 8 **Seite 2/2**

a) Für die langfristige Personalplanung soll die Altersstruktur in den Abteilungen genauer betrachtet werden. Stellen Sie dazu den oben beschriebenen Sachverhalt in geeigneter Weise grafisch dar. Bestimmen Sie die Wahrscheinlichkeiten folgender Ereignisse:
   (1) Ein Mitarbeiter ist ein jüngerer Mitarbeiter.
   (2) Ein Mitarbeiter arbeitet in der Schlosserei.
   (3) Ein Mitarbeiter ist ein jüngerer Mitarbeiter und er arbeitet in der Schlosserei.
   (4) Ein Mitarbeiter ist ein älterer Mitarbeiter unter der Voraussetzung, dass der Mitarbeiter in der Gießerei arbeitet.

   Interpretieren Sie Ihre Ergebnisse in Bezug auf die langfristige Personalplanung.

b) In dem Unternehmen werden unter anderem Gussteile mit einer Maschine hergestellt. Diese Gussteile werden in regelmäßigen Abständen einer Qualitätskontrolle unterzogen. Erfahrungsgemäß weisen 5% aller Gussteile Fehler auf und müssen aussortiert werden. Aus der laufenden Produktion werden 100 Teile entnommen. Bestimmen Sie die Wahrscheinlichkeit dafür, dass
   (1) genau zwei Teile fehlerhaft sind.
   (2) mindestens 92 Teile einwandfrei sind.

   Wenn die Wahrscheinlichkeit für genau 2 fehlerhafte Teile unter 10% liegt oder die Wahrscheinlichkeit für mindestens 92 einwandfreie Teile bei 92,5% liegt, muss die Maschine nicht gewartet werden. Entscheiden Sie, ob die Maschine gewartet werden muss. Berechnen Sie die Mindestgröße einer Stichprobe, sodass mit mehr als 95% Wahrscheinlichkeit wenigstens ein defektes Teil in der Stichprobe enthalten ist.

c) Für die Montage der Endprodukte werden Metallstifte von einem Zulieferer benötigt. Damit in der Montage die Geräte in konstanter Qualität hergestellt werden können, müssen die Stifte des Zulieferers bestimmte Qualitätskriterien erfüllen. Die Länge der Metallstifte soll normalverteilt sein mit einem Erwartungswert von 300 mm und einer Varianz von 240,25 mm^2.

   Langjährige Erfahrung hat gezeigt, dass für die Qualitätskontrolle der Stifte keine umfangreichen Stichproben notwendig sind, sondern dass es ausreicht, wenn ein Metallstift zufällig entnommen wird. Die Lieferung muss zurückgewiesen werden, wenn die Länge des entnommenen Metallstiftes um mehr als 1σ nach unten oder um mehr als 2σ nach oben vom Erwartungswert abweicht.

   Geben Sie an, in welchem Intervall die Länge eines zufällig entnommenen Metallstiftes liegen muss, damit die Lieferung nicht zurückgewiesen wird.

   Berechnen Sie die Wahrscheinlichkeit dafür, dass die Länge eines Metallstiftes in diesem Intervall liegt.
   Geben Sie an, wie groß die Wahrscheinlichkeit ist, dass die Lieferung zurückgeschickt werden muss.

(Abitur 2012, Fachgymnasium Niedersachsen.)

Aufgabe 9

Lösungen Seite 93/94

Fertigungsanlagen für die Herstellung von Feuerlöschern laufen nach dem Anschalten im Dauerbetrieb (24 Stunden pro Tag, 7 Tage die Woche) eine gewisse Zeit ohne Störungen. Die Zeit bis zur ersten Störung heißt Betriebszeit. Die Betriebszeit ist in Stunden angegeben.

a) Für den Bau dieser Anlagen werden Komponenten von einer Zulieferunternehmung hergestellt. Ein Teil der Komponenten ist defekt. Deshalb durchlaufen alle Komponenten eine Kontrolle, bei welcher 95 % der defekten, aber auch 10 % der intakten Teile aussortiert werden.
Stellen Sie die geschilderte Situation in geeigneter Form strukturiert dar.
Bestimmen Sie den Anteil der defekten Teile der Lieferung, wenn 18,5 % aller Teile bei der Kontrolle aussortiert werden.
Die Betriebszeit (in Stunden) bei einer Anlage wird näherungsweise durch die normalverteilte Zufallsvariable t mit dem Erwartungswert 1700 und der Standardabweichung 150 beschrieben.
Bestimmen Sie die Zeit, nach der eine Anlage dieses Typs abgeschaltet werden müsste, damit mit der Wahrscheinlichkeit von 0,98 noch kein Störfall eingetreten ist. Berechnen Sie die Wahrscheinlichkeit, dass ein Störfall einer solchen Anlage frühestens nach 9 Wochen eintritt.
Berechnen Sie die Wahrscheinlichkeit, dass von drei unabhängig voneinander arbeitenden Anlagen wenigstens zwei frühestens nach 9 Wochen einen Störfall haben.

b) Folgende Betriebszeiten einer Serie von 12 Anlagen liegen vor:

Anlagennr.	1	2	3	4	5	6	7	8	9	10	11	12
Betriebszeit h	1700	1750	1650	1700	1950	1500	1600	1600	1700	T_1	T_2	1750

Der Erwartungswert der Betriebszeiten in Stunden ist 1700, die Varianz 22500.
Bestimmen Sie die beiden fehlenden Betriebszeiten T_1 und T_2.
Dabei ist für T_1 die kleinere Zeit ermittelt worden.

c) An jedem Tag werden auf der Fertigungsanlage 1225 Feuerlöscher hergestellt. Es ist bekannt, dass im Durchschnitt 13 defekt sind.
Bestimmen Sie unter Verwendung der Normalverteilung das 92 %-Vertrauensintervall für die Anzahl defekter Feuerlöscher.
Erläutern Sie anhand dieser Situation einen exakten und einen genäherten Ansatz.
Auf der Fertigungsanlage in Halle 53 werden an einem Tag 23 defekte Geräte identifiziert.

Entscheiden Sie, ob diese Anzahl verträglich ist mit dem 92 %-Vertrauensintervall.

(Abitur 2010, Fachgymnasium Niedersachsen.)

Zentralabitur 2014

Block 2 – Aufgabe 2 A **Seite 1/2** **Lösungen Seite 95/96**

Das Unternehmen SCHOB stellt u. a. für den Heimwerkerbedarf Bohrmaschinen und Bandschleifer her. Für die nächste Sommersaison sollen gezielte Werbungen versendet werden. Dafür wurden 1000 Kunden einer Baumarktkette ausgewählt. Sie wurden vor der Werbeaktion befragt, welche Geräte sie schon besitzen.

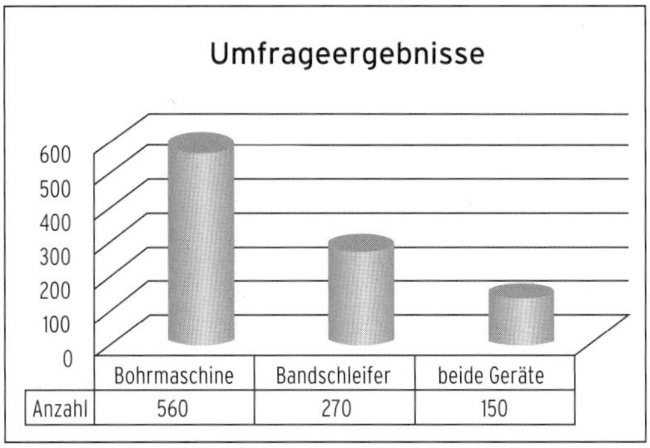

a) Stellen Sie die Umfrageergebnisse mithilfe eines vollständigen Baumdiagramms oder einer vollständigen Vierfeldertafel dar.
Berechnen Sie die Wahrscheinlichkeiten folgender Ereignisse:
E_1: Ein Kunde besitzt eine Bohrmaschine und einen Bandschleifer.
E_2: Ein Kunde besitzt einen Bandschleifer.
E_3: Ein Bohrmaschinenbesitzer hat einen Bandschleifer.
Beurteilen Sie die Idee der Marketingabteilung, Werbebriefe für Bandschleifer an die Kunden zu schicken, die schon eine Bohrmaschine besitzen.

(10 BE)

b) Die Umfrage hat auch ergeben, dass 320 Kunden noch keine der beiden Maschinen besitzen und dass die Wahrscheinlichkeit dafür, dass einer dieser Kunden sich eine Bohrmaschine kauft, bei 15 % liegt und dass die Wahrscheinlichkeit dafür, dass sich einer dieser Kunden einen Bandschleifer kauft, bei 9 % liegt.
Das Unternehmen SCHOB will der Baumarktkette einen Rabatt gewähren, wenn diese im Rahmen der Werbeaktion für die 320 Kunden mindestens 50 Bohrmaschinen abnimmt.
Ein weiterer Rabatt wird eingeräumt, wenn mindestens 20 Bandschleifer abgenommen werden.
Untersuchen Sie, wie groß die Wahrscheinlichkeit für die Gewährung der einzelnen Rabatte ist.
Berechnen Sie die Wahrscheinlichkeit dafür, dass einer der ausgewählten Kunden beide Geräte kauft.

(8 BE)

Zentralabitur 2014

Block 2 – Aufgabe 2 A **Seite 2/2**

c) Das Unternehmen SCHOB bringt pünktlich zur Sommersaison und der damit verbundenen Werbeaktion eine neue Heimwerkermaschine zur Beseitigung alter Lacke und Farben von empfindlichen Untergründen auf den Markt. Im Vorwege erhalten zwei Baumarktketten dieses Gerät zum Testen. Baumarktkette 1 erhält 90 Maschinen. Bei den Tests traten bei 12 Maschinen Störungen auf.
Bei der Auswertung der Ergebnisse von Baumarktkette 2 hat sich folgendes 95%-Vertrauensintervall für das Auftreten von Störungen ergeben:
VI = [0,0808; 0,1745]
Berechnen Sie das 90%-Vertrauensintervall für die Baumarktkette 1.
Ermitteln Sie die Anzahl der Maschinen, die Baumarktkette 2 zur Verfügung gestellt bekommen hat unter der Bedingung, dass die Fehlerquote bei 12 % liegt.
Erläutern Sie, warum die Vertrauensintervalle annähernd gleich lang sind.
Überprüfen Sie, ob der Werbespruch „90% der Kunden sind mit der neuen Maschine zufrieden" stimmt, unter der Voraussetzung, dass die Kunden zufrieden sind, wenn keine Störungen auftreten.

(12 BE)

Zentralabitur 2014

Block 2 – Aufgabe 2 B **Seite 1/2** **Lösungen Seite 97/98**

Ein Biolandwirt bietet für unterschiedliche Familienfeiern in seinen Scheunen Räumlichkeiten, Speisen und Getränke an. Damit er den Einkauf und die Zubereitung für die nächste Hochzeitsfeier planen kann, klärt er mit den Gastgebern unterschiedliche Aspekte:
Es werden 100 Personen an der Feier teilnehmen. Die weiteren Ergebnisse sind in der nachfolgenden Tabelle dargestellt:

Personengruppe		Kostart		Wahrscheinlichkeit der Getränkewahl		Kuchensorte	
Erwachsene	50 Personen	vegetarisch	15 Personen	Wein	p = 0,5	Butterkuchen	40 Personen
Senioren	30 Personen	Schonkost	20 Pers.	Bier	p = 0,35	Torte	30 Personen
Kinder	20 Personen	Normal	65 Pers.	Softdrinks	p = 0,8	Obstkuchen	30 Personen

Zentralabitur 2014

Block 2 - Aufgabe 2 B **Seite 2/2**

a) Damit der Wirt die Anzahl der Portionen kalkulieren kann, benötigt er den Zusammenhang zwischen den Personengruppen und den Kostarten. Gehen Sie davon aus, dass die Wahrscheinlichkeit für jede Kostart bei allen Personengruppen gleich ist.

Stellen Sie den Zusammenhang in einem vollständigen Baumdiagramm dar.
Erwachsene erhalten eine ganze Portion, Senioren eine ¾-Portion und Kinder eine ½-Portion. Ermitteln Sie für die Hochzeitsfeier die zu erwartende aufgerundete Anzahl der „Vegetarisch"-Portionen, der „Schonkost"-Portionen und der „Normal"-Portionen. Geben Sie an, wie viele Portionen demnach insgesamt für die Feier benötigt werden.

(10 BE)

b) Die Getränke ordert der Wirt bei einem Getränkehandel. Für die Bestellung benötigt er unterschiedliche Angaben. Ermitteln Sie die Wahrscheinlichkeiten für folgende Ereignisse: E_1: Mehr als 60 aber weniger als 80 Gäste trinken Wein.

E_2: Weniger als 70 Gäste trinken Softdrinks.

E_3: Mehr als 50 Gäste trinken Bier.

Beurteilen Sie auf der Grundlage Ihrer Ergebnisse, welche Rückschlüsse der Wirt für seine Getränkebestellung daraus ziehen kann.

(10 BE)

c) Der Wirt backt für die Hochzeitsfeier den Butterkuchen und den Obstkuchen selbst, die Torten bestellt er bei ortsansässigen Konditoreien. Aus langer Erfahrung weiß er, dass die Konditoreien eine Torte zu einem Durchschnittspreis von 50 Geldeinheiten (GE) anbieten.
Die Preise variieren mit einer Standardabweichung von 15 GE je nach Art der Torte. Pro Person, die Torte essen möchte, benötigt der Wirt 2 Stücke. Jede Torte wird in 12 Stücke geteilt. Zwei Torten werden als Reserve zusätzlich bestellt.

Der Wirt kalkuliert für die Tortenbestellung höchstens 400 GE ein. Der Küchenchef rechnet damit, dass das Budget mindestens 500 GE und höchstens 600 GE betragen muss.
Beurteilen Sie die Kalkulationen anhand der Wahrscheinlichkeiten.
Stellen Sie beide Ergebnisse in einem Diagramm grafisch dar.

(10 BE)

Lösungen Stochastik

Lösung Aufgabe 1 Seite 1/2

a)

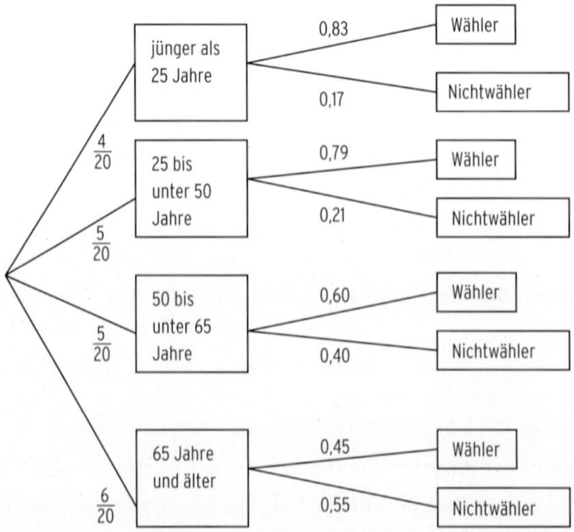

Pfadaddition

Sucht man eine Wahrscheinlichkeit, die sich aus zwei oder mehr Pfaden berechnet, dann wird längs des Pfades multipliziert und dann werden die Ergebnisse der einzelnen Pfade zur Gesamtwahrscheinlichkeit addiert.

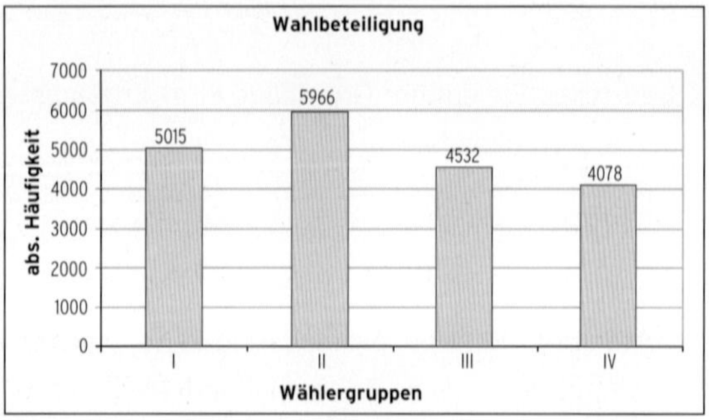

Wahrscheinlichkeiten

P(Wahlbeteiligung) = $\frac{4}{20} \cdot 0{,}83 + \frac{5}{20} \cdot 0{,}79 + \frac{5}{20} \cdot 0{,}60 + \frac{6}{20} \cdot 0{,}45 = 0{,}6485$

P(Nichtwähler 25 bis unter 65) = $\frac{5}{20} \cdot 0{,}21 + \frac{5}{20} \cdot 0{,}4 = 0{,}1525$

Die Wahlbeteiligung liegt bei 64,85 %. 15,25 % der 25- bis unter 65jährigen werden nicht wählen.

Gesamtzahl der Wähler (Erwartungswert)

Berechnung mit BV, weil die durchschnittliche Wahrscheinlichkeit dafür, dass ein Bürger zur Wahl gehen wird, als Grundlage feststeht:

$E = p \cdot n = 0{,}6485 \cdot 30210 \approx 19591$

Es werden wahrscheinlich 19591 Bürger zur Wahl gehen.

Lösung Aufgabe 1 **Seite 2/2**

b) **Wahrscheinlichkeiten** mit BV (Binomialverteilung): n = 250

$P(X_{IV} = 120) = B_{250;\,0,3}(120) \approx 0$

$P(X_{II} \leq 100) \approx 1$ mit X_{II} ist $B_{250;\,0,25}$ verteilt.

$P(40 < X_{III} < 70) = P(X_{III} \leq 69) - P(X_{III} \leq 40) \approx 0{,}8466 - 0{,}0004 = 84{,}62\ \%$

Stichprobengröße

$P(X_{IV} \geq 1) = 1 - P(X_{IV} = 0) = 1 - \binom{n}{0} \cdot 0{,}55^0 \cdot 0{,}45^n > 0{,}9$

Umformung: $0{,}45^n < 0{,}1 \Rightarrow n > \frac{\ln(0{,}1)}{\ln(0{,}45)} \approx 2{,}88 \Rightarrow n \geq 3$

Die Stichprobe aus Gruppe IV muss mindestens aus drei Personen bestehen, damit die Wahrscheinlichkeit für mindestens einen Nichtwähler größer als 90 % ist.

c) **Vertrauensintervall**

Näherung möglich, weil $0{,}45 \in [0{,}3\,;\,0{,}7]$

$h_n - c \cdot \frac{1}{2\sqrt{n}} \leq p \leq h_n + c \cdot \frac{1}{2\sqrt{n}}$

mit $h_n = 0{,}45$; n = 1500 und c = 1,64 folgt

$0{,}45 - 1{,}64 \cdot \frac{1}{2\sqrt{1500}} \leq p \leq 0{,}45 + 1{,}64 \cdot \frac{1}{2\sqrt{1500}}$

$0{,}4288 \leq p \leq 0{,}4712$

VI = [0,4288 ·1500; 0,4712·1500] = [643,2; 706,8]

bezogen auf die Grundgesamtheit von 30210 Wählern: I = [12955; 14234]

Die Stichprobe lässt auf mindestens 12955 und höchstens 14234 Wahlberechtigte schließen, die Partei A wählen.

Stichprobenumfang ermitteln

$n \geq (\frac{c}{2\varepsilon})^2$ mit c = 2,58 (Vertrauenszahl zu 99 %)

und $\varepsilon = 0{,}02$ (2ε = Länge des Vertrauensintervalls $[h - \varepsilon;\, h + \varepsilon]$)

folgt: $n \geq (\frac{2{,}58}{2 \cdot 0{,}02})^2 \approx 4160{,}25$ $\quad n \geq 4160{,}25$

Der Stichprobenumfang sollte mindestens 4161 Wahlberechtigte umfassen.

6 Ott - ISBN 978-3-8120-0223-3

Lösung Aufgabe 2 **Seite 1/2**

a) **Drei mögliche Kernaussagen**

Seit 2003 wird Urlaub in Deutschland immer beliebter, es liegt eine Steigerung von 42 Mill. vor.

2009 war ein leichter Rückgang der Besucherzahlen um 1 Mill. zu verzeichnen. Von 1995 bis 2010 sind die Gästezahlen um ca. 17% angestiegen.

Arithmetisches Mittel (mit GTR): $\overline{x} = 353{,}18$ Mill.

In der Zeit von 2000 bis 2010 waren durchschnittlich 353,18 Mill. Gästeübernachtungen zu verzeichnen.

σ-Intervall um das arithmetische Mittel (mit GTR)

$[353{,}18 - 13{,}97;\ 353{,}18 + 13{,}97] = [339{,}21;\ 367{,}15]$

Die Gästeübernachtungen schwankten von 2000 bis 2010 zwischen 339,21 Mill. und 367,15 Mill.

Boxplot (mit GTR):

$x_{min} = 338$; $Q_1 = 339$; $x_{med} = 347$

$Q_3 = 369$; $x_{max} = 380$

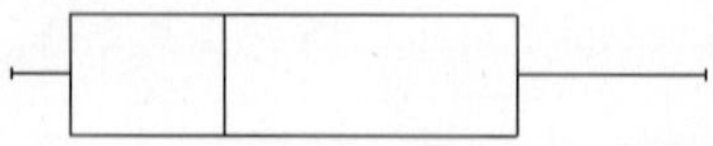

b) **Intervall für die Wahrscheinlichkeit p** (Tourist macht in Deutschland Urlaub)

Mit $h = \frac{120}{600} = 0{,}2$; Vertrauenszahl zu 95 %: $c = 1{,}96$ und $n = 600$ gilt,

da die Näherung wegen $0{,}2 \notin [0{,}3;\ 0{,}7]$ nicht verwendet werden kann:

$$VI = \left[p - 1{,}96\sqrt{\frac{p(1-p)}{600}}\,;\ p + 1{,}96\sqrt{\frac{p(1-p)}{600}}\right]$$

Mit $h_u = 0{,}2$ bzw. $h_o = 0{,}2$ folgt

$p \in [0{,}1699;\ 0{,}2339]$

Alternativ:

Graphikschnittpunkte ermitteln

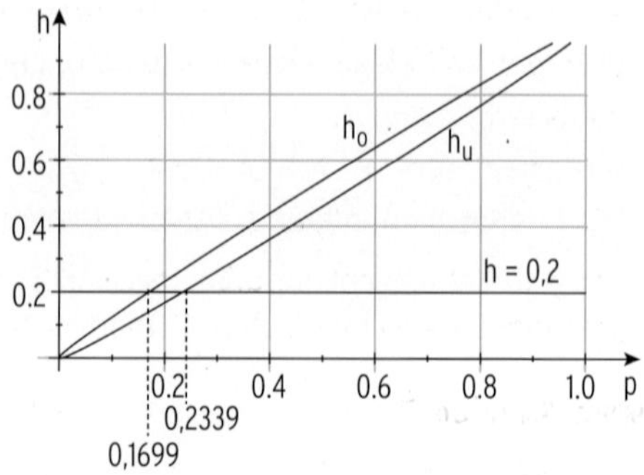

Diese Stichprobe lässt mit einer Sicherheit von 95% darauf schließen, dass in einer Gesamtheit von 600 Touristen 16,99% bis 23,39% jedes Jahr in Deutschland Urlaub machen.

Lösung Aufgabe 2 Seite 2/2

c) Baumdiagramm

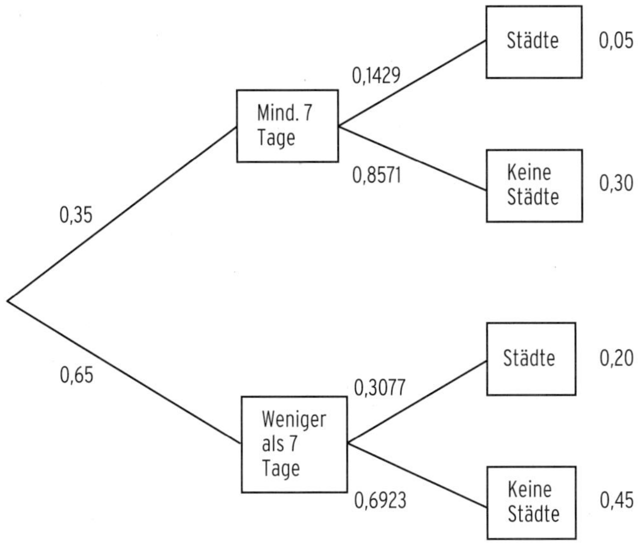

oder Vierfeldtafel

	Stadt	nicht Stadt	
mind. 7 Tage	0,05	0,75 - 0,45 = 0,30	0,35
weniger als 7 Tage	0,25 - 0,05 = 0,20	0,45	1 - 0,35 = 0,65
	0,25	1 - 0,25 = 0,75	1

Wahrscheinlichkeiten

(1) P(mind. 7 Tage Städte) = 0,35 · 0,1429 $\approx$ 0,05 = 5%

Anzahl der Gäste für 2010: 0,05 · 380 = 19

2010 gab es 19 Mill. Gästeübernachtungen bei Städtetouren, die mindestens 7 Tage dauerten.

(2) P (Kurzurlauber) = 0,65 = 65% 65% der Gäste sind Kurzurlauber.

(3) $P_{7\ Tage}(Stadt) = \frac{0,05}{0,35} \approx 0,1429 = 14,29\%$

Die Wahrscheinlichkeit dafür, dass ein Tourist eine Städtetour macht, unter der Voraussetzung, dass er mindestens 7 Tage in Deutschland bleibt, beträgt 14,29%.

Lösung Aufgabe 3 Seite 1/2

a) $\mu = 303$; $\sigma = 4$

Unterbefüllung: $P(X < 300) = \Phi(\frac{300 - 303}{4}) = \Phi(-0,75) \approx 1 - 0,7734 = 0,2266$

Die Wahrscheinlichkeit der Unterbefüllung liegt bei 22,66 %.

Defekter Pumpmechanismus: $P(X > 305) = 1 - P(X \leq 305) = 1 - \Phi(\frac{305 - 303}{4})$

$= 1 - \Phi(0,5) \approx 1 - 0,6915 = 0,3085$

Lösung Aufgabe 3 **Seite 2/2**

a) Mit einer Wahrscheinlichkeit von 30,85 % ist der Pumpmechanismus defekt, d. h. die Maschine muss neu eingestellt werden.

95,4 %-Intervall

(entspricht z. B. dem 2σ -Intervall um μ):

$[\mu - 2\sigma; \mu + 2\sigma] = [295; 311]$

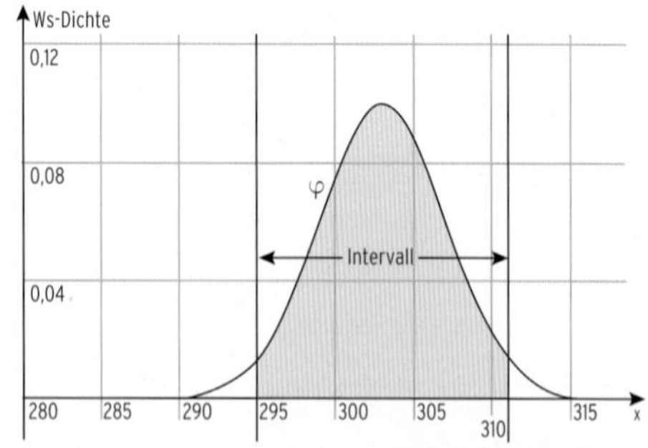

b) Baumdiagramm

Wahrscheinlichkeit Werksverkauf

P(mind. 1 Fehler) = 0,95 · 0,15 + 0,05

= 0,1925

19,25 % der Produktion gehen in den Werksverkauf.

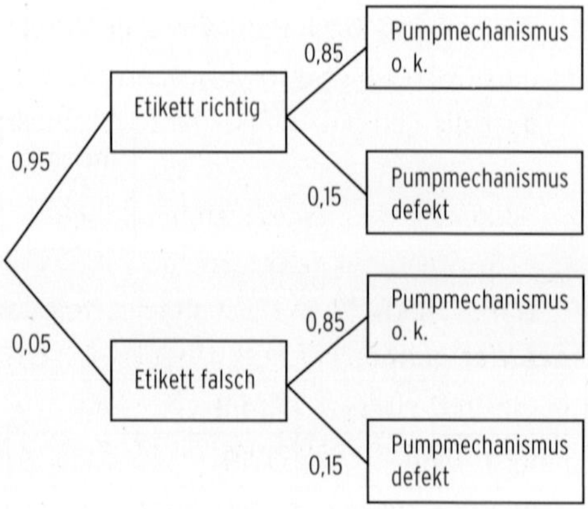

Pfadmultiplikation

Längs eines Pfades ermittelt sich die Wahrscheinlichkeit durch Multiplikation der Einzelwahrscheinlichkeiten (siehe oben erster Summand).

Wahrscheinlichkeiten: P(3 defekte Pumpmechanismen) = $0{,}15^3 \approx 0{,}34$ %

$P(X = 10) = B_{100;0,05}(10) \approx 1{,}67$ %

$P(X \geq 30) = 1 - P(X \leq 29) = 100$ %

c) **Vertrauensintervall:** Die Wahrscheinlichkeit p des Merkmals liegt mit einer Sicherheit von 95 % im Intervall $p \in [h - c \cdot \frac{\sigma}{n}; h + c \cdot \frac{\sigma}{n}]$

Mit h = 0,1, c = 1,96 und n = 600 gilt, da die Näherung nicht verwendet werden kann,

weil $0{,}1 \notin [0{,}3; 0{,}7]$: $p \in \left[0{,}1 - 1{,}96 \cdot \frac{\sqrt{p \cdot \cancel{600}(1-p)}}{600}; 0{,}1 + 1{,}96 \cdot \frac{\sqrt{p \cdot \cancel{600}(1-p)}}{600}\right]$

GTR liefert für p als Lösung von $0{,}1 \pm 1{,}96 \cdot \frac{\sqrt{p \cdot \cancel{600}(1-p)}}{600} = p$

$p \approx 0{,}0785 \vee p \approx 0{,}1266$ und damit VI = [0,0785; 0,1266] VI = [0,0759; 0,124]

Diese Stichprobe lässt mit einer Sicherheit von 95 % auf einen Anteil der defekten Flaschen zwischen 7,85 % und 12,66 % schließen.

Stichprobenumfang ermitteln: $n \geq (\frac{c}{2\varepsilon})^2$ mit c = 1,96 und $\varepsilon = 0{,}05$ folgt:

$n \geq (\frac{1{,}96}{2 \cdot 0{,}05})^2 \approx 384{,}16$ $\qquad n \geq 384{,}16$

Der Stichprobenumfang sollte mindestens 385 Flaschen umfassen.

Lösung Aufgabe 4 **Seite 1/2**

a) **Fehlende Tabellendaten**

Durchmesseranzahl: $80 - 10 - 20 - 35 = 15$

Durchmesser (x: fehlender Durchmesser):

$$\bar{x} = 4 = \frac{3{,}85 \cdot 10 + 3{,}9 \cdot 20 + 4 \cdot 15 + x \cdot 35}{80} \Rightarrow x = 4{,}1$$

Es wurden 15 Schrauben mit einem Durchmesser von 4 mm gezählt, der Durchmesser der 35 Schrauben beträgt 4,1 mm.

Mittelwert der Schraubenlängen: $\bar{x}_L = 49{,}83125$ (mit GTR)

Der Mittelwert der Schraubenlängen beträgt ca. 49,83 mm.

Beurteilung der Kenngröße: Der Mittelwert gibt keine Auskunft über die Produktionsqualität, da die Streuung unberücksichtigt bleibt. Es kann lediglich festgestellt werden, dass die Schrauben im Schnitt kürzer sind als der Sollwert es vorgibt.

b) **Gesamtbetrag der Warengutscheine**

X: Anzahl fehlerhafter Schrauben im Karton; X ist $B_{100;\,0{,}02}$-verteilt

Wahrscheinlichkeit für mangelhaften Karton: $P(X > 5) = 1 - P(X \leq 5) \approx 0{,}0155$

Anzahl mangelhafter Kartons im Geschäftsjahr: $100000 \cdot 0{,}0155 = 1550$

Gesamtbetrag: $1550 \cdot 0{,}6 \cdot 5 = 4650$

Das Unternehmen muss mit 4650 € für auszugebende Warengutscheine rechnen.

Wahrscheinlichkeit für Karton mit nur fehlerfreien Schrauben

$P(X = 0) = B_{100;\,0{,}02}(0) \approx 0{,}1326$

Y: Anzahl fehlerfreier Karton; Y ist $B_{10;\,0{,}1326}$-verteilt:

$P(Y \geq 4) = 1 - P(Y \leq 3) = 0{,}0334$

Mit einer Wahrscheinlichkeit von ca. 3,34 % hat ein Kunde unter 10 Kartons mindestens 4 Kartons mit fehlerfreien Schrauben.

c) **Bestimmung des exakten Konfidenzintervalls**

Aus $\gamma = 0{,}95$ folgt $c = 1{,}96$

$$h \in [h_u; h_o] = \left[p - 1{,}96\sqrt{\frac{p(1-p)}{500}}\,;\ p + 1{,}96\sqrt{\frac{p(1-p)}{500}}\right];\ h = \frac{16}{500}$$

Konfidenzintervall mit GTR: $[0{,}0198;\ 0{,}0513]$

$0{,}0198 \cdot 500 = 9{,}9$; $0{,}0513 \cdot 500 = 25{,}65$

Lösung Aufgabe 4 **Seite 2/2**

c) Interpretation: Bei der vorliegenden Stichprobe kann mit einer Sicherheitswahrscheinlichkeit von 95 % davon ausgegangen werden, dass mindestens 10 und höchstens 25 Schrauben fehlerhaft sind.

Grafische Darstellung (Linse)

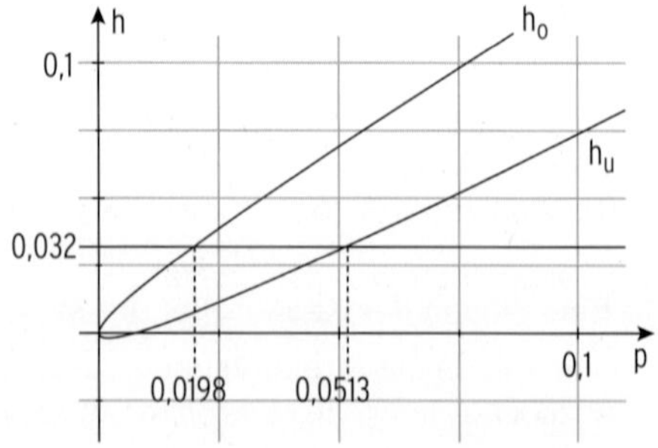

Beurteilung der Behauptung

Die Behauptung stimmt. Mit zunehmender Sicherheit wird der Wert c größer und damit das zugehörige Intervall breiter.

Lösung Aufgabe 5 **Seite 1/2**

a) **Baumdiagramm (Vierfeldertafel) zur Umfrage 1**

m: männlich; w: weiblich

C: Cappuccino; K: Kaffee

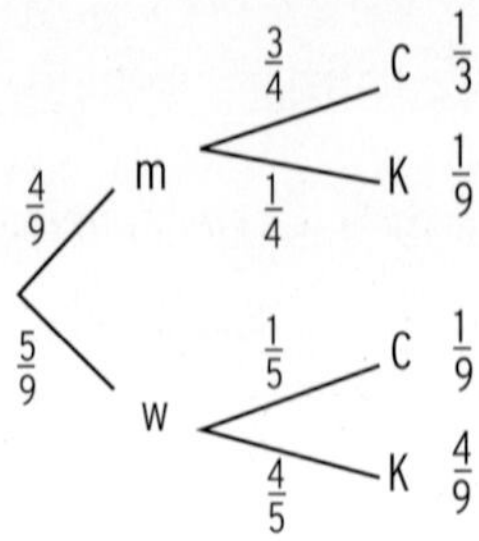

	C	K	Summe
m	$\frac{1}{3}$	$\frac{1}{9}$	$\frac{4}{9}$
w	$\frac{1}{9}$	$\frac{4}{9}$	$\frac{5}{9}$
Summe	$\frac{4}{9}$	$\frac{5}{9}$	1

Baumdiagramm (Vierfeldertafel) zur Umfrage 2

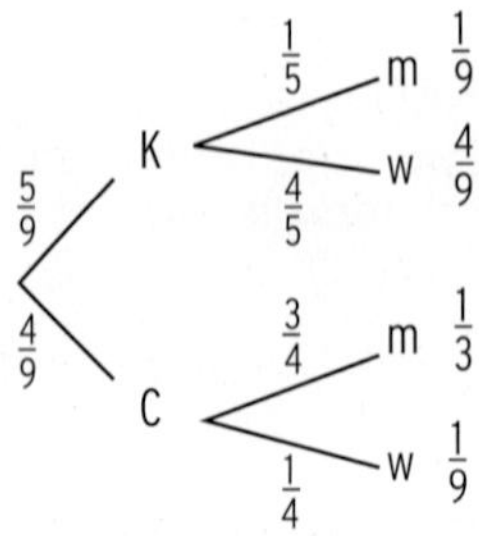

Fazit:

Die beiden Aussagen widersprechen sich nicht, da die Ergebnisse an allen Pfaden übereinstimmen.

Lösung Aufgabe 5 Seite 2/2

b) **Durchschnittliche Füllmenge**

$$\overline{x} = \frac{180 \cdot 2 + 190 \cdot 5 + 200 \cdot 3 + 210 \cdot 4 + 220 \cdot 6}{20} = 203{,}5$$

Der Becher ist mit durchschnittlich 203,5 ml gefüllt

Wahrscheinlichkeit einer Kundenbeschwerde

Zufallsvariable X: Füllmenge eines Bechers; $\mu = 205$ und $\sigma = 14$.

$$1 - P(175 \leq X \leq 230) = 1 - (\Phi(\frac{230 - 205}{14}) - \Phi(\frac{175 - 205}{14})) \approx 0{,}0531$$

Die Wahrscheinlichkeit für eine Kundenbeschwerde liegt bei ca. 5,3 %.

Beurteilung Serviettenvorrat

$$P(X \geq 230) = 1 - \Phi(\frac{230 - 205}{14}) \approx 0{,}0371$$

Anzahl der überfüllten Becher pro Tag: $1000 \cdot 0{,}0371 = 37{,}1$

Pro Tag sind ca. 37 Becher überfüllt.

Serviettenbedarf pro Tag: $37 \cdot 2 = 74 > 50$

Der Tagesvorrat an Servietten reicht nicht aus, da statt der vorhandenen 50 Servietten durchschnittlich 74 Servietten benötigt werden.

c) Drei Informationen im Sachzusammenhang

z. B.

- Dichtefunktion φ ordnet der Füllmenge eine Wahrscheinlichkeit zu
- $P(X \leq 210) = 0{,}9$ ist die Wahrscheinlichkeit, dss die Füllmenge nicht mehr als 210 ml beträgt, Berechnung mittels Integral möglich
- Standardabweichung $\sigma = 10$ ml; Abweichung vom Mittelwert
- x-Wert des Hochpunktes ist Mittelwert, wahrscheinlichste Füllmenge
- Mittelwert μ ist nicht bekannt, liegt aber im Intervall [190; 200]; Mittelwert ist eher kleiner als der Sollwert
- Extreme Abweichungen vom Mittelwert sind nicht erkennbar

Mittelwertbestimmung z. B. algebraisch

$$\Phi(\frac{210 - \mu}{10}) = 0{,}9 \Rightarrow \Phi^{-1}(0{,}9) = \frac{210 - \mu}{10} \approx 1{,}28 \quad \text{(aus Tabelle)} \Rightarrow \mu = 197{,}2$$

z. B. durch Probieren:

Dichtefunktion mit verschiedenen Mittelwerten ausprobieren

$\mu = 197{,}18$: Die durchschnittliche Füllmenge beträgt ca. 197,2 ml.

Lösung Aufgabe 6 **Seite 1/2**

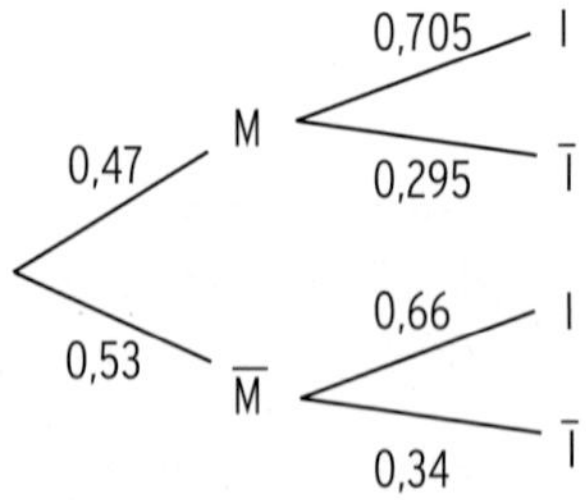

a) M: Mann; $\bar{M}$: Frau (nicht Mann)

I: Internetnutzer; $\bar{I}$: kein Internetnutzer

Anteil der Internet-Nichtnutzer:

$P(\bar{I}) = 0{,}47 \cdot 0{,}295 + 0{,}53 \cdot 0{,}34$

$= 0{,}31885$

Der Anteil der Internet-Nichtnutzer beträgt ca. 31,9 %.

$P_I(\bar{M}) = \frac{0{,}53 \cdot 0{,}66}{0{,}47 \cdot 0{,}705 + 0{,}53 \cdot 0{,}66} \approx 0{,}5135$

Der Anteil der Frauen unter den Internetnutzern beträgt etwa 51,35 %.

X: Anzahl der User älter als 54 Jahre; $k = 7$; $p = 0{,}2$; $n = 50$

$P(X = 7) = B_{50;\,0,2}(7) \approx 0{,}0870$

Die Wahrscheinlichkeit, dass genau 7 User älter als 54 Jahre sind, beträgt etwa 8,7 %.

Y: Anzahl der User jünger als 25 Jahre; $k \geq 6$; $p = 0{,}3$; $n = 50$

$P(Y \geq 6) = 1 - \sum_{k=0}^{5} B_{50;\,0,3}(k) \approx 0{,}9993$

Die Wahrscheinlichkeit, dass mindestens 6 User jünger als 25 Jahre sind, beträgt ungefähr 99,93 %.

$P(X \geq 1) \geq 0{,}955 \Leftrightarrow 1 - P(X = 0) \geq 0{,}955 \Leftrightarrow P(X = 0) = B_{n;\,0,2}(0) \leq 0{,}045$

$\binom{n}{0} \cdot 0{,}2^0 \cdot 0{,}8^n \leq 0{,}045 \Leftrightarrow 0{,}8^n \leq 0{,}045 \Leftrightarrow n \geq 13{,}9$

Es müssen mindestens 14 User ausgewählt werden, damit sich mit einer Wahrscheinlichkeit von mindestens 95,5 % mindestens ein User in der Stichprobe befindet, der älter ist als 54 Jahre.

b) Mittelwert $\mu = 10{,}5$

Ermittlung der kritischen Internet-Stundenzahl x_{krit} für Tarif T_1:

Differenz zwischen Tarif T_2 und der Grundgebühr bei Tarif T_1: 10 €

Bedingung für x_{krit} (Angaben in Stunden und €): $\frac{x_{krit} \cdot 60 \cdot \frac{50}{33}}{100} = 10 \Leftrightarrow x_{krit} = 11$

Bemerkung: $\frac{50}{33}$ Cent/Minute $= \frac{50}{33} \cdot \frac{1}{100}$ €/Minute

Bei einer Nutzung von mehr als 11 Stunden ist T_2 günstiger.

Oder: 1000 Cent : $\frac{50}{33}$ Cent/Minute = 660 Minuten = 11 h

Lösung Aufgabe 6 **Seite 2/2**

b) **Ansatz:** $P(X > x_{krit}) = P(X > 11) = 0{,}06 \Leftrightarrow 1 - P(X \leq 11) = 0{,}06$

$P(X \leq 11) = 0{,}94$

Normalverteilung: $\Phi(\frac{11 - 10{,}5}{\sigma}) = \Phi(\frac{0{,}5}{\sigma}) = 0{,}94$

GTR, Tabelle $z \approx 1{,}55477$

Aus $1{,}55477 = \frac{0{,}5}{\sigma}$ folgt $\sigma \approx 0{,}32159$. Die Standardabweichung beträgt etwa 0,3216.

Intervall der Nutzungsdauer:

Allgemein gilt für eine Wahrscheinlichkeit von 95 % die 1,96 σ-Umgebung:

$P(\mu - 1{,}96\,\sigma \leq X \leq \mu + 1{,}96\,\sigma) = 0{,}95$

Einsetzen ergibt: $[10{,}5 - 1{,}96 \cdot 0{,}3216;\ 10{,}5 + 1{,}96 \cdot 0{,}3216] \approx [9{,}87;\ 11{,}13]$

Die **Nutzungsdauer** liegt mit einer Wahrscheinlichkeit von 95 % zwischen 9,87 und 11,13 Stunden.

c) Es gilt: $\left|\frac{X}{n} - p\right| \leq c \cdot \frac{\sigma}{n}$ mit Vertrauenszahl c = 2 aus $\gamma = 95{,}5$ %

Einsetzen ergibt: $\left|\frac{1090}{2500} - p\right| \leq 2\,\frac{\sqrt{2500 \cdot p(1 - p)}}{2500}$

Quadrieren: $475{,}24 - 2180p + 2500p^2 \leq 4p - 4p^2$

$2504p^2 - 2184p + 475{,}24 \leq 0$

Lösung z. B. grafisch: $0{,}41628 \leq p \leq 0{,}45592$

Der Provider kann mit einer Sicherheitswahrscheinlichkeit von 95,5 % von einem Marktanteil zwischen 41,63 % und 45,59 % ausgehen.

Lösung Aufgabe 7

a) P(3 von 5 Befragten) = $\binom{5}{3} \cdot 0{,}56^3 \cdot 0{,}44^2 = 0{,}3399...$

Die Wahrscheinlichkeit, dass 3 der 5 Befragten den amtierenden Bürgermeister gewählt haben, beträgt etwa 34 %.

X: Anzahl der Stimmen für den amtierenden Bürgermeister; n = 500; p = 0,56

$P(260 \leq X \leq 300) = P(X \leq 300) - P(X \leq 259)$

$= 0{,}9679... - 0{,}0326... \approx 0{,}9354$

Alternativ kann die Binomialverteilung durch die Normalverteilung approximiert werden, da $n \cdot p \cdot (1 - p) = 123{,}2 > 9$ gilt.

Mit $\mu = 280$ und $\sigma \approx 11{,}0995$ erhält man

$$P(260 \leq X \leq 300) = \Phi\left(\frac{300 - \mu + 0{,}5}{\sigma}\right) - \Phi\left(\frac{260 - \mu - 0{,}5}{\sigma}\right) = 2\,\Phi\left(\frac{20{,}5}{\sigma}\right) - 1$$

$P(260 \leq X \leq 300) \approx 0{,}934$ Tabellenwert

$P(260 \leq X \leq 300) \approx 0{,}9284$ GTR-Wert

Die Wahrscheinlichkeit, dass unter 500 zufällig ausgesuchten Wählern mindestens 260 und höchstens 300 den amtierenden Bürgermeister gewählt haben, beträgt etwa 92,8 %.

b) Mit der relativen Häufigkeit $h = \frac{424}{800} = 0{,}53$ und n = 800 erhält man bei einer Sicherheitswahrscheinlichkeit von 95% (c = 1,96) das Vertrauensintervall als Lösung der

Ungleichung: $(h - p)^2 \leq 1{,}96^2 \cdot \frac{p(1 - p)}{n}$

Einsetzen: $(0{,}53 - p)^2 \leq 1{,}96^2 \cdot \frac{p(1 - p)}{800} \Leftrightarrow (0{,}53 - p)^2 - 1{,}96^2 \cdot \frac{p(1 - p)}{800} \leq 0$

Lösung dieser Ungleichung z. B grafisch ergibt
das zugehörige Vertrauensintervall [0,495; 0,564].

Oder: Näherungslösung $\left[h - 1{,}96\sqrt{\frac{h(1 - h)}{n}};\ h + 1{,}96\sqrt{\frac{h(1 - h)}{n}}\right] \approx [0{,}495; 0{,}564]$.

Oder: Ein Vertrauensintervall kann auch direkt mit Rechnerfunktionen bestimmt werden.

Da die linke Grenze des Vertrauensintervalls nicht größer als 0,5 ist, konnte der amtierende Bürgermeister auf der Grundlage der Sicherheitswahrscheinlichkeit von 95% nicht sicher sein, die Wahl zu gewinnen.

Das **gesuchte minimale n** erhält man durch Auflösen der folgenden Gleichung nach n:

$$0{,}54 - 0{,}5 = 1{,}96 \cdot \sqrt{\frac{0{,}5(1 - 0{,}5)}{n}} \Rightarrow \frac{0{,}5(1 - 0{,}5)}{n} = 0{,}00041649... \Leftrightarrow n = 600{,}25$$

Da n ganzzahlig ist, müssen nach diesem Ansatz mindestens 601 Personen befragt werden.

Lösung Aufgabe 8 **Seite 1/3**

a) Baumdiagramm oder Vierfeldertafel

(J ≙ jung, A ≙ alt, G ≙ Gießerei, S ≙ Schlosserei, M ≙ Montage)

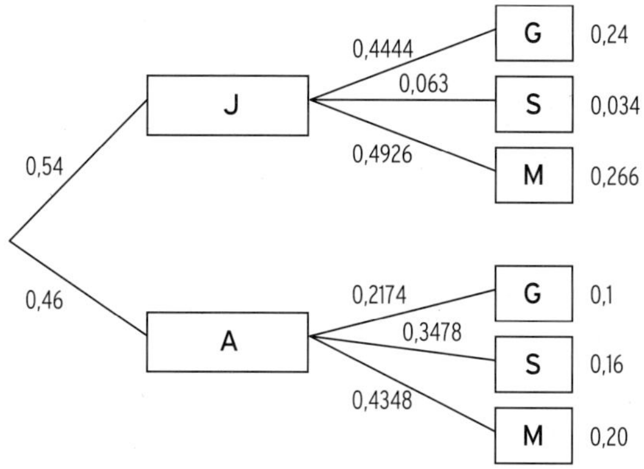

oder

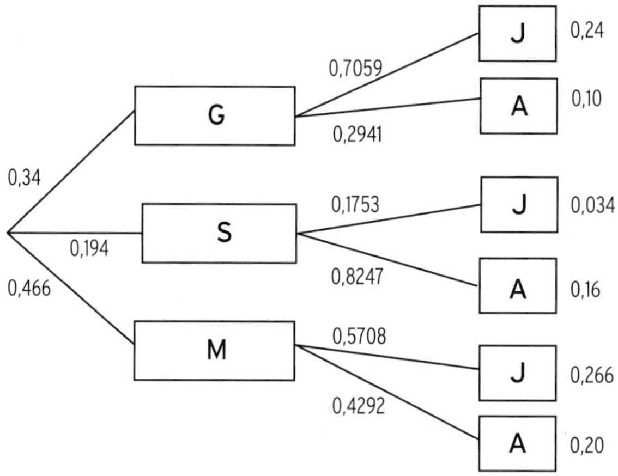

Oder:

	G	S	M	Summe
J	120	17	133	270
A	50	80	100	230
Summe	170	97	233	500

Oder:

	G	S	M	Summe
J	0,24	0,034	0,266	0,54
A	0,10	0,16	0,20	0,46
Summe	0,34	0,194	0,466	1

Lösung Aufgabe 8 Seite 2/3

a) **Wahrscheinlichkeiten**

(1) $P(J) = \frac{270}{500} = 0{,}5400 = 54{,}00\%$

(2) $P(S) = \frac{97}{500} = 0{,}1940 = 19{,}40\%$

(3) $P(J \cap S) = \frac{270}{500} \cdot \frac{17}{270} = 0{,}0340 = 3{,}40\%$

(4) $P_G(A) = \frac{50}{170} = 0{,}2941 = 29{,}41\%$

Interpretation: Es gibt ungefähr gleich viele junge und ältere Mitarbeiter (54% zu 46%).

In der Schlosserei arbeitet ca. ein Fünftel der Belegschaft. 3,4% der Belegschaft ist jung und arbeitet in der Schlosserei. 16% (19,4% – 3,4%) der Belegschaft ist älter und arbeitet in der Schlosserei. Es sind also extrem wenig junge Menschen in dieser Abteilung. Sie sollte sich um Nachwuchs bemühen! Von den Gießerei-Mitarbeiternsind 29,41% älter, d. h. dort arbeiten viele jüngere Mitarbeiter.

b) **Wahrscheinlichkeiten mit Binomialverteilung und Entscheidung**

BV: Bernoulli-Kette liegt zugrunde.

$n = 100$; X: Anzahl der fehlerhaften Teile; $p = 0{,}05$

(1) $P(X = 2) = B_{100;\,0{,}05}(2) \approx 0{,}0812 = 8{,}12\%$

$n = 100$; X: Anzahl der einwandfreien Teile; $p = 0{,}95$

(2) $P(X \geq 92) = 1 - \sum_{k=0}^{91} B_{100;\,0{,}95}(k) \approx 1 - 0{,}0631 = 0{,}9369 = 93{,}69\%$

Die Wahrscheinlichkeit für genau zwei fehlerhafte Teile liegt mit 8,12% unter 10% und die Wahrscheinlichkeit für mindestens 92 einwandfreie Teile mit 93,69% über 92,5%. Somit muss die Maschine nicht gewartet werden.

Mindestgröße der Stichprobe

X : Anzahl der fehlerhaften Teile; $p = 0{,}05$

$P(X \geq 1) = 1 - P(X = 0) = 1 - \binom{n}{0} \cdot 0{,}05^0 \cdot 0{,}95^n > 0{,}95 \Leftrightarrow 0{,}95^n < 0{,}05$

$\Rightarrow n > \frac{\ln(0{,}05)}{\ln(0{,}95)} = 58{,}40 \Rightarrow n \geq 59$

Die Stichprobe muss mindestens 59 Teile umfassen, damit mit mehr als 95% Wahrscheinlichkeit wenigstens ein defektes Teil in der Stichprobe enthalten ist.

Lösung Aufgabe 8 Seite 3/3

c) **Wahrscheinlichkeiten mit Normalverteilung**

$\mu = 300$; Varianz $\sigma^2 = 240{,}25 \Rightarrow \sigma \approx 15{,}5$

$I = [\mu - 1\sigma; \mu + 2\sigma] = [300 - 15{,}5; 300 + 31] = [284{,}5; 331]$

$P(284{,}5 \leq X \leq 331) = \Phi(331) - \Phi(284{,}5) \approx 0{,}8186 = 81{,}86\%$

Die Wahrscheinlichkeit, dass die Länge der Metallstifte zwischen 284,5 und 331 mm liegt, beträgt 81,86%.

$100\% - 81{,}86\% = 18{,}14\%$

Die Wahrscheinlichkeit, dass die Lieferung zurückgewiesen wird, beträgt 18,14%.

Lösung Aufgabe 9 Seite 1/2

a) Baumdiagramm:

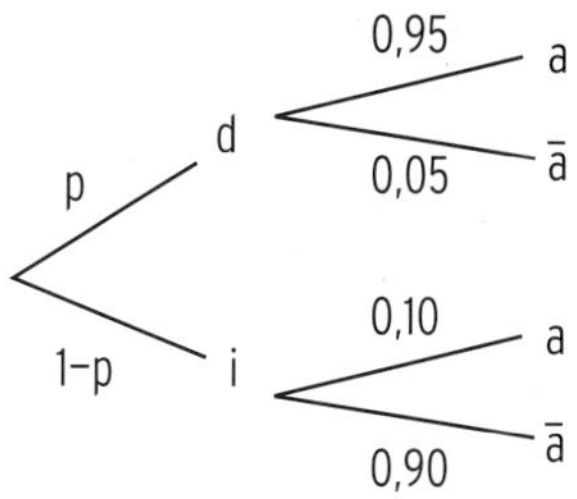

d: defektes Bauteil mit Wahrscheinlichkeit p

i (= $\overline{d}$): intaktes Bauteil mit Wahrscheinlichkeit 1 − p

a: aussortierte Teile; $\overline{a}$: nicht aussortierte Teile

Aussortierte Teile:

$0{,}185 = p \cdot 0{,}95 + (1 - p) \cdot 0{,}10 \Rightarrow p = 0{,}10$

10 % der Teile sind defekt.

Die Betriebszeit t ist normalverteilt mit $\mu = 1700$ und $\sigma = 150$

„Mit Wahrscheinlichkeit 0,98 kein Störfall" bedeutet „mit Wahrscheinlichkeit 0,02 ein Störfall". Gesucht ist also eine Zeit T_3 in Stunden mit $P(t > T_3) = 0{,}02$

Bedingung: $P(t > T_3) = 1 - P(t \leq T_3) = 1 - \Phi\left(\frac{T_3 - 1700}{150}\right) = 0{,}02$

$\Phi\left(\frac{T_3 - 1700}{150}\right) = 0{,}98 \Leftrightarrow \frac{T_3 - 1700}{150} = \Phi^{-1}(0{,}98) \Rightarrow T_3 \approx 2008{,}06$ (GTR)

Ca. 83,7 Tage oder ca. 12 Wochen (≙ 2008 Stunden) läuft die Anlage mit einer Sicherheitswahrscheinlichkeit von 98 % störungsfrei.

9 Wochen entsprechen 1512 h: t ist N(1700; 150)-verteilt

$P(t \leq 1512) = \Phi\left(\frac{1512 - 1700}{150}\right) \approx 0{,}1050$

Die Wahrscheinlichkeit dafür, dass die Anlage frühestens nach 9 Wochen einen Störfall hat, ist näherungsweise 0,1050.

X: Anzahl der Fertigungsanlagen, die frühestens nach 9 Wochen eine Störfall haben;
X ist binomialverteilt mit n = 3 und p = 0,1050:

$P(X \geq 2) = \sum_{i=2}^{3} B_{3;0,1050}(i) = 1 - \sum_{i=0}^{1} B_{3;0,1050}(i) \approx 0{,}0308 \quad (= 1 - P(X \leq 1))$

Die gesuchte Wahrscheinlichkeit ist näherungsweise 0,0308.

Lösung Aufgabe 9 Seite 2/2

b) **Erwartungswert** E(t), Betriebszeit t, Betriebszeit der Anlage i: t_i, Varianz V(t)

$$E(t) = \frac{1}{12}\sum_{i=1}^{12} t_i = \frac{16900 + T_1 + T_2}{12} = 1700 \Rightarrow T_1 = 3500 - T_2$$

$$V(t) = \frac{1}{12}\sum_{i=1}^{12} (t_i - E(t))^2 = \frac{1}{12}(130000 + (T_1 - 1700)^2 + (T_2 - 1700)^2) = 22500$$

$T_1 = 3500 - T_2$ einsetzen ergibt z. B.

$0 = 5990000 + 2T_2^2 - 7000T_2$ mit den Lösungen $T_{2,1} = 1490{,}19$; $T_{2,2} = 2009{,}81$.

Für T_1 ergeben sich rechnerisch die gleichen Zeiten;

also: $T_1 \approx 1490$ und $T_2 \approx 2010$

c) Mit der Sicherheitswahrscheinlichkeit $\gamma = 0{,}92$ und der Verteilungsfunktion Φ (aus a)

ergibt sich: $\Phi(k) = \frac{1+\gamma}{2} = \frac{1 + 0{,}92}{2} \Rightarrow k = 1{,}7507$

Es gilt: $p \pm k\sqrt{\frac{p(1-p)}{n}} = h_n$ mit den gesuchten Vertrauensintervallgrenzen

Mit $h_n = \frac{13}{1225}$, n = 1225 und k = 1,7507 berechnet man p (z. B. mit GTR):

$$p + 1{,}7507\sqrt{\frac{p(1-p)}{1225}} = \frac{13}{1225} \Leftrightarrow p = 0{,}00657...$$

$$p - 1{,}7507\sqrt{\frac{p(1-p)}{1225}} = \frac{13}{1225} \Leftrightarrow p = 0{,}0170...$$

Vertrauensintervall: [0,00657; 0,017096]

In Anzahlen: [0,00657 · 1225; 0,017 · 1225] ≈ [8,05; 20,94]; ganzzahlig: [9; 20]

Die Anzahl defekter Feuerlöscher liegt zwischen 9 und 20.

Oder: Nähert man p unter der Wurzel durch h_n an: $p \pm k\sqrt{\frac{h_n(1-h_n)}{n}} = h_n$, so erhält man ein genähert berechnetes Vertrauensintervall [0,00549; 0,0157],

In Anzahlen: [0,00549 · 1225; 0,0157 · 1225] ≈ [6,73; 19,28], also 7 bis 19 defekte.

23 liegt bei beiden Ansätzen **nicht im Vertrauensintervall,** die Anzahl der defekten Geräte ist **nicht** verträglich mit der gemessenen relativen Häufigkeit und der angegebenen Sicherheitswahrscheinlichkeit.

Hinweis: Man erkennt, dass sich unterschiedliche Intervalle ergeben. Verlangt sind hier nicht beide expliziten Berechnungen.

Zentralabitur 2014 Lösungen Block 2 Aufgabe 2 A

Seite 1/2

a) **Vierfedertafel mit absoluten Häufigkeiten**

	Bandschleifer (BS)	kein Bandschleifer	Summe
Bohrmaschine (BM)	**150**	410	**560**
keine Bohrmaschine	120	320	440
Summe	**270**	730	1000

Alternativ:

Ein Baumdiagramm ist nicht geeignet. Alle Wahrscheinlichkeiten müssen vor der Zeichnung berechnet werden.

Alternativ:

Mengendiagramm:

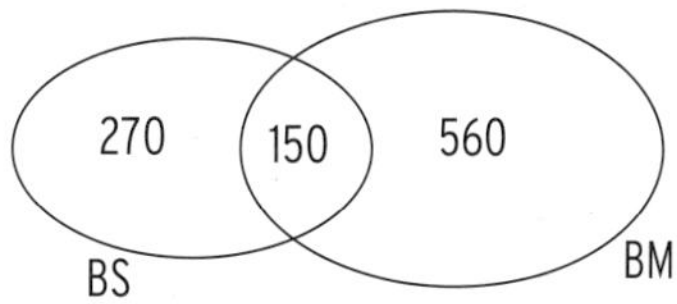

Wahrscheinlichkeiten berechnen:

$P(E_1) = P(BM \wedge BS) = \frac{150}{1000} = 0{,}15 = 15\ \%$

$P(E_2) = P(BS) = \frac{270}{1000} = 27\ \%$

$P(E_3) = P_{BM}(BS) = \frac{150}{560} \approx 26{,}79\ \%$

Mit einer Wahrscheinlichkeit von 15 % besitzt ein Kunde eine Bohrmaschine und einen Bandschleifer. (siehe Umfrageergebnisse)

Mit einer Wahrscheinlichkeit von 27 % besitzt ein Kunde einen Bandschleifer.

Mit einer Wahrscheinlichkeit von ca. 26,79 % besitzt ein Bohrmaschinenbesitzer einen Bandschleifer. (bedingte Wahrscheinlichkeit)

Beurteilung: Mit Hilfe der Werbebriefe könnte der Verkauf der Bandschleifer wahrscheinlich nicht angeregt werden, denn schon 26,79 % der Bohrmaschinenbesitzer haben einen Bandschleifer und dieser Prozentsatz wird auch nur unter allen Befragten erreicht.

b) **Rabattuntersuchung**

Binomialverteilung mit $n = 320$

X: Anzahl der Kunden, die eine Bohrmaschine kaufen; X ist $B_{320;\,0,15}$-verteilt

$P(X \geq 50) = 1 - P(X \leq 49) = 1 - 0{,}5995 = 0{,}4005 = 40{,}05\ \%$

X: Anzahl der Kunden, die eine Bandschleifer kaufen; X ist $B_{320;\,0,09}$-verteilt

$P(X \geq 20) = 1 - P(X \leq 19) = 1 - 0{,}0293 = 0{,}9707 = 97{,}07\ \%$

Fazit: Der Rabatt für die Bandschleifer ist dem Baumarkt relativ sicher, da die Wahrscheinlichkeit bei 97,07 % liegt, dass der Baumarkt mindestens 20 Stück verkauft. Bei den Bohrmaschinen liegt die Wahrscheinlichkeit, mindestens 50 Stück zu verkaufen, nur bei 40,05 %.

Zentralabitur 2014

Lösungen Block 2 Aufgabe 2 A Seite 2/2

b) **Wahrscheinlichkeit für den Kauf beider Geräte**

P(beide Geräte) = 0,15 · 0,09 = 0,0135 = 1,35 %

Die Wahrscheinlichkeit, dass ein Kunde beide Geräte kauft, liegt bei 1,35 %.

c) **90 % -Vertrauensintervall (VI) berechnen (Baumarktkette 1)**

Für Störungen: $h = \frac{12}{90} \approx 13{,}33\ \%$, Näherung nicht möglich, da $0{,}1333 \notin [0{,}3;\ 0{,}7]$

Ansatz: $n \cdot (p - h)^2 - c^2(p - p^2) = 0$

Aus $\gamma = 0{,}9$ folgt $c = 1{,}64$ und $n = 90$

Einsetzen: $90 \cdot \left(p - \frac{12}{90}\right)^2 - 1{,}64^2(p - p^2) = 0$

GTR löst die Gleichung: $p \approx 0{,}0851 \vee p \approx 0{,}2028$

Vertrauensintervall VI = [0,0851; 0,2028]

Kundenzufriedenheit bei mindestens 79,72 % (= 100 % − 20,28 %)
und höchstens bei 91,49 % (= 100 % − 8,51 %)

Maschinenanzahl ermtteln (Baumarktkette 2)

VI = [0,0808; 0,1745]

aus $\gamma = 0{,}95 \Rightarrow c = 1{,}96$ und $p = 0{,}0808$ (Mindestzahl)

$n \cdot (0{,}0808 - 0{,}12)^2 - 1{,}96^2(0{,}0808 - 0{,}0808^2) = 0$

GTR löst die Gleichung: $n \approx 185{,}68$

186 Maschinen wurden geliefert. Kundenzufriedenheit bei mindestens 82,55 % (= 100 % − 17,45 %) und höchstens bei 91,92 % (= 100 % − 8,08 %)

Erläuterung der Intervalllängen

Baumarktkette 1: 0,2028 − 0,0851= 0,1177

Baumarktkette 2: 0,1745 − 0,0808 = 0,0937

Bei VI_1 sind der Stichprobenumfang und die Irrtumswahrscheinlichkeit kleiner.

Bei VI_2 ist es genau umgekehrt. Diese beiden Werte heben sich aufgrund der zugrunde gelegten Formel fast auf, deshalb sind die Intervalllängen ungefähr gleich.

Werbespruch überprüfen

Der Werbespruch ist nicht unwahr, weil sich das Unternehmen an den unteren Grenzen der VI orientiert hat.

Zentralabitur 2014 Lösungen Block 2 Aufgabe 2 B Seite 1/2

a) Baumdiagramm

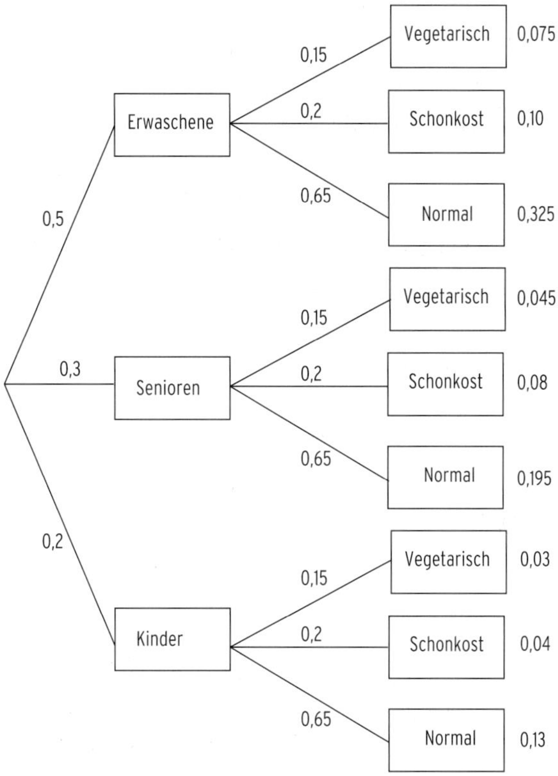

Portionenzahl ermitteln

Vegetarisch:

$0{,}075 \cdot 1 + 0{,}045 \cdot \frac{3}{4} + 0{,}03 \cdot \frac{1}{2} = 0{,}12375$, also 13 Portionen

Schonkost: $0{,}1 \cdot 1 + 0{,}06 \cdot \frac{3}{4} + 0{,}04 \cdot \frac{1}{2} = 0{,}165$, also 17 Portionen

Normal: $0{,}325 \cdot 1 + 0{,}195 \cdot \frac{3}{4} + 0{,}13 \cdot \frac{1}{2} = 0{,}53625$, also 54 Portionen

Angabe Gesamtzahl: 13 + 17 + 54 = 84 Portionen werden insgesamt benötigt.

b) **Wahrscheinlichkeiten ermitteln**

E_1: Binomialverteilung (BV) mit n = 100 und p = 0,5;
X ist die Anzahl der Gäste, die Wein trinken
$P(E_1) = P(61 \leq X \leq 79) = P(X \leq 79) - P(X \leq 60) \approx 1 - 0{,}9824 = 0{,}0176 = 1{,}76\ \%$

E_2: Binomialverteilung (BV) mit n = 100 und p = 0,8
X ist die Anzahl der Gäste, die Softdrinks trinken
$P(E_1) = P(X \leq 69) \approx 0{,}0061 = 0{,}61\ \%$

E_3: Binomialverteilung (BV) mit n = 100 und p = 0,35
X ist die Anzahl der Gäste, die Bier trinken
$P(E_1) = P(X \geq 51) = 1 - P(X \leq 50) \approx 1 - 0{,}9993 = 0{,}0007 = 0{,}07\ \%$

7 Ott - ISBN 978-3-8120-0223-3

Zentralabitur 2014 Lösungen Block 2 Aufgabe 2 B Seite 2/2

b) **Bestellung beurteilen**

E_1: Die Wahrscheinlichkeit ist so niedrig, dass keine zuverlässige Aussage getroffen werden kann, wie viel Wein bestellt werden muss.

E_2: Es werden höchstwahrscheinlich mindestens 70 Personen Softdrinks trinken, d. h. eine Mindestbestellmenge kann daraus abgeleitet werden.

E_3: Es werden höchstwahrscheinlich nicht mehr als 50 Gäste Bier trinken, d. h. eine Höchstbestellmenge kann daraus abgeleitet werden.

c) **Beurteilung der Kalkulation**

Anzahl der Torten: $(30 \cdot 2) : 12 + 2 = 7$

Sieben Torten müssen bestellt werden.

Normalverteilung (NV): $\mu = 50 \cdot 7 = 350$; $\sigma = 15 \cdot 7 = 105$

Wirt:

$P(X \leq 400) \approx 0{,}6826 \Rightarrow z_1 \approx -3{,}33$ und $z_2 \approx 0{,}48$ (für die Grafik)

Mit einer Wahrscheinlichkeit von nur 68,26 % reicht das Budget nicht aus.

Das ist zu knapp kalkuliert.

Küchenchef:

$P(500 \leq X \leq 600) \approx 0{,}0679 \Rightarrow z_1 \approx 1{,}43$ und $z_2 \approx 2{,}38$ (für die Grafik)

Mit einer Wahrscheinlichkeit von nur 6,79 % liegen die Kosten zwischen 500 und 600 €.

Das ist zu unsicher kalkuliert.

grafische Darstellung

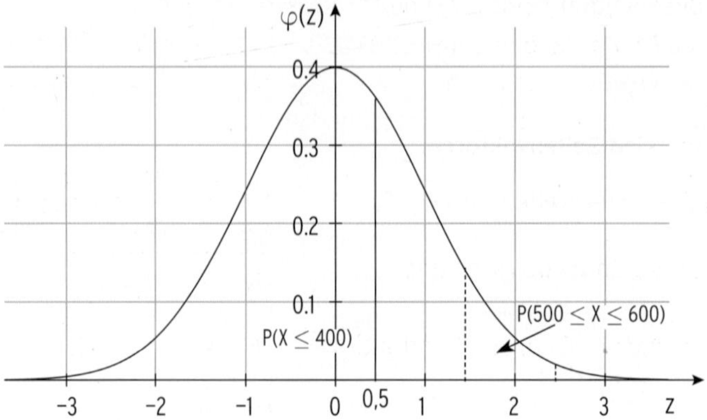

4 Lineare Algebra

Formelsammlung

Lineare Verflechtung

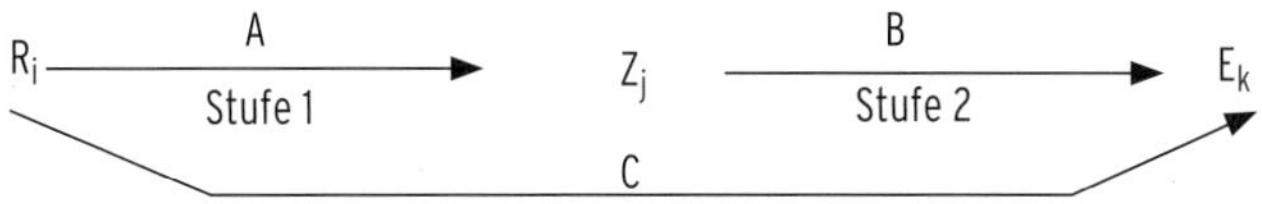

R_i: Rohstoffe (i = 1, ... , m); Z_j: Zwischenprodukte (j = 1, ..., p);
E_k: Endprodukte (k = 1,...,n)

Verflechtungsmatrizen

$A_{(m,p)}$ Rohstoff-Zwischenprodukt-Matrix
$B_{(p,n)}$ Zwischenprodukt-Endprodukt-Matrix
$C_{(m,n)}$ Rohstoff-Endprodukt-Matrix Es gilt: $C = A \cdot B$

Verbrauchs-, Produktionsvektoren

$\vec{r}$ für die Rohstoffe
$\vec{z}$ für die Zwischenprodukte
$\vec{x}$ für die Endprodukte

Es gilt:

$$A \cdot \vec{z} = \vec{r}$$
$$B \cdot \vec{x} = \vec{z}$$
$$C \cdot \vec{x} = \vec{r}$$

Kostenvektoren (variable Kosten pro Einheit) (Kostenvektoren sind Zeilenvektoren)

$\vec{k}_R^T$ Material-(Rohstoff-) kosten

$\vec{k}_Z^T$ Fertigungskosten in Stufe 1

$\vec{k}_E^T$ Fertigungskosten in Stufe 2

Kosten für die Produktion $\vec{x}$

K_R für die Rohstoffe
K_Z für die Fertigung der Zwischenprodukte
K_E für die Fertigung der Endprodukte
K_f fixe Kosten

Es gilt:

$$K_R = \vec{k}_R^T \cdot \vec{r}$$
$$K_Z = \vec{k}_Z^T \cdot \vec{z}$$
$$K_E = \vec{k}_E^T \cdot \vec{x}$$

Kostenvektoren sind Zeilenvektoren.

Für die variablen Herstellkosten $\vec{k}_v^T$

$$\vec{k}_v = \vec{k}_R^T \cdot C + \vec{k}_Z^T \cdot B + \vec{k}_E^T$$

pro Einheit eines Endproduktes gilt:

Für die **Gesamtkosten** K für die Produktion $\vec{x}$ gilt bei Fixkosten K_f:

$$K = K_v + K_f = \vec{k}_v^T \cdot \vec{p} + K_f$$
$$K = \vec{k}_R^T \cdot C \cdot \vec{x} + \vec{k}_Z^T \cdot B \cdot \vec{x} + \vec{k}_E^T \cdot \vec{x} + K_f$$
$$K = \vec{k}_R^T \cdot \vec{r} + \vec{k}_Z^T \cdot \vec{z} + \vec{k}_E^T \cdot \vec{x} + K_f$$

Leontief-Modell

Input-Output-Tabelle

	S_1	S_2	...	S_n	Marktabgabe	Produktion
S_1	x_{11}	x_{12}	...	x_{1n}	y_1	x_1
S_2	x_{21}	x_{22}	...	x_{2n}	y_2	x_2
⋮	⋮	⋮	⋮	⋮	⋮	⋮
S_n	x_{n1}	x_{n2}	...	x_{nn}	y_n	x_n

Dabei ist x_{ij} die Lieferung des Sektors S_i an den Sektor S_j (in geeigneten Einheiten).

$\vec{x} = \begin{pmatrix} x_1 \\ x_2 \\ \dots \\ x_n \end{pmatrix}$ steht für die **Produktion,** auch Bruttooutput, ...

$\vec{y} = \begin{pmatrix} y_1 \\ y_2 \\ \dots \\ y_n \end{pmatrix}$ steht für die **Marktabgabe,** auch Netto-Output, Konsum,Endverbrauch, ...

Die Elemente a_{ij} der **Inputmatrix oder Technologiematrix A** sind definiert

durch $a_{ij} = \frac{x_{ij}}{x_j}$: **A** = $\begin{pmatrix} \frac{x_{11}}{x_1} & \frac{x_{12}}{x_2} & \frac{x_{13}}{x_3} \\ \frac{x_{21}}{x_1} & \frac{x_{22}}{x_2} & \frac{x_{23}}{x_3} \\ \frac{x_{31}}{x_1} & \frac{x_{32}}{x_2} & \frac{x_{33}}{x_3} \end{pmatrix}$

Falls $(E - A)$ invertierbar ist, heißt $(E - A)^{-1}$ Leontief-Inverse.

Dann gilt: $A\vec{x} + \vec{y} = \vec{x} \Leftrightarrow \vec{y} = (E - A)\vec{x} \Leftrightarrow \vec{x} = (E - A)^{-1}\vec{y}$

Lineare Optimierung

Grafisches Lösungsverfahren

Hauptsatz der linearen Optimierung

Besitzt eine lineare Funktion $Z: (x, y) \rightarrow ax + by + c$ ein Optimum (Maximum oder Minumum), wird sie dieses Optimum wenigstens in einem **Eckpunkt** des Planungsvielecks annehmen.

Stochastische Matrizen

Die **Übergangsmatrix M ist ein stochastische Matrix,** bei der die

Summe in jeder Zeile gleich 1 ist und jede Zahl größer oder gleich null ist.

Die aktuelle Verteilung wird durch Zustandsvektoren $\vec{v}$ (= einspaltige Matrizen) beschrieben.

Ein **Zustandsdiagramm (Übergangsdiagramm)** lässt sich durch eine

Übergangsmatrix M beschreiben.

Markow-Kette mit der Anfangsverteilung $\vec{v}_0$ (Zustand zur Zeit n = 0; Startverteilung) und der Übergangsmatrix **M:**

$\vec{v}_0^{\,T} \to \vec{v}_1^{\,T} (= \vec{v}_0^{\,T} \cdot M) \to \vec{v}_2^{\,T} (= \vec{v}_1^{\,T} \cdot M) \to \quad \vec{v}_3^{\,T} (= \vec{v}_2^{\,T} \cdot M = \vec{v}_0^{\,T} \cdot M^2) \to \ldots$

Dabei ist z. B. $\vec{v}_1$ der Zustand nach einem Übergang.

Übergangsmatrix für zwei Zeitabschnitte: $M \cdot M = M^2$

Gilt $\lim_{n\to\infty} M^n = M_\infty$, besteht die Matrix M_∞ aus lauter gleichen Zeilen: $M_\infty = \begin{pmatrix} p_1 & p_2 & p_3 \\ p_1 & p_2 & p_3 \\ p_1 & p_2 & p_3 \end{pmatrix}$

M_∞ heißt **Grenzmatrix.** Der Zeilenvektor $\vec{p}^{\,T} = (p_1 \quad p_2 \quad p_3)$ ist ein **Fixvektor.**

Berechnung stationärer Zustände: $\vec{p}^{\,T} \cdot M = \cdot\, \vec{p}^{\,T}$

Dabei ist $\vec{p}$ der Gleichgewichtszustand **(stationäre, langfristige, stabile Verteilung).**

Die stationäre Verteilung **hängt nicht von der Anfangsverteilung** ab.

Zur **Berechnung** von $\vec{p}^{\,T} = (p_1 \quad p_2 \quad p_3)$ (Fixvektor) ist das

LGS $\vec{p}^{\,T} \cdot M = \cdot\, \vec{p}^{\,T}$ unter der **Nebenbedingung** $p_1 + p_2 + p_3 = 1$ (= 100 %) zu lösen.

Zyklische Verteilungen

Beachten Sie: Eine Populationsentwicklung wird durch die Übergangsmatrix

$A = \begin{pmatrix} 0 & a & 0 \\ 0 & 0 & b \\ v & 0 & 0 \end{pmatrix}$ beschrieben. Dabei sind a und b die **Überlebensraten** und v die **Vermehrungsrate.**

Gilt $\begin{cases} a \cdot b \cdot v < 1, & \text{stirbt die Population aus.} \\ a \cdot b \cdot v = 1, & \text{entwickelt sich die Population zyklisch} \\ a \cdot b \cdot v > 1, & \text{nimmt die Population zu.} \end{cases}$

Ein **zyklisches Verhalten** liegt vor, wenn $M^k = E = \begin{pmatrix} 1 & 0 & 0 \\ 0 & 1 & 0 \\ 0 & 0 & 1 \end{pmatrix}$

Nach einem Zyklus von k Zeiteinheiten stellt sich wieder die Ausgangspopulation ein.

Aufgaben eA - GTR - zur Prüfungsvorbereitung

Aufgabe 1

Lösungen Seite 117/118

Ein namhaftes Teeunternehmen stellt aus drei unterschiedlichen Rohstoffen R_1, R_2 und R_3 vier unterschiedliche Zwischenprodukte Z_1, Z_2, Z_3 und Z_4 her. Durch die Endproduktion entstehen daraus drei Teesorten E_1, E_2 und E_3.

Die Produktionsmatrizen mit a, b, c $\in \mathbb{N}$ lauten:

$$A_{RZ} = \begin{pmatrix} 12 & 7 & 5 & 1 \\ 3 & 3 & 1 & 2 \\ 1 & a & b & 5 \end{pmatrix};\ B_{ZE} = \begin{pmatrix} 1 & 7 & 5 \\ 3 & 2 & 3 \\ 5 & 1 & 7 \\ 7 & c & 4 \end{pmatrix};\ C_{RE} = \begin{pmatrix} 65 & 108 & 120 \\ 31 & 38 & 39 \\ 90 & 47 & 97 \end{pmatrix}$$

Das Teeunternehmen erhält einen Auftrag zur Lieferung von 460 Mengeneinheiten [ME] der Teesorte E_1, 680 ME von E_2 und 840 ME von E_3.

a) Bestimmen Sie algebraisch die Parameter a, b, c $\in$ N der Produktionsmatrizen.
Erstellen Sie das Verflechtungsdiagramm, das zu diesem Produktionsprozess gehört.
Berechnen Sie, wie viele ME der Rohstoffe für diesen Auftrag erforderlich sind.

b) Die Rezepturen der Teesorten E_1, E_2 und E_3 haben sich wie folgt geändert:

$$A_{RZ,\,neu} = \begin{pmatrix} 6 & 4 & 5 & 1 \\ 2 & 5 & 2 & 3 \\ 3 & 4 & 7 & 5 \end{pmatrix};\ B_{ZE,\,neu} = \begin{pmatrix} 1 & 7 & 5 \\ 3 & 2 & 3 \\ 5 & 1 & 7 \\ 7 & 5 & 4 \end{pmatrix}$$

Im Rohstofflager befinden sich Rohstoffmengen in Höhe von 75400 ME von R_1, 56000 ME von R_2 und 99800 ME von R_3.

Es liegt folgender Kundenauftrag vor: $\vec{x} = \begin{pmatrix} 500 \\ 300 \\ 400 \end{pmatrix}$.

Untersuchen Sie, welche Rohstoffmengen nachgekauft werden müssen, damit der Kundenauftrag ausgeführt werden kann.

Die Preise in Geldeinheiten pro Mengeneinheit [GE/ME] für die vorhandenen Rohstoffe werden durch den Vektor $\vec{k}_R^{\,T} = (0{,}25 \quad 0{,}4 \quad 0{,}5)$ gegeben. Die Preise in GE/ME für nachzukaufende Rohstoffe ergeben sich aus $\vec{k}_{R,\,neu}^{\,T} = (0{,}3 \quad 0{,}6 \quad 0{,}6)$

Die Kosten in GE/ME für die erste bzw. zweite Produktionsstufe sind durch die nachfolgenden Vektoren gegeben: $\vec{k}_Z^{\,T} = (1 \quad 4 \quad 3 \quad 7)$ und $\vec{k}_E^{\,T} = (12 \quad 8 \quad 15)$

Die Fixkosten betragen 530 GE.

Die Erlöse pro Teesorte liegen bei 150 GE/ME für E_1, 220 GE/ME für E_2 und 120 GE/ME für E_3. Berechnen Sie für den Kundenauftrag den Gewinn.

(Fachgymnasium Niedersachsen, Abitur 2010.)

Aufgabe 2 Lösungen Seite 118/119

Der Markt für Anti-Schuppen-Shampoo wird von wenigen Herstellern beherrscht. Zwei konkurrierende Unternehmen Denkel und Brogta starten gleichzeitig aufwändige Werbeaktionen für ihr Produkt. Eine parallel dazu verlaufende Marktanalyse ergibt folgendes Kundenverhalten: 45 % der Denkel-Kunden halten dem Unternehmen die Treue, 25 % wechseln zu Brogta und 30 % kaufen ein Shampoo von anderen Herstellern;
20 % der Brogta-Kunden wechseln zu Denkel, genauso viele zu einem anderen Hersteller und der Rest sind Stammkunden von Brogta; 40 % der Kunden anderer Hersteller verbleiben bei diesen, 30 % wechseln zu Brogta und der Rest zu Denkel.

Die Marktuntersuchung liefert für den Monat März folgende Marktanteile:
Denkel: 25 %, Brogta: 30 %, andere Hersteller: 45 %

a) Stellen Sie das Käuferverhalten grafisch in einem Übergangsdiagramm und als Übergangsmatrix dar.

Die Werbeaktionen sollen über drei Monate durchgeführt werden. Berechnen Sie unter Berücksichtigung der Anfangsverteilung die Marktanteile nach den Werbeaktionen unter der Voraussetzung, dass die Kundenwanderung monatlich erfasst wird.

Beurteilen Sie den Erfolg der Werbemaßnahmen.

Sollte sich am Verbraucherverhalten nichts ändern, wird sich langfristig ein Gleichgewichtszustand ergeben. Ermitteln Sie den Fixvektor.

b) Durch weitere Marketingstrategien erzielen die Unternehmen Denkel und Brogta eine deutlich höhere Kundenbindung, so dass sich das Übergangsverhalten jetzt folgendermaßen darstellt:

von \ nach	Denkel	Brogta	Andere
Denkel	0,9	0	0,1
Brogta	0	0,8	0,2
Andere	0	0,5	0,5

Mehrere Monate nach Beginn der Marketingstrategien haben sich im Januar die Marktanteile $\vec{v}^{\,T}_{neu} = (0{,}3051 \quad 0{,}4068 \quad 0{,}2881)$ ergeben.

Ermitteln Sie die Marktanteile im Vormonat Dezember.

Untersuchen Sie die zukünftige langfristige Verteilung der Marktanteile.

Beurteilen Sie diese langfristige Entwicklung der Marktanteile unter Berücksichtigung der neuen Käuferwanderungen.

(Fachgymnasium Niedersachsen 2011.)

Aufgabe 3

Lösungen Seite 119/120

Ein Wahlforschungsinstitut soll jährlich prognostizieren, wie sich die Parteienlandschaft durch die Wählerwanderungen ändern wird. Dabei unterscheidet man zwischen Stammwählern - Wähler, die einer Partei treu bleiben - und Wechselwählern. Die Erhebung der Primärdaten hat folgendes ergeben:

Wanderung der Wählerschaft

von \ nach	CDU	SPD	FDP	Grüne/Linke andere	Gesamt
CDU	17400	3300	400	800	21900
SPD	5200	16900	900	1300	24300
FDP	1300	500	6000	1100	8900
Grüne/Linke andere	2500	2500	900	14000	19900

a) Entwickeln Sie aus der Tabelle „Wanderung der Wählerschaft" eine (3 × 3)-Übergangsmatrix unter der Voraussetzung, dass die Daten der zwei Parteien mit der größten absoluten Stammwählerschaft übernommen werden und die Daten der restlichen Parteien unter „Sonstige" zusammengefasst werden.

Erstellen Sie eine Prognose für die nächste Wahl in drei Jahren unter der Bedingung, dass der Vektor $\overrightarrow{v_{Start}}$ mit $\overrightarrow{v_{Start}}^T = (0{,}33 \quad 0{,}23 \quad 0{,}44)$ das Wahlergebnis bei der letzten Wahl darstellt.

Zeichnen Sie für die Wahl in drei Jahren das Übergangsdiagramm.

b) Bestimmen Sie mithilfe der unten stehenden Tabelle die Prognosen für 10 Jahre und für 30 Jahre. Erläutern Sie Ihre Ergebnisse im Sinne einer langfristigen Prognose für die Entwicklung der Parteienlandschaft. Erläutern Sie den mathematischen Ansatz zur Ermittlung der langfristigen Prognose.

von \ nach	CDU	SPD	FDP	Grüne	Sonstige
CDU	79,45 %	15,07 %	1,83 %	0,91 %	a
SPD	21,40 %	69,55 %	3,70 %	2,47 %	b
FDP	14,61 %	5,62 %	67,42 %	4,49 %	c
Grüne	12,87 %	10,89 %	2,97 %	66,34 %	d
Sonstige	12,24 %	14,29 %	6,12 %	7,14 %	e

(Fachgymnasium Niedersachsen 2010.)

Aufgabe 4

Lösungen Seite 121/122

Üblicherweise werden Volkswirtschaften in drei Wirtschaftssektoren eingeteilt: Sektor I (Land- und Forstwirtschaft), Sektor II (Industrie und produzierendes Gewerbe) und Sektor III (Dienstleistungen).

Die nebenstehende Tabelle zeigt für das fiktive Land Utopia die prozentualen Anteile der Beschäftigten in den drei Wirtschaftssektoren an der Gesamtbeschäftigung.

Jahr	1970	1980	1990	2000
Sektor I	0,06	0,04	0,03	0,02
Sektor II	0,36	0,30	0,27	0,24
Sektor III	0,58	0,66	0,70	0,74

Die folgenden zwei Modelle beschreiben die Entwicklung der Anteile der Beschäftigten in den drei Sektoren jeweils für eine Zeiteinheit von 10 Jahren:

Modell A		nach		
		I	II	III
von	I	0,75	0,10	0,15
	II	0,00	0,90	0,10
	III	0,00	0,00	1,00

Modell B		nach		
		I	II	III
von	I	0,50	0,20	0,30
	II	0,01	0,60	0,39
	III	0,01	0,12	0,87

a) Begründen Sie im Sachzusammenhang, warum bei den zu den Modellen A und B gehörenden Matrizen alle Zeilensummen gleich 1 sind. Berechnen Sie unter Verwendung der Modelle A und B - ausgehend von der prozentualen Verteilung der Erwerbstätigen im Jahr 1980 - die Verteilung für das Jahr 2000.
Beurteilen Sie die Güte der Modelle für die Entwicklung in Utopia durch Vergleich Ihrer Ergebnisse mit den gegebenen Werten.
Zeigen Sie, dass Modell A langfristig die Entwicklung der Anteile der Beschäftigten in den drei Sektoren nicht sinnvoll beschreibt.

b) Angenommen, der Anteil der Beschäftigten im Sektor I wäre im Zeitraum von 1980 bis 1990 von 4 % auf 2 % gefallen. Dazu soll das Modell A wie folgt geändert werden:
Die Übergangsquote von I nach II soll erhöht und der Verbleib in I entsprechend gesenkt werden. Die übrigen Übergangsquoten sollen unverändert bleiben.
Bestimmen Sie eine entsprechende neue Matrix C.
Berechnen Sie das Produkt aus der Inversen der Matrix B und der prozentualen Verteilung der Erwerbstätigen im Jahr 1980 und interpretieren Sie das Ergebnis im Sachzusammenhang.

(Abitur Niedersachsen 2010.)

Aufgabe 5 Lösungen Seite 122

Die Umsätze im Möbelhandel einer Region sind unter den beiden Handelsgruppen P und G und dem Rest R aufgeteilt.

Zum Zeitpunkt einer Marktanalyse (t = 0) waren die Anteile folgende: P hatte 30 % Marktanteil, G hatte 40 % und der Rest R 30 %. Die jährlichen Übergänge zwischen den drei Gruppen stellt der Graph rechts dar. Es wird erwartet, dass die jährliche Entwicklung sich inder beschriebenen Weise fortsetzen wird, wenn keine Maßnahmen getroffen werden.

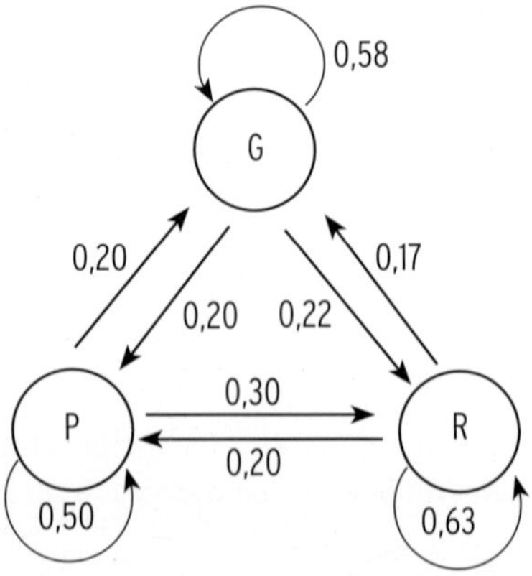

a) Rechts ist die Darstellung der Kundenentwicklung in einer Übergangsmatrix M begonnen worden.

$$M = \begin{pmatrix} 0{,}50 & .. & 0{,}30 \\ .. & .. & 0{,}22 \\ .. & .. & .. \end{pmatrix}$$

Bestimmen Sie die Matrix M vollständig.
Bestimmen Sie die Aussage der Matrix M anhand der ersten Zeile.
Berechnen Sie die Kundenanteile für t = 1 und für t = 2.
Interpretieren Sie das Ergebnis für die Handelsgruppe P.

b) Um den Marktanteil von P zu erhöhen, werden der Firma von einem Beratungsinstitut zwei mögliche Werbestrategien als Alternativen vorgeschlagen:
Strategie A: Maßnahmen zur Erhöhung der Kundentreue
Damit würden, so wurde ermittelt, dann ein Jahr später statt 50 % nunmehr 60 % noch P treu sein und nur 15 % zu G und 25 % zum Rest abwandern. Die übrigen Zahlen bleiben gleich.
Strategie B: Abwerben von Konkurrenten
Damit würde P 24 % von G (statt 20 %) und 28 % von R (statt 20 %) gewinnen, jeweils auf Kosten von G- bzw. R-treuen Kunden.
Erstellen Sie für beide Strategien passend abgeänderte Übergangsmatrizen A bzw. B.
Ermitteln Sie damit, ausgehend von den Anteilen für t = 0, die Marktanteile für t = 2.
Interpretieren Sie das Ergebnis beider Strategien aus der Sicht der Handelsgruppe P.

c) Die Matrix S mit $S = \begin{pmatrix} 0{,}4 & a & b \\ a & 0{,}6 & c \\ b & c & 0{,}5 \end{pmatrix}$ ist symmetrisch zur Hauptdiagonalen, die durch die Zahlen 0,4 und 0,6 und 0,5 gebildet wird.
Bestimmen Sie die Parameter a, b und c so, dass S eine symmetrische Übergangsmatrix ist, bei der alle Zeilensummen gleich 1 sind. Beschreiben Sie, wie sich die Symmetrie einer Übergangsmatrix S in dem zu S gehörigen Übergangsgraphen zeigt.

(Abitur 2010, Niedersachsen.)

Aufgabe 6 **Seite 1/2** **Lösungen Seite 123/124**

Ein Hersteller von Werkzeugschränken produziert nach folgendem Schema:

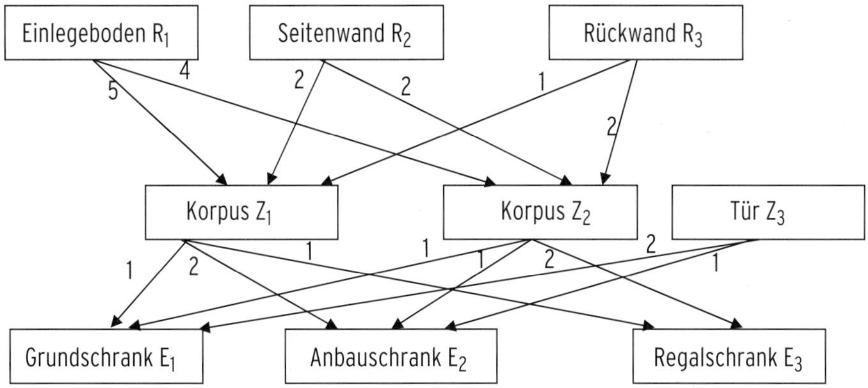

Hierbei stammen die Türen aus einem anderen mehrstufigen Prozess. Die Zahlen spiegeln Mengeneinheiten (ME) wider.

a) Erläutern Sie den gesamten zweistufigen Produktionsprozess mithilfe der Matrizen A_{RZ}, B_{ZE} und C_{RE} und erläutern Sie in diesem Zusammenhang beispielhaft die Aussagen der Matrizen.
Die drei Schranktypen E_1, E_2, E_3 sollen aufgrund von langjährigen Verkaufserfahrungen im Verhältnis 2 : 1 : 3 produziert werden. Im Lager befinden sich noch 142 ME Einlegeböden. Ermitteln Sie die ME der Seitenwände, der Rückwände und der Türen, die noch beschafft werden müssen, damit der gesamte Lagerbestand der Einlegeböden aufgebraucht wird. Bestimmen Sie die ME der dann produzierbaren drei Werkzeugschranktypen E_1, E_2 und E_3.

b) Es liegt ein Großauftrag von einer Baumarktkette vor, die eine neue Serie von Werkzeugschränken anbieten will. Dafür muss die Produktion etwas geändert werden:

$$B^*_{ZE} = \begin{pmatrix} 2 & 2 & 1 \\ 1 & 1 & 2 \\ 2 & 1 & 0 \end{pmatrix} \text{ und } C^*_{RE} = \begin{pmatrix} 17 & 17 & 16 \\ 6 & 6 & 6 \\ 4 & 4 & 5 \end{pmatrix}$$

Berechnen Sie für diese Produktionsänderung die benötigten ME der Einlegeböden, der Seitenwände und der Rückwände pro ME Korpus Z_1, Korpus Z_2 und Tür Z_3.
Die Baumarktkette bestellt 100 ME Grundschränke E_1, 50 ME Anbauschränke E_2 und 150 ME Regalschränke E_3. Die Preise in Geldeinheiten pro Mengeneinheit (GE/ME) für die Einlegeböden, die Seitenwände und die Rückwände werden durch den Vektor $\vec{k}_R^T = (3 \quad 10 \quad 9)$ angegeben.

Aufgabe 6 **Seite 2/2**

b) Die Kosten in GE/ME für die erste bzw. zweite Produktionsonsstufe sind durch nachfolgende Vektoren gegeben: $\vec{k}_Z^T = (5 \quad 7 \quad 12)$ und $\vec{k}_E^T = (4 \quad 6 \quad 5)$.

Die Fixkosten der Produktion betragen 4550 GE. Der Verkaufspreis pro ME Grundschrank E_1 liegt bei 250 GE, pro ME Anbauschrank E_2 bei 320 GE und pro ME Regalschrank E_3 bei 190 GE.

Bestimmen Sie die Beschaffungskosten für die benötigten Türen.

Untersuchen Sie, ob sich der Auftrag für das Unternehmen lohnt, unter der Voraussetzung, dass dafür mindestens 10 000 GE als Gewinn erzielt werden müssten.

(Abitur 2011, Niedersachsen, Berufliches Gymnasium.)

Aufgabe 7 **Seite 1/2** **Lösungen Seite 125/126**

Der Kaffeeproduzent TCHOBI stellt aus den vier Rohkaffeesorten R_1, R_2, R_3 und R_4 die drei Zwischenprodukte Z_1, Z_2 und Z_3 her, um aus diesen die drei Endproduktkaffeesorten E_1, E_2 und E_3 zu mischen.

Zur Herstellung einer Mengeneinheit (ME) des Zwischenprodukts Z_1 werden 17 ME von R_1, 12 ME von R_2, 11 ME von R_3 und 16 ME von R_4 benötigt. Um eine ME von Z_2 herzustellen, benötigt man 18 ME von R_1, 15 ME von R_2, 12 ME von R_3 und 19 ME von R_4. Zur Herstellung einer Mengeneinheit des Zwischenprodukts Z_3 werden 12 ME von R_1, 13 ME von R_2, 14 ME von R_3 und 17 ME von R_4 benötigt.

Die Zusammensetzung je einer ME der Endproduktkaffeesorten erfolgt gemäß der folgenden Rohstoff-Endprodukt-Matrix C_{RE}.

$$C_{RE} = \begin{pmatrix} 180 & 208 & 129 \\ 143 & 181 & 116 \\ 130 & 162 & 115 \\ 187 & 233 & 152 \end{pmatrix}$$

a) Berechnen Sie die Zwischenprodukt-Endprodukt-Matrix B_{ZE}.

Stellen Sie die oben beschriebene Materialverflechtung in einer geeigneten Form grafisch dar. (14 BE)

Aufgabe 7 Seite 2/2

b) TCHOBI möchte einen Auftrag über 18 ME von E_1, 34 ME von E_2 und 25 ME von E_3 ausführen. Dem Unternehmen entstehen Kosten für je eine ME des Rohkaffees R_1 in Höhe von 3 GE, für R_2 in Höhe von 4 GE und für R_3 in Höhe von 2 GE. Die Geschäftsleitung plant für diesen Auftrag gesamte Rohstoffkosten von maximal 170000 GE. Bestimmen Sie die maximalen Kosten für eine ME von R_4 so, dass der Auftrag planmäßig ausgeführt werden kann.

(7 BE)

c) Die Rohkaffeesorte R_4 wird aus einem Anbaugebiet in Kolumbien bezogen. Bisher konnte ein Insekt, das die Kaffeeernte schädigte, durch geeignete Maßnahmen bekämpft werden.
Bei früheren Untersuchungen wurden folgende durchschnittliche Daten festgestellt: Ein Insekt legt 10 Eier. 40% der Eier werden in der Entwicklungsphase zerstört. Aus den übrigen Eiern entstehen Larven, von denen aber nur $16\frac{2}{3}$ % zu Insekten werden.
Bestimmen Sie die Übergangsmatrix.
Entscheiden Sie, wie sich die Population in den nächsten Perioden entwickeln müsste, wenn die vorliegenden Entwicklungsbedingungen gleich blieben.
Aufgrund genetischer Veränderungen wurde in letzter Zeit festgestellt, dass sich mehr Larven zu Insekten entwickeln. Die Rate ist um 8 % gestiegen. Bei einer Untersuchung im vergangenen Jahr wurden 100 Eier, 80 Larven und 60 Insekten gezählt. Untersuchen Sie, wie sich die Anzahl der Insekten für die nächsten drei Perioden entwickeln müsste.

Beurteilen Sie, wie sich die Insektenanzahl langfristig entwickeln müsste. (9 BE)

(Abitur 2013, Berufliches Gymnasium.)

Aufgabe 8 Lösungen Seite 126/127

In der Volkswirtschaft von XLAND sind die Sektoren S_1, S_2 und S_3 nach dem Leontief-Modell miteinander verflochten. Die Inputmatrix A ist mit $A = \begin{pmatrix} \frac{1}{6} & \frac{1}{8} & \frac{2}{24} \\ \frac{2}{6} & \frac{1}{8} & \frac{1}{24} \\ \frac{2}{6} & \frac{4}{8} & \frac{10}{24} \end{pmatrix}$ bekannt.

In der vergangenen Periode produzierte Sektor S_1 6 Mengeneinheiten (ME), Sektor S_2 8 ME und Sektor S_3 24 ME.

a) Interpretieren Sie das Element a_{23} der Inputmatrix A .

Jeder Sektor plante eine Marktabgabe von mindestens 4 ME.

Untersuchen Sie, ob diese Planung mit der gegebenen Produktion umgesetzt werden konnte. Stellen Sie die gesamtwirtschaftliche Verflechtung der vergangenen Periode von XLAND grafisch dar. (8 BE)

b) Für die aktuelle Periode soll der Sektor S_1 4,5 ME, Sektor S_2 12 ME und Sektor S_3 7 ME für den Markt bereitstellen. Bestimmen Sie die notwendige prozentuale Produktionsmengenänderung je Sektor.

Für die folgende Periode sind folgende Vorgaben zu beachten:
Die Produktionsmengen der einzelnen Sektoren sind nicht bekannt, es gilt aber, dass die Produktionsmengen der Sektoren S_1 und S_2 gleich groß sein sollen. Die Abgabe an den Markt soll für Sektor S_1 13 ME und für Sektor S_2 11 ME betragen.
Bestimmen Sie die Produktionsmengen der einzelnen Sektoren sowie die Marktabgabe des Sektors S_3.

(12 BE)

Für die Volkswirtschaft von YLAND sind die zwei Sektoren SB_1 und SB_2 nach dem Leontief-Modell miteinander verflochten. Für die Inputmatrix B_k gilt: $B_k = \begin{pmatrix} \frac{3}{8} & \frac{1}{6} + 2k \\ \frac{1}{8} & \frac{1}{2} - 2k \end{pmatrix}$.

In der letzten Periode produzierte Sektor SB_1 8 ME und Sektor SB_2 6 ME.
Der Parameter k gibt die Veränderung in der Produktion an, die aufgrund neuer Produktionsverfahren zu erwarten ist. Es gilt $k \in \mathbb{R}_{\geq 0}$.

c) Bestimmen Sie alle Werte, die der Parameter k im Sachzusammenhang annehmen kann. Berechnen Sie den Parameter k so, dass beide Sektoren jeweils 3 ME an den Markt abgeben. (10 BE)

(Abitur 2013, Berufliches Gymnasium.)

Aufgabe 9 **Lösungen Seite 128/129**

Drei Sektoren einer Volkswirtschaft sind nach dem Leontief-Modell miteinander verflochten. Die Zusammenhänge sind in dem Verflechtungsdiagramm zu ersehen. Die Angaben erfolgen in Geldeinheiten (GE).

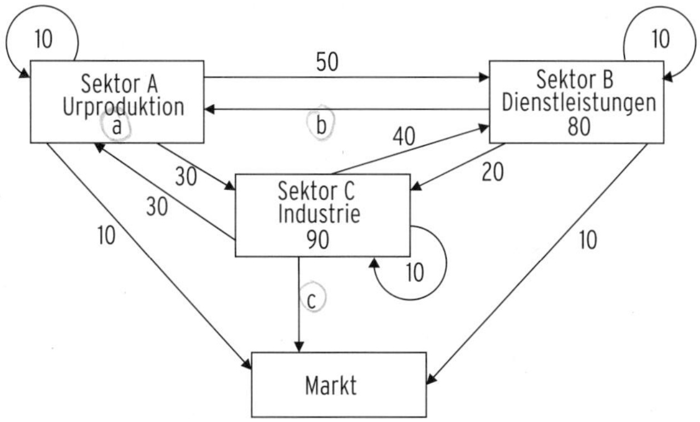

a) Bestimmen Sie die Parameter a, b und c .

Nach den Ergebnissen der Marktforschung wird erwartet, dass zukünftig Güter und Dienstleistungen im Wert von 20,96 GE von Sektor A und jeweils 32,75 GE von Sektor B und C an den Markt abgegeben werden.

Berechnen Sie den neuen Produktionsvektor und ermitteln Sie die prozentuale Produktionsveränderung der Sektoren B und C im Vergleich zur Ausgangssituation.

b) Absatzschwierigkeiten fordern, dass der Sektor B keine Güter und Dienstleistungen mehr an den Markt abgibt. Der Wert der Güter und Dienstleistungen in GE, den die beiden anderen Sektoren insgesamt produzieren, soll dann gleich groß sein.

Berechnen Sie das Verhältnis zwischen den Marktabgaben des Sektors A und des Sektors C unter der Voraussetzung, dass die Technologiematrix

$A = \frac{1}{360}\begin{pmatrix} 36 & 225 & 120 \\ 144 & 45 & 80 \\ 108 & 180 & 40 \end{pmatrix}$ lautet.

c) Dem Sektor A steht für den Anbau von Obst und Gemüse höchstens eine Fläche von 30 Flächeneinheiten (FE) zur Verfügung. Auf dieser Fläche können maximal 25 FE Obst bzw. 20 FE Gemüse angebaut werden. Der jährliche Arbeitsaufwand pro FE Obst beträgt 150 Zeiteinheiten (ZE), der pro FE Gemüse 200 ZE. Dem Sektor A stehen im Jahr insgesamt höchstens 5000 ZE zur Bewirtschaftung der gesamten Fläche zur Verfügung. Der Gewinn für 1 FE Obst beträgt 50 GE, für 1 FE Gemüse 40 GE.
Bestimmen Sie die Verteilung der Fläche für den Anbau von Obst bzw. Gemüse unter der Voraussetzung, dass der Gewinn maximiert werden soll, und dokumentieren Sie Ihre Lösungen grafisch und rechnerisch.

(Abitur 2012, Berufliches Gymnasium.)

Aufgabe 10 Seite 1/2 Lösungen Seite 129 - 131

Ein Süßwarenhersteller stellt aus den vier Rohstoffen Zucker, Kakao, Vollmilchpulver und dem Emulgator Lecithin drei verschiedene Schokoladenprodukte her: „Kuhflecken-Riegel" (E_1), „Viel-Milch-Wenig-Kakao-Riegel"(E_2) und „marmorierte Schokoladenmuscheln" (E_3).

Dabei werden zunächst die Zwischenprodukte Schokoladenmasse und Milchcreme hergestellt, die dann weiter zur Herstellung der Endprodukte E_1, E_2 und E_3 verarbeitet werden.

Der zweistufige Produktionsprozess wird durch die folgenden Matrizen beschrieben. Die Angaben sind in Mengeneinheiten (ME).

$$A_{RZ} = \begin{pmatrix} 14 & 6 \\ 10 & 0 \\ 7 & 7 \\ 2 & 3 \end{pmatrix}, \quad B_{ZE} = \begin{pmatrix} 12 & 6 & 8 \\ 5 & 10 & 6 \end{pmatrix}$$

a) Erstellen Sie ein Verflechtungsdiagramm, das den zweistufigen Produktionsprozess darstellt.
Berechnen Sie die Rohstoff-Endprodukt-Matrix (C_{RE}) und interpretieren Sie das Element c_{12}.
Im Rohstofflager befinden sich 9760 Mengeneinheiten (ME) Zucker, 4000 ME Kakao, 6720 ME Vollmilchpulver und 2380 ME Lecithin.
Entscheiden Sie, ob ein Auftrag von 20 ME „Kuhflecken-Riegeln" (E_1), 25 ME „Viel-Milch-Wenig-Kakao-Riegeln" (E_2) und 10 ME „marmorierten Schokoladenmuscheln" (E_3) angenommen werden sollte.
Die Kosten des Produktionsprozesses in Geldeinheiten pro Mengeneinheit (GE/ME) sind den nachfolgenden Tabellen zu entnehmen:

Rohstoff	Kosten
Zucker	2
Kakao	4
Vollmilchpulver	3
Lecithin	5

Herstellung der Zwischenprodukte	Kosten
Schokoladenmasse	6
Milchcreme	5

Herstellung der Endprodukte	Kosten
Kuhflecken-Riegel (E_1)	45
Viel-Milch-Wenig-Kakao-Riegel (E_2)	54
Marmorierte Schokoladenmuscheln (E_3)	33

Berechnen Sie die Rohstoffkosten für die einzelnen Schokoladenendprodukte E_1, E_2 und E_3.

Aufgabe 10 Seite 2/2

a) Der Süßwarenhersteller erhält einen Auftrag über 10 ME „Kuhflecken-Riegel" (E_1), 20 ME „Viel-Milch-Wenig-Kakao-Riegel" (E_2) und 15 ME „marmorierte Schokoladen- muscheln" (E_3).

Ermitteln Sie die Herstellungskosten, die er für diesen Auftrag aufwenden muss, unter der Voraussetzung, dass für diesen Auftrag Fixkosten in Höhe von 155 GE anfallen. „Kuhflecken-Riegel" (E_1) werden zum Preis von 1600 GE/ME und „Viel-Milch-Wenig-Kakao-Riegel" (E_2) zum Preis von 1400 GE/ME verkauft. Berechnen Sie den Preis, der mindestens für eine ME „marmorierte Schokoladenmuscheln" (E_2) erhoben werden muss, damit der Gewinn für diesen Auftrag mindestens 12% des Erlöses beträgt.

b) Der Süßwarenhersteller liefert die drei Schokoladenprodukte direkt an drei Filialen (A, B, C) einer Supermarktkette. Durch diese Lieferung erzielt er bei Filiale A Erlöse in Höhe von 31420 GE, bei Filiale B von 40520 GE und bei Filiale C von 44640 GE.Aufgrund der Exklusivität der „marmorierten Schokoladenmuscheln" (E_3) werden diese für den 1,5-fachen Preis der „Viel-Milch-Wenig-Kakao-Riegel" (E_2) an die Supermarktfilialen verkauft. Die Verkaufsmengen in ME lassen sich der folgenden Tabelle entnehmen:

Filiale / Sorte	Filiale A	Filiale B	Filiale C
Kuhflecken-Riegel (E_1)	4	4	8
Viel-Milch-Wenig-Kakao-Riegel (E_2)	2	4	0
Marmorierte Schokoladenmuscheln (E_3)	6	8	8

Berechnen Sie die jeweiligen Verkaufspreise des Süßwarenherstellers in GE/ME für die drei Schokoladenprodukte E_1, E_2 und E_3.

(Abitur 2012, Berufliches Gymnasium, Niedersachsen.)

Zentralabitur 2014

Block 3 - Aufgabe 3 A Lösungen Seite 132/133

Ein Unternehmen, das Rasierwasser herstellt, hat nachfolgenden Produktionszusammenhang. Die Angaben sind in Mengeneinheiten (ME), $a \in [5; 8] \wedge a \in \mathbb{N}$ ist ein Parameter, der die Produktion in unterschiedlichen Ländern widerspiegelt:

	Z_1	Z_2	Z_3
R_1	100	200	0
R_2	200	200	400
R_3	200	300	400
R_4	400	300	600

	E_1	E_2
Z_1	8	2a
Z_2	a	16
Z_3	20	a

Rohstoffe: R_1, R_2, R_3, R_4
Zwischenprodukte: Z_1, Z_2, Z_3
Endprodukte: E_1, E_2

a) Für den Produktionsprozess und für die Angabe der Inhaltsstoffe auf der Verpackung werden mehrere Informationen benötigt.
Stellen Sie den Produktionsprozess mit allen Werten grafisch dar.
Berechnen Sie die benötigten Mengenangaben der einzelnen Rohstoffe für die Produktion je einer Mengeneinheit (ME) der beiden Rasierwasser in Abhängigkeit vom Parameter a.
Geben Sie an, wie viele Rohstoffmengen mindestens und wie viele höchstens für die Produktion je einer ME der Endprodukte vorrätig sein müssen.
(10 BE)

b) An ein Werk im Ausland werden 100 ME von Z_1, 75 ME von Z_2 und 80 ME von Z_3 verkauft. Die Einkaufspreise für die Rohstoffe liegen für R_1 bei 3 Geldeinheiten pro Mengeneinheit (GE/ME), für R_2 bei 3,5 GE/ME, für R_3 bei 6 GE/ME und für R_4 bei 10 GE/ME. Der Verkaufspreis pro Zwischenprodukteinheit liegt für Z_1 bei 110% der Rohstoffkosten, für Z_2 bei 200% und für Z_3 bei 150%.
Bestimmen Sie die Höhe des Überschusses, der aus diesem Verkauf resultiert.
(8 BE)

c) In einem Land wird mit dem Parameter a = 6 produziert. Für die Preiskalkulationen benötigt die Unternehmensleitung den Fertigungskostenvektor $\vec{k}_z^T$ der ersten Produktionsstufe. Bei der Produktion für eine ME von E_1 entstehen Fertigungskosten für die Zwischenprodukte in Höhe von 15 GE/ME und für eine ME von E_2 in Höhe von 24 GE/ME.
Berechnen Sie das Kostenintervall für Z_3. (12 BE)

Zentralabitur 2014

Block 3 - Aufgabe 3 B **Seite 1/2** **Lösungen Seite 133/134**

In einer niedersächsischen Kleinstadt mit 70000 Einwohnern sollen die Baugebiete, die in 10 Perioden benötigt werden, ausgewiesen werden. Dazu benötigt der Stadtrat Erkenntnisse über die Bevölkerungswanderung und über die Wünsche in Bezug auf die Wohngebiete. Die Stadt hat die Möglichkeit in der Nähe der Innenstadt (Innenstadtnähe W_1), in einem angrenzenden Waldgebiet (Naturwohngebiet W_2) und auf ehemaligen Feldern am Rand der Stadt (Neubaugebiet W_3) Baugebiete auszuschreiben. Ähnliche Wohngebiete existieren jetzt schon. Zurzeit lebt 10% der Bevölkerung in Innenstadtnähe, 35% in Naturwohngebieten und 55% der Bevölkerung in Neubaugebieten. Man geht davon aus, dass sich das Wechselverhalten in den betrachteten Perioden nicht ändert.

a) Um herauszufinden, welche Gebiete zu Baugebieten erklärt werden müssen, benötigt der Stadtrat Informationen über die Wechselneigungen der Menschen und die Daten der Bevölkerungsentwicklung in den einzelnen Wohngebieten von der Vorperiode bis zur übernächsten Periode.

Als Grundlage dienen folgende zusätzliche Informationen:

von \ nach	Innenstadtnähe W_1	Naturwohngebiet W_2	Neubaugebiet W_3
Innenstadtnähe W_1	0,5	0,4	a
Naturwohngebiet W_2	b	0,8	0,15
Neubaugebiet W_3	0,1	c	0,7

$\vec{v}_0^{\,T} = (v_{W_1} \quad v_{W_2} \quad v_{W_3})$

Berechnen Sie die fehlenden Werte a, b und c.

Ermitteln Sie für die geforderten Perioden die Bevölkerungszahlen für die drei Wohngebiete. Beschreiben Sie den Entwicklungsverlauf. (13 BE)

b) Bestimmen Sie die langfristige Entwicklung der Bevölkerungszahlen in den einzelnen Wohngebieten mithilfe der Übergangsmatrix $A = \begin{pmatrix} 0,5 & 0,4 & 0,1 \\ 0,05 & 0,8 & 0,15 \\ 0,1 & 0,2 & 0,7 \end{pmatrix}$.

Interpretieren Sie die ermittelten Werte für die Stadtratssitzung.

(10 BE)

Zentralabitur 2014
Block 3 – Aufgabe 3 B Seite 2/2

c) Auf der Stadtratssitzung soll auch über die Straßenrandbepflanzung in den Naturwohngebieten beraten werden. Das Grünflächenamt stellt dafür Informationen über die Entwicklung von Ringelblumen und Stiefmütterchen zur Verfügung.

von \ nach	Samen	Sprösslinge	Stiefmütterchen
Samen	0	$\frac{1}{8}$	0
Sprösslinge	0	0	0,8
Stiefmütterchen	10	0	0

$$B_{Ringelblume} = \begin{pmatrix} 0 & \frac{1}{6} & 0 \\ 0 & 0 & 0{,}4 \\ 10 & 0 & 0 \end{pmatrix}$$

Stellen Sie die Tabelle für die Entwicklung der Stiefmütterchen als Entwicklungsdiagramm dar.

Interpretieren Sie die relevanten Werte in der Matrix $B_{Ringelblume}$.
Untersuchen Sie, welche Blumenart angepflanzt werden soll. (7 BE)

Lösungen Lineare Algebra

Lösung Aufgabe 1 Seite 1/2

a) Rohstoff-Zwischenprodukt-Matrix A_{RZ}

Zwischenprodukt-Endprodukt-Matrix B_{ZE}

Rohstoff-Endprodukt-Matrix C_{RE}

$$A_{RZ} = \begin{pmatrix} 12 & 7 & 5 & 1 \\ 3 & 3 & 1 & 2 \\ 1 & a & b & 5 \end{pmatrix};\ B_{ZE} = \begin{pmatrix} 1 & 7 & 5 \\ 3 & 2 & 3 \\ 5 & 1 & 7 \\ 7 & c & 4 \end{pmatrix};\ C_{RE} = \begin{pmatrix} 65 & 108 & 120 \\ 31 & 38 & 39 \\ 90 & 47 & 97 \end{pmatrix}$$

Berechnung von a, b und c: (z. B.)

Zeile 3 (A_{RZ}) · Spalte 1 (B_{ZE}): $1 + 3a + 5b + 35 = 90 \Leftrightarrow 3a + 5b = 54$

Zeile 3 (A_{RZ}) · Spalte 3 (B_{ZE}): $5 + 3a + 7b + 20 = 97 \Leftrightarrow 3a + 7b = 72$ $\quad \Rightarrow a = 3;\ b = 9$

Zeile 1 (A_{RZ}) · Spalte 2 (B_{ZE}): $84 + 14 + 5 + c = 108 \Leftrightarrow c = 5$

Verflechtungsdiagramm:

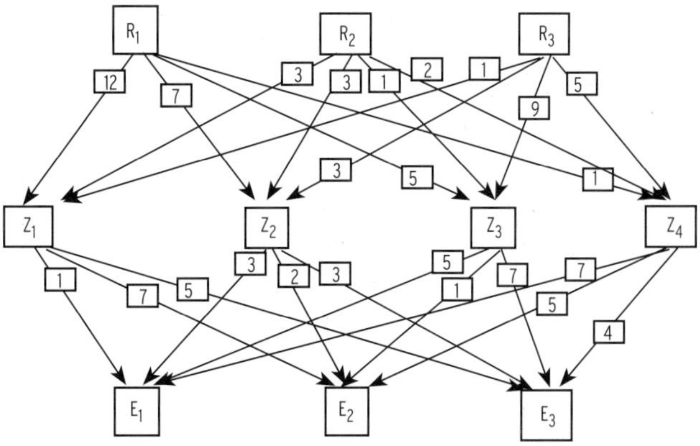

Verflechtungsmatrizen:

$$A_{RZ} = \begin{pmatrix} 12 & 7 & 5 & 1 \\ 3 & 3 & 1 & 2 \\ 1 & 3 & 9 & 5 \end{pmatrix}$$

$$B_{ZE} = \begin{pmatrix} 1 & 7 & 5 \\ 3 & 2 & 3 \\ 5 & 1 & 7 \\ 7 & 5 & 4 \end{pmatrix}$$

Rohstoffverbrauch: $C_{RE} \cdot \begin{pmatrix} 460 \\ 680 \\ 840 \end{pmatrix} = \begin{pmatrix} 204140 \\ 72860 \\ 154840 \end{pmatrix}$

Für den Kundenauftrag werden 204 140 ME von R_1, 72 860 ME von R_2 und 154 840 ME von R_3 benötigt.

b) $C_{RE,\,neu} = A_{RZ,\,neu} \cdot B_{ZE,\,neu} = \begin{pmatrix} 6 & 4 & 5 & 1 \\ 2 & 5 & 2 & 3 \\ 3 & 4 & 7 & 5 \end{pmatrix} \cdot \begin{pmatrix} 1 & 7 & 5 \\ 3 & 2 & 3 \\ 5 & 1 & 7 \\ 7 & 5 & 4 \end{pmatrix} = \begin{pmatrix} 50 & 60 & 81 \\ 48 & 41 & 51 \\ 85 & 61 & 96 \end{pmatrix}$

Insgesamt benötigte Rohstoffe: $\begin{pmatrix} 50 & 60 & 81 \\ 48 & 41 & 51 \\ 85 & 61 & 96 \end{pmatrix} \cdot \begin{pmatrix} 500 \\ 300 \\ 400 \end{pmatrix} = \begin{pmatrix} 75400 \\ 56700 \\ 99200 \end{pmatrix}$

Es werden 75 400 ME von R_1, 56 700 ME von R_2 und 99 200 ME von R_3 benötigt.

Die Rohstoffe R_1 und R_3 reichen aus. Von R_2 sind 700 ME zu wenig am Lager.

Sie müssen zu 0,6 GE/ME nachgekauft werden, damit der Kundenauftrag ausgeführt werden kann.

Lösung Aufgabe 1 **Seite 2/2**

b) Kosten $K = \vec{k}_R^T \cdot \begin{pmatrix} 75400 \\ 56000 \\ 99200 \end{pmatrix} + \vec{k}_{R,\,neu}^T \cdot \begin{pmatrix} 0 \\ 700 \\ 0 \end{pmatrix} + \vec{k}_Z^T \cdot B_{ZE,\,neu} \cdot \begin{pmatrix} 500 \\ 300 \\ 400 \end{pmatrix} + \vec{k}_E^T \cdot \begin{pmatrix} 500 \\ 300 \\ 400 \end{pmatrix} + K_f$

$$K = (0{,}25 \quad 0{,}4 \quad 0{,}5) \cdot \begin{pmatrix} 75400 \\ 56000 \\ 99200 \end{pmatrix} + (0{,}3 \quad 0{,}6 \quad 0{,}6) \cdot \begin{pmatrix} 0 \\ 700 \\ 0 \end{pmatrix} + (1 \quad 4 \quad 3 \quad 7) \begin{pmatrix} 1 & 7 & 5 \\ 3 & 2 & 3 \\ 5 & 1 & 7 \\ 7 & 5 & 4 \end{pmatrix} \cdot \begin{pmatrix} 500 \\ 300 \\ 400 \end{pmatrix}$$

$$+ (12 \quad 8 \quad 15) \cdot \begin{pmatrix} 500 \\ 300 \\ 400 \end{pmatrix} + 530$$

$K = 90850 + 420 + 80800 + 14400 + 530 = 187000$

Erlöse $E = (150 \quad 220 \quad 120) \cdot \begin{pmatrix} 500 \\ 300 \\ 400 \end{pmatrix} = 189000$

Gewinn $G = E - K = 189000 - 187000 = 2000$

Der Gewinn für den vorliegenden Auftrag beträgt 2000 GE.

Lösung Aufgabe 2 **Seite 1/2**

a) Übergangsdiagramm

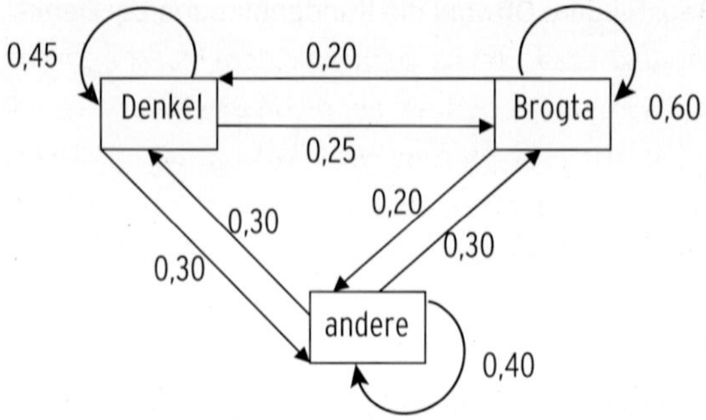

Übergangsmatrix

$$A = \begin{pmatrix} 0{,}45 & 0{,}25 & 0{,}30 \\ 0{,}20 & 0{,}60 & 0{,}20 \\ 0{,}30 & 0{,}30 & 0{,}40 \end{pmatrix}$$

(Zeilensumme = 1)

Marktanteile nach der Werbeaktion

$\vec{v}_3^T = \vec{v}_{Start}^T \cdot A^3 = (0{,}25 \quad 0{,}30 \quad 0{,}45) \cdot A^3 = (0{,}3065 \quad 0{,}4039 \quad 0{,}2896)$

Hersteller Denkel hat nach der Werbeaktion seinen Marktanteil auf 30,65 % erhöht, Hersteller Brogta hat seinen Marktanteil ebenfalls erhöht und liegt jetzt bei 40,39 %, d. h. die Werbeaktion war erfolgreicher als bei Denkel, weil sein Marktanteil nicht mehr nur um 5% größer als bei Denkel ist, sondern um fast 10%.

Ermittlung des Fixvektors

Ermittlung der langfristigen Prognose mit $\vec{v}^T \cdot A = \vec{v}^T$

mit $x + y + z = 1 \Rightarrow z = 1 - x - y$

Einsetzen ergibt:

$$(x \quad y \quad 1 - x - y) \cdot \begin{pmatrix} 0{,}45 & 0{,}25 & 0{,}30 \\ 0{,}20 & 0{,}60 & 0{,}20 \\ 0{,}30 & 0{,}30 & 0{,}40 \end{pmatrix} = (x \quad y \quad 1 - x - y)$$

Lösung Aufgabe 2 **Seite 2/2**

a) LGS
$$0{,}45x + 0{,}20y + 0{,}3(1 - x - y) = x$$
$$0{,}25x + 0{,}60y + 0{,}3(1 - x - y) = y$$
$$0{,}30x + 0{,}20y + 0{,}4(1 - x - y) = 1 - x - y$$

Lösung: $x = 0{,}3051$; $y = 0{,}4068$; $z = 1 - x - y = 0{,}2881$

Fixvektor: $\vec{v}^T = (0{,}3051 \quad 0{,}4068 \quad 0{,}2881)$

b) Übergangsmatrix $A = \begin{pmatrix} 0{,}9 & 0 & 0{,}1 \\ 0 & 0{,}8 & 0{,}2 \\ 0 & 0{,}5 & 0{,}5 \end{pmatrix}$

Vorangegangener Zeitraum

$\vec{v}_{-1}^T = \vec{v}_{neu}^T \cdot A^{-1} = (0{,}3390 \quad 0{,}2543 \quad 0{,}4067)$

Hersteller Denkel hatte einen Marktanteil von 33,90 % und Hersteller Brogta von 25,43 % und die anderen Hersteller hatten zusammen einen Marktanteil von 40,67 %.

Grenzmatrix ermitteln: $\lim\limits_{n \to \infty} A^n = \begin{pmatrix} 0 & 0{,}7143 & 0{,}2857 \\ 0 & 0{,}7143 & 0{,}2857 \\ 0 & 0{,}7143 & 0{,}2857 \end{pmatrix}$

Bemerkung: Berechnen Sie A^{20}.

Beurteilung: Obwohl die Kundenbindung bei Denkel bei 90 % liegt, wird das Produkt des Unternehmens aus dem Markt gedrängt. Dies ist durch die Kundenwanderung zu erklären, denn von Brogta und von den anderen Herstellern gibt es keine Käuferwanderung zu Denkel. Von Denkel wandern aber monatlich 10 % zu anderen Herstellern ab. Auf lange Sicht erhält Brogta den größten Marktanteil in Höhe von 71,43 %.

Lösung Aufgabe 3 **Seite 1/2**

a) Ermittlung der absoluten und relativen (prozentualen) Häufigkeiten

	CDU	SPD	sonstige
CDU	17400 (0,7945)	3300 (0,1507)	1200 (0,0548)
SPD	5200 (0,2140)	16900 (0,6955)	2200 (0,0905)
sonstige	3800 (0,1319)	3000 (0,1042)	22000 (0,7639)

Übergangsmatrix: $A = \begin{pmatrix} 0{,}7945 & 0{,}1507 & 0{,}0548 \\ 0{,}2140 & 0{,}6955 & 0{,}0905 \\ 0{,}1319 & 0{,}1042 & 0{,}7639 \end{pmatrix}$ Zeilensumme = 1

Prognose für die Wahl in drei Jahren: $\vec{v_3}^T = \overrightarrow{v_{Start}}^T \cdot A^3 = (0{,}4178 \quad 0{,}2838 \quad 0{,}2984)$

A^3 muss für den Übergangsgraph berechnet

werden: $A^3 = \begin{pmatrix} 0{,}5952 & 0{,}2715 & 0{,}1332 \\ 0{,}3942 & 0{,}4303 & 0{,}1755 \\ 0{,}2970 & 0{,}2165 & 0{,}4865 \end{pmatrix}$

Lösung Aufgabe 3 **Seite 2/2**

a) **Wahlprognose:**
CDU 41,78 %; SPD 28,38 %
Sonstige 29,84 %
Übergangsdiagramm:

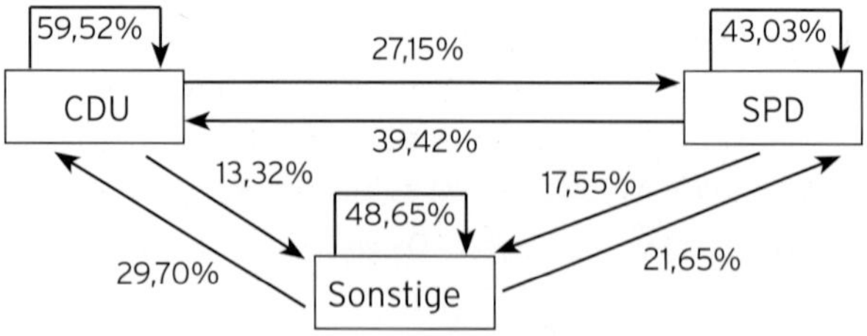

b) **Ermittlung der Parameter**
Die Zeilensumme der Übergangsmatrix (stochastische Matrix) muss 1 (100 %) sein.
a = 100 – 79,45 – 15,07 – 1,83 – 0,91 = 2,74
ebenso: b = 2,88; c = 7,86; d = 6,93; e = 60,21

Übergangsmatrix

$$A = \begin{pmatrix} 0{,}7945 & 0{,}1507 & 0{,}0183 & 0{,}0091 & 0{,}0274 \\ 0{,}2140 & 0{,}6955 & 0{,}0370 & 0{,}0247 & 0{,}0288 \\ 0{,}1461 & 0{,}0562 & 0{,}6742 & 0{,}0449 & 0{,}0786 \\ 0{,}1287 & 0{,}1089 & 0{,}0297 & 0{,}6634 & 0{,}0693 \\ 0{,}1224 & 0{,}1429 & 0{,}0612 & 0{,}0714 & 0{,}6021 \end{pmatrix}$$

Übergangsmatrix für 10 Jahre:

$$A^{10} = \begin{pmatrix} 0{,}4732 & 0{,}3086 & 0{,}0792 & 0{,}0596 & 0{,}0793 \\ 0{,}4661 & 0{,}3091 & 0{,}0817 & 0{,}0624 & 0{,}0807 \\ 0{,}4504 & 0{,}2954 & 0{,}0955 & 0{,}0703 & 0{,}0883 \\ 0{,}4516 & 0{,}3018 & 0{,}0832 & 0{,}0773 & 0{,}0861 \\ 0{,}4531 & 0{,}3027 & 0{,}0861 & 0{,}0705 & 0{,}0875 \end{pmatrix}$$

Übergangsmatrix für 30 Jahre:

$$A^{30} = \begin{pmatrix} 0{,}4661 & 0{,}3068 & 0{,}0821 & 0{,}0634 & 0{,}0816 \\ 0{,}4661 & 0{,}3068 & 0{,}0821 & 0{,}0634 & 0{,}0816 \\ 0{,}4661 & 0{,}3068 & 0{,}0821 & 0{,}0634 & 0{,}0816 \\ 0{,}4661 & 0{,}3068 & 0{,}0821 & 0{,}0634 & 0{,}0816 \\ 0{,}4661 & 0{,}3068 & 0{,}0821 & 0{,}0634 & 0{,}0816 \end{pmatrix}$$

Die Zeilenvektoren von A^{30} entsprechen dem Fixvektor.
$\vec{v}^T = (0{,}4661 \quad 0{,}3068 \quad 0{,}0821 \quad 0{,}0634 \quad 0{,}0816)$. Dadurch kann eine langfristige Prognose abgegeben werden:
Wenn die Wählerwanderung als konstant vorausgesetzt wird, dann entsteht in der Zukunft folgende Parteienlandschaft.
CDU 46,61 %; SPD 30,68 % ; FDP 8,21 %; Grüne 6,34 %; Sonstige 8,16 %
Mathematischer Ansatz:
Ermittlung der langfristigen Prognose mit $\vec{v}^T \cdot A = \vec{v}^T$
Es gilt: $(v \quad w \quad x \quad y \quad z) \cdot A = (v \quad w \quad x \quad y \quad z)$
Mit $z = 1 - v - w - x - y$ erhält man ein LGS für die Unbekannten v, w, x, y
Auflösen ergibt den Fixvektor oder die stabile Verteilung $(v \quad w \quad x \quad y \quad z)$.

Lösung Aufgabe 4 **Seite 1/2**

a) Die Elemente der Matrizen beschreiben die Übergangsquoten zwischen den Sektoren. Dies können somit nicht negativ und maximal 1 sein. Gleichzeitig ist die Summe aller Übergangsquoten 1 (Zeilensumme = 1), da alle Werktätigen in einem der Sektoren beschäftigt sein müssen.

Berechnung der Verteilung für 1990:

$\overrightarrow{v_{1990}}^T = \overrightarrow{v_{1980}}^T \cdot A$ $\qquad\qquad$ $\overrightarrow{v_{1990}}^T = \overrightarrow{v_{1980}}^T \cdot B$

Bemerkung: Die Verteilung für 1990 muss nicht berechnet werden.

Berechnung der Verteilung für 2000:

$$\overrightarrow{v_{2000}}^T = \overrightarrow{v_{1990}}^T \cdot A = \overrightarrow{v_{1980}}^T \cdot A^2$$

$$= (0{,}04 \quad 0{,}30 \quad 0{,}66) \cdot \begin{pmatrix} 0{,}75 & 0{,}1 & 0{,}15 \\ 0 & 0{,}9 & 0{,}1 \\ 0 & 0 & 1 \end{pmatrix}^2 = (0{,}0225 \quad 0{,}2496 \quad 0{,}7279)$$

$$\overrightarrow{v_{2000}}^T = \overrightarrow{v_{1990}}^T \cdot B = \overrightarrow{v_{1980}}^T \cdot B^2$$

$$= (0{,}04 \quad 0{,}30 \quad 0{,}66) \cdot \begin{pmatrix} 0{,}5 & 0{,}2 & 0{,}30 \\ 0{,}01 & 0{,}6 & 0{,}39 \\ 0{,}01 & 0{,}12 & 0{,}87 \end{pmatrix}^2 = (0{,}0245 \quad 0{,}2506 \quad 0{,}7249)$$

Da bei beiden Matrizen die berechneten Verteilungen ungefähr die angegebene Verteilung (0,02 0,24 0,74) (von 2000) entsprechen, scheinen beide Modelle geeignet zu sein, die Entwicklung in Utopia zu beschreiben.

Die langfristige Verteilung kann unter der Annahme der Konvergenz der Folge $\overrightarrow{v_n}$ durch einen bestimmten Grenzvektor $\overrightarrow{v_{gr}}$ beschrieben werden. Die Beziehung $\overrightarrow{v_{gr}}^T = \overrightarrow{v_{gr}}^T \cdot A$ mit $\overrightarrow{v_{gr}}^T = (x \quad y \quad z)$ ergibt das LGS

$$\left.\begin{array}{lll} 0{,}75x = x & \Rightarrow & x = 0 \\ 0{,}1x + 0{,}9y = y & \Rightarrow & 0{,}1x - 0{,}1y = 0 \\ 0{,}15x + 0{,}1y + z = z & \Rightarrow & 0{,}15x + 0{,}1y = 0 \end{array}\right\} \text{ allgemeiner Lösungsvektor } t \cdot (0 \quad 0 \quad 1)$$

Da $x + y + z = 1$ gilt, ergibt sich der Fixvektor (Grenzverteilung) $\overrightarrow{v_{gr}}^T = (0 \quad 0 \quad 1)$.
Langfristig würden alle Erwerbstätigen in Utopia im Sektor III beschäftigt sein. Niemand würde mehr in den Sektoren I und II arbeiten. Deshalb ist eine langfristige Modellierung mit Modell A nicht sinnvoll.

Bemerkung: Die Matrizenfolge A^n liefert mit GTR die Vermutung $\overrightarrow{v_{gr}}^T = (0 \quad 0 \quad 1)$; diese kann mit $(0 \quad 0 \quad 1) \cdot A = (0 \quad 0 \quad 1)$ als richtig verifiziert werden.

b) Ansatz für die neue Matrix C mit Erhöhung a > 0: $C = \begin{pmatrix} 0{,}75 - a & 0{,}10 + a & 0{,}15 \\ 0 & 0{,}9 & 0{,}1 \\ 0 & 0 & 1 \end{pmatrix}$

Einsetzen $\overrightarrow{v_{1980}}^T \cdot C = (0{,}02 \quad u \quad v)$ ergibt das LGS:
$(0{,}04 \quad 0{,}30 \quad 0{,}66) \cdot C = (0{,}02 \quad u \quad v)$
Die erste Gleichung des LGS lautet: $0{,}04(0{,}75 - a) = 0{,}02 \Rightarrow a = 0{,}25$

Lösung Aufgabe 4 **Seite 2/2**

b) Die neue veränderte Matrix C lautet damit: $C = \begin{pmatrix} 0{,}50 & 0{,}35 & 0{,}15 \\ 0 & 0{,}9 & 0{,}1 \\ 0 & 0 & 1 \end{pmatrix}$

Multipliziert man den Verteilungsvektor mit der Inversen der Übergangsmatrix, so erhält man die vorherige Verteilung.

$\overrightarrow{v_{1980}}^T \cdot B^{-1} = (0{,}04 \quad 0{,}30 \quad 0{,}66) \cdot B^{-1} = (0{,}061\ldots \quad 0{,}364\ldots \quad 0{,}573\ldots)$

Da $\overrightarrow{v_{1970}}^T = (0{,}06 \quad 0{,}36 \quad 0{,}58)$ gilt, liefert das Produkt näherungsweise die prozentuale Verteilung von 1970.

Lösung Aufgabe 5

a) Übergangsmatrix aus dem Diagramm: $M = \begin{pmatrix} 0{,}5 & 0{,}2 & 0{,}3 \\ 0{,}2 & 0{,}58 & 0{,}22 \\ 0{,}2 & 0{,}17 & 0{,}63 \end{pmatrix}$

Erläuterung:

Die erste Zeile zeigt, dass von den Kunden von P nach einem Jahr 50 % bei P geblieben sind, 20 % zu G und 30 % zu R gewechselt sind.

Kundenanteile für t = 1 (nach einem Jahr):

$\overrightarrow{a_0}^T \cdot M = \overrightarrow{a_1}^T \qquad (0{,}3 \quad 0{,}4 \quad 0{,}3) \cdot M = (0{,}290 \quad 0{,}343 \quad 0{,}367)$

Kundenanteile für t = 2 (nach zwei Jahren):

$\overrightarrow{a_1}^T \cdot M = \overrightarrow{a_2}^T \qquad (0{,}290 \quad 0{,}343 \quad 0{,}367) \cdot M = (0{,}287 \quad 0{,}319 \quad 0{,}394)$

P muss im 1. Jahr von einem mit von 30 % auf 29 % und im 2. Jahr auf 28,7 % leicht sinkenden Marktanteil rechnen.

b) Strategie A: $A = \begin{pmatrix} 0{,}6 & 0{,}15 & 0{,}25 \\ 0{,}2 & 0{,}58 & 0{,}22 \\ 0{,}2 & 0{,}17 & 0{,}63 \end{pmatrix}$ Strategie B: $B = \begin{pmatrix} 0{,}5 & 0{,}2 & 0{,}3 \\ 0{,}24 & 0{,}54 & 0{,}22 \\ 0{,}28 & 0{,}17 & 0{,}55 \end{pmatrix}$

Marktanteile für t = 2 (nach 2 Jahren):

mit Strategie A $\qquad \overrightarrow{a_0}^T \cdot A^2 = \overrightarrow{a_2}^T = (0{,}328 \quad 0{,}298 \quad 0{,}374)$

mit Strategie B $\qquad \overrightarrow{a_0}^T \cdot B^2 = \overrightarrow{a_2}^T = (0{,}34 \quad 0{,}30 \quad 0{,}36)$

Beide Strategien führen zur Steigerung des Marktanteils von P; Strategie B scheint noch wirksamer als A.

c) Wegen der Zeilensumme 1 erhält man das LGS

$$\left| \begin{array}{l} a + b = 0{,}6 \\ a + c = 0{,}4 \\ b + c = 0{,}5 \end{array} \right|$$

mit der eindeutigen Lösung
a = 0,25; b = 0,35; c = 0,15

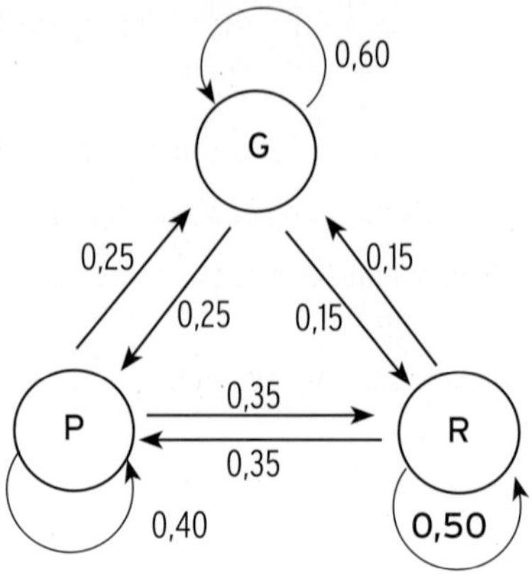

Darstellung der Symmetrie am zugehörigen Übergangsgraphen:
An den Pfeilen mit vertauschtem Anfangs- und Endpunkt stehen dieselben Zahlen.

Lösung Aufgabe 6 **Seite 1/2**

a) Beispiel-Beschreibung des Produktionsprozesses

In der ersten Produktionsstufe werden aus den Einlegeböden R_1, den Seitenwänden R_2 und den Rückwänden R_3 die Korpusse Z_1 und Z_2 montiert: $A_{RZ} = \begin{pmatrix} 5 & 4 & 0 \\ 2 & 2 & 0 \\ 1 & 2 & 0 \end{pmatrix}$

d.h. es werden 5 ME Einlegeböden und 2 ME Seitenwände und eine ME Rückwand für eine ME Korpus Z_1 benötigt.

Im nächsten Schritt werden die Korpusse zu den drei verschiedenen Schränken

Grundschrank E_1, Anbauschrank E_2 und Regalschrank E_3 zusammen gebaut:

$$B_{ZE} = \begin{pmatrix} 1 & 2 & 1 \\ 1 & 1 & 2 \\ 2 & 1 & 0 \end{pmatrix}$$

d.h. es werden 2 ME Korpus Z_1, eine ME Korpus Z_2 und eine ME Tür für eine ME Anbauschrank E_2 benötigt.

Mithilfe der Matrizenrechnung lassen sich die ME der Materialien der ersten Produktionsstufe für die Endprodukte ermitteln:

$$C_{RE} = A_{RZ} \cdot B_{ZE} = \begin{pmatrix} 9 & 14 & 13 \\ 4 & 6 & 6 \\ 3 & 4 & 5 \end{pmatrix}$$

Es werden 9 ME Einlegeböden für eine ME Grundschrank E_1 benötigt, 14 ME für eine ME Anbauschrank E_2 und 13 ME für eine ME Regalschrank E_3.

Produktionszahlen ermitteln

$C_{RE} \cdot \vec{p} = \vec{r}$

Mit $\vec{p} = \begin{pmatrix} 2x \\ x \\ 3x \end{pmatrix}$ erhält man ein LGS: $9 \cdot 2x + 14x + 13 \cdot 3x = 142 \quad \Rightarrow x = 2$

$$4 \cdot 2x + 6x + 6 \cdot 3x = r_2 \quad \Rightarrow 32x = r_2$$

$$3 \cdot 2x + 4x + 5 \cdot 3x = r_3 \quad \Rightarrow 25x = r_3$$

Einsetzen von $x = 2$ ergibt $r_2 = 64$ und $r_3 = 50$

Es werden 4 ME Grundschränke, 2 ME Anbauschränke und 6 ME Regalschränke produziert. Dafür werden 64 ME Seitenwände und 50 ME Rückwände benötigt. Daraus ergibt sich, dass man $4 \cdot 2 + 2 \cdot 1 = 10$ ME Türen benötigt.

(Für E_3 braucht man keine Tür.)

Lösung Aufgabe 6 Seite 2/2

b) **Ermittlung der Einzelteile pro ME Bauteil**

$$C^*_{RE} = A^*_{RZ} \cdot B^*_{ZE} \Rightarrow A^*_{RZ} = C^*_{RE} \cdot {B^*_{ZE}}^{-1} = \begin{pmatrix} 6 & 5 & 0 \\ 2 & 2 & 0 \\ 1 & 2 & 0 \end{pmatrix}$$

Ermittlung der Kosten für die Türen

$$12 \cdot (2 \quad 1 \quad 0) \begin{pmatrix} 100 \\ 50 \\ 150 \end{pmatrix} = 3000$$

Bemerkung: Eine Tür kostet 12 GE.

Die Gesamtkosten der Türen liegen bei 3000 GE.

Variable Herstellkosten je ME der Endprodukte:

$$\vec{k}_V = \vec{k}_R^T \cdot C^*_{RE} + \vec{k}_Z^T \cdot B^*_{ZE} + \vec{k}_E^T$$

$$\vec{k}_V^T = (3 \quad 10 \quad 9) \begin{pmatrix} 17 & 17 & 16 \\ 6 & 6 & 6 \\ 4 & 4 & 5 \end{pmatrix} + (5 \quad 7 \quad 12) \begin{pmatrix} 2 & 2 & 1 \\ 1 & 1 & 2 \\ 2 & 1 & 0 \end{pmatrix} + (4 \quad 6 \quad 5)$$

$$\vec{k}_V^T = (192 \quad 182 \quad 177)$$

Gesamtkosten: $K = \vec{k}_V^T \cdot \vec{p} + K_f = (192 \quad 182 \quad 177) \begin{pmatrix} 100 \\ 50 \\ 150 \end{pmatrix} + 4550 = 59400$

Erlöse: $E = \vec{e}^T \cdot \vec{p} = (250 \quad 320 \quad 190) \begin{pmatrix} 100 \\ 50 \\ 150 \end{pmatrix} = 69500$

Gewinn: $G = E - K = 69500 - 59400 = 10100$

Der Gewinn, der sich mit diesem Auftrag realisieren lässt, beträgt 10100 GE.

D. h., der Auftrag lohnt sich und sollte umgesetzt werden.

Lösung Aufgabe 7 **Seite 1/2**

a) Berechnung der Matrix B_{ZE}

Aus dem Text: $A_{RZ} = \begin{pmatrix} 17 & 18 & 12 \\ 12 & 15 & 13 \\ 11 & 12 & 14 \\ 16 & 19 & 17 \end{pmatrix}$

$A_{RZ} \cdot B_{ZE} = C_{RE}$ mit $B_{ZE} = \begin{pmatrix} a & b & c \\ d & e & f \\ g & h & i \end{pmatrix}$

LGS I zur Bestimmung von a, d, g: $\left(\begin{array}{ccc|c} 17 & 18 & 12 & 180 \\ 12 & 15 & 13 & 143 \\ 11 & 12 & 14 & 130 \\ 16 & 19 & 17 & 187 \end{array}\right)$ GTR: a = 6; d = 3; g = 2

LGS II zur Bestimmung von b, e, h: $\left(\begin{array}{ccc|c} 17 & 18 & 12 & 208 \\ 12 & 15 & 13 & 181 \\ 11 & 12 & 14 & 162 \\ 16 & 19 & 17 & 233 \end{array}\right)$ GTR: b = 2; e = 7; h = 4

LGS III zur Bestimmung von c, f, i: $\left(\begin{array}{ccc|c} 17 & 18 & 12 & 129 \\ 12 & 15 & 13 & 116 \\ 11 & 12 & 14 & 115 \\ 16 & 19 & 17 & 152 \end{array}\right)$ GTR: c = 3; f = 1; i = 5

Zwischenprodukt-Endprodukt-Matrix $B_{ZE} = \begin{pmatrix} 6 & 2 & 3 \\ 3 & 7 & 1 \\ 2 & 4 & 5 \end{pmatrix}$

Grafische Darstellung:
(Verflechtungsdiagramm)

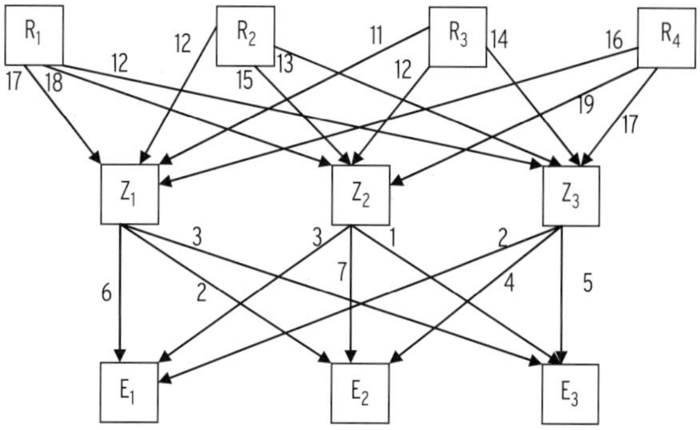

b) **Bestimmung der maximalen Kosten**

Produktionsvektor $\vec{x} = \begin{pmatrix} 18 \\ 34 \\ 25 \end{pmatrix}$

Rohstoffvektor $\vec{r} = C_{RE} \cdot \vec{x} = \begin{pmatrix} 180 & 208 & 129 \\ 143 & 181 & 116 \\ 130 & 162 & 115 \\ 187 & 233 & 152 \end{pmatrix} \cdot \begin{pmatrix} 18 \\ 34 \\ 25 \end{pmatrix} = \begin{pmatrix} 13537 \\ 11628 \\ 10723 \\ 15088 \end{pmatrix}$

Kostenvektor $\vec{k}_R^T = (3 \quad 4 \quad 2 \quad k_4)$

Maximale Rohstoffkosten:

$\vec{k}_R^T \cdot \vec{r} \leq 170000 \quad \Leftrightarrow \quad (3 \quad 4 \quad 2 \quad k_4) \cdot \begin{pmatrix} 13537 \\ 11628 \\ 10723 \\ 15088 \end{pmatrix} \leq 170000$

Lösung Aufgabe 7 **Seite 2/2**

b) Multiplikation ergibt: $15088k_4 \leq 61431 \Leftrightarrow \quad k_4 \leq 4{,}07$

Die maximalen Stückkosten für Rohkaffee R_4 betragen 4,07 GE/ME.

c) **Übergangsmatrix** $A = \begin{pmatrix} 0 & 0{,}6 & 0 \\ 0 & 0 & \frac{1}{6} \\ 10 & 0 & 0 \end{pmatrix}$

Populationsentwicklung: $0{,}6 \cdot \frac{1}{6} \cdot 10 = 1$

Die Population entwickelt sich zyklisch, nach 3 Perioden hat sich der Ausgangsbestand wieder eingestellt.

Anzahl der Insekten nach Veränderung

Übergangsmatrix $A_{neu} = \begin{pmatrix} 0 & 0{,}6 & 0 \\ 0 & 0 & 0{,}18 \\ 10 & 0 & 0 \end{pmatrix}$; Anfangsverteilung: $\vec{v}_0^{\,T} = (100 \quad 80 \quad 60)$

Populationsentwicklung

Ende Periode 1: $\vec{v}_1^{\,T} = (100 \quad 80 \quad 60)A_{neu} = (600 \quad 60 \quad 14{,}4)$

Ende Periode 2: $\vec{v}_2^{\,T} = (600 \quad 60 \quad 14{,}4)A_{neu} = (144 \quad 360 \quad 10{,}8)$ $\quad (\vec{v}_2^{\,T} = \vec{v}_0^{\,T} A_{neu}^2)$

Ende Periode 3: $\vec{v}_3^{\,T} = (144 \quad 360 \quad 10{,}8)A_{neu} = (108 \quad 86{,}4 \quad 64{,}8)$ $\quad (\vec{v}_3^{\,T} = \vec{v}_0^{\,T} A_{neu}^3)$

Die Anzahl der Insekten müsste nach einer Periode 14,4, nach zwei Perioden 10,8 und nach drei Perioden 64,8 betragen.

Langfristige Entwicklung der Insektenzahl: Nach jeweils 3 Perioden steigt die Insektenzahl um 8 % an. D. h. langfristig wird es zu einer starken Insektenvermehrung kommen.

Lösung Aufgabe 8 **Seite 1/2**

a) Interpretation $a_{23} = \frac{1}{24}$; der Sektor S_3 benötigt $\frac{1}{24}$ ME von Sektor S_2, um selbst 1 ME zu erzeugen.

Konsumvektorberechnung: $\vec{y} = (E - A)\,\vec{x} = \vec{x} - A\vec{x} = \begin{pmatrix} 6 \\ 8 \\ 24 \end{pmatrix} - A \cdot \begin{pmatrix} 6 \\ 8 \\ 24 \end{pmatrix} = \begin{pmatrix} 2 \\ 4 \\ 8 \end{pmatrix}$

Die Planung kann nicht umgesetzt werden, da der Sektor S_1 nur 2 ME an den Markt abgibt.

Verflechtungsdiagramm

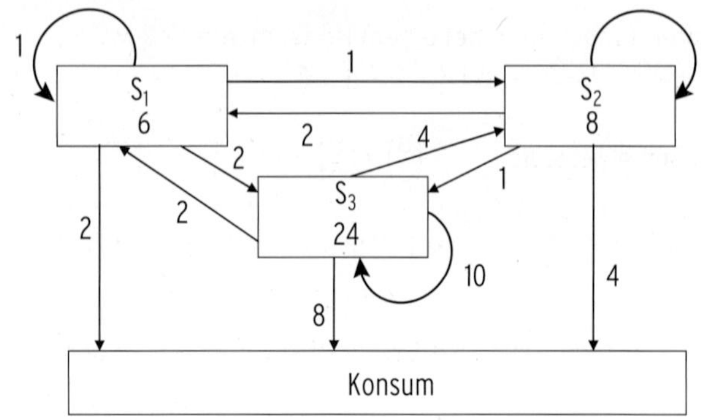

Lösung Aufgabe 8 **Seite 2/2**

b) **Prozentuale Produktmengenänderung**

Aktuelle Produktion:

$$\vec{x}_1 = (E - A)^{-1} \begin{pmatrix} 4{,}5 \\ 12 \\ 7 \end{pmatrix} = \begin{pmatrix} 12 \\ 20 \\ 36 \end{pmatrix} \qquad \text{vgl.: } \vec{x} = \begin{pmatrix} 6 \\ 8 \\ 24 \end{pmatrix} \text{ Produktion vergangene Periode}$$

Prozentuale Produktionsänderung

S_1: $\frac{12}{6} = 2$; also 100 % Steigerung

S_2: $\frac{20}{8} = 2{,}5$; also 150 % Steigerung

S_3: $\frac{36}{24} = 1{,}5$; also 50 % Steigerung

Produktionsmengen und Marktabgaben

Ansatz: $A \cdot \vec{x} + \vec{y} = \vec{x}$ (oder auch $(E - A)\,\vec{x} = \vec{y}$)

$$\begin{pmatrix} \frac{1}{6} & \frac{1}{8} & \frac{2}{24} \\ \frac{2}{6} & \frac{1}{8} & \frac{1}{24} \\ \frac{2}{6} & \frac{4}{8} & \frac{10}{24} \end{pmatrix} \begin{pmatrix} x_1 \\ x_1 \\ x_3 \end{pmatrix} + \begin{pmatrix} 13 \\ 11 \\ y_3 \end{pmatrix} = \begin{pmatrix} x_1 \\ x_1 \\ x_3 \end{pmatrix}$$

Zugehöriges LGS:

$$\frac{17}{24}x_1 - \frac{2}{24}x_3 = 13$$

$$\frac{13}{24}x_1 - \frac{1}{24}x_3 = 11 \qquad \text{GTR: } x_1 = 24;\ x_3 = 48;\ y_3 = 8$$

$$-\frac{20}{24}x_1 + \frac{14}{24}x_3 - y_3 = 0$$

Die Produktionsmengen der einzelnen Sektoren sind für S_1 und S_2 24 ME, für S_3 48 ME. Die Marktabgabe des Sektors S_3 beträgt 8 ME.

c) **Bestimmung von k im Sachzusammenhang**

Die Elemente der Inputmatrix müssen aus ökonomischer Sicht zwischen 0 und 1 liegen; laut Aufgabenstellung gilt $k \geq 0$.

Bedingungen für k: $\frac{1}{6} + 2k \leq 1 \wedge \frac{1}{6} + 2k \geq 0 \Rightarrow -\frac{1}{12} \leq k \leq \frac{5}{12}$

$\frac{1}{2} - 2k \leq 1 \wedge \frac{1}{2} - 2k \geq 0 \Rightarrow -\frac{1}{4} \leq k \leq \frac{1}{4}$

Beide Bedingungen für k und $k \geq 0$ sind erfüllt für $0 \leq k \leq \frac{1}{4}$.

Der Parameter k darf Werte von 0 bis 0,25 annehmen.

Berechnung von k bei einem Konsum von je 3 ME

Ansatz: $\vec{y} = (E - B_k)\,\vec{x} = \vec{x} - B_k \cdot \vec{x}$

Einsetzen ergibt:

$$\begin{pmatrix} 3 \\ 3 \end{pmatrix} = \begin{pmatrix} 8 \\ 6 \end{pmatrix} - \begin{pmatrix} \frac{3}{8} & \frac{1}{6} + 2k \\ \frac{1}{8} & \frac{1}{2} - 2k \end{pmatrix} \begin{pmatrix} 8 \\ 6 \end{pmatrix}$$

LGS für k:

$$3 = 8 - (3 + 1 + 12k) \Rightarrow k = \frac{1}{12}$$

$$3 = 6 - (1 + 3 - 12k) \Rightarrow k = \frac{1}{12}$$

Für $k = \frac{1}{12}$ können beide Sektoren jeweils 3 ME an den Markt abgeben.

Lösung Aufgabe 9 Seite 1/2

a) Parameterbestimmung

$x_1 = x_{11} + x_{12} + x_{13} + y_1 \Rightarrow \quad a = 10 + 50 + 30 + 10 = 100$

$x_2 = x_{21} + x_{22} + x_{23} + y_2 \Rightarrow \quad 80 = b + 10 + 20 + 10 \Rightarrow b = 40$

$x_3 = x_{31} + x_{32} + x_{33} + y_3 \Rightarrow \quad 90 = 30 + 40 + 10 + c \Rightarrow c = 10$

Technologiematrix
$$A = \begin{pmatrix} \frac{1}{10} & \frac{5}{8} & \frac{1}{3} \\ \frac{2}{5} & \frac{1}{8} & \frac{2}{9} \\ \frac{3}{10} & \frac{1}{2} & \frac{1}{9} \end{pmatrix}$$

Leontief-Inverse
$$E - A = \begin{pmatrix} \frac{9}{10} & -\frac{5}{8} & -\frac{1}{3} \\ -\frac{2}{5} & \frac{7}{8} & -\frac{2}{9} \\ -\frac{3}{10} & -\frac{1}{2} & \frac{8}{9} \end{pmatrix} \Rightarrow (E - A)^{-1} = \frac{1}{131}\begin{pmatrix} 480 & 520 & 310 \\ 304 & 504 & 240 \\ 333 & 459 & 387 \end{pmatrix}$$

Produktionsvektor bestimmen
$$\vec{x}_{neu} = (E - A)^{-1} \cdot \vec{y}_{neu} \quad \Rightarrow \quad \vec{x}_{neu} = \frac{1}{131}\begin{pmatrix} 480 & 520 & 310 \\ 304 & 504 & 240 \\ 333 & 459 & 387 \end{pmatrix}\begin{pmatrix} 20{,}96 \\ 32{,}75 \\ 32{,}75 \end{pmatrix} = \begin{pmatrix} 284{,}30 \\ 234{,}64 \\ 264{,}78 \end{pmatrix}$$

Prozentuale Produktionsveränderung

Sektor B: $\frac{234{,}64}{80} \approx 2{,}933 = 293{,}3\ \%$

Sektor C: $\frac{264{,}78}{90} \approx 2{,}942 = 294{,}2\%$

Der Sektor B muss seine Produktion auf 293,3% erhöhen, der Sektor C auf 294,2%. Beide Sektoren müssen also die Produktion knapp verdreifachen.

b) $$\vec{y}_{neu} = (E - A)\,\vec{x}_{neu} \Rightarrow \begin{pmatrix} y_1 \\ 0 \\ y_3 \end{pmatrix} = \begin{pmatrix} \frac{9}{10} & -\frac{5}{8} & -\frac{1}{3} \\ -\frac{2}{5} & \frac{7}{8} & -\frac{2}{9} \\ -\frac{3}{10} & -\frac{1}{2} & \frac{8}{9} \end{pmatrix}\begin{pmatrix} x_1 \\ x_2 \\ x_1 \end{pmatrix}$$

LGS für x_1, x_2, y_1, y_3:

$y_1 = \frac{9}{10}x_1 - \frac{5}{8}x_2 - \frac{1}{3}x_1 \quad \Rightarrow \quad \frac{17}{30}x_1 - \frac{5}{8}x_2 - y_1 = 0$

$0 = -\frac{2}{5}x_1 + \frac{7}{8}x_2 - \frac{2}{9}x_1 \quad \Rightarrow -\frac{28}{45}x_1 + \frac{7}{8}x_2 = 0$

$y_3 = -\frac{3}{10}x_1 - \frac{1}{2}x_2 + \frac{8}{9}x_1 \quad \Rightarrow \quad \frac{53}{90}x_1 - \frac{1}{2}x_2 - y_3 = 0$

$$\left(\begin{array}{cccc|c} 1 & 0 & 0 & -\frac{30}{7} & 0 \\ 0 & 1 & 0 & -\frac{64}{21} & 0 \\ 0 & 0 & 1 & -\frac{11}{21} & 0 \end{array}\right)$$

Lösung anhand der letzten Zeile der Matrix

$y_1 - \frac{11}{21}y_3 = 0 \Rightarrow y_1 = \frac{11}{21}y_3 \quad \Rightarrow \quad \frac{y_1}{y_3} = \frac{11}{21}$

Das Verhältnis der Marktabgabe der Sektoren A und C ist 11 zu 21 (etwa 1 zu 2).

Lösung Aufgabe 9 **Seite 2/2**

c) Variablen definieren: x FE Obst; y FE Gemüse

Zielfunktion: $50x + 40y = G$; G soll maximiert werden

Nichtnegativitätsbedingung: $x \geq 0$, $y \geq 0$

Restriktionen: $x + y \leq 30 \Rightarrow y \leq -x + 30$

$150x + 200y \leq 5000 \Rightarrow y \leq -0{,}75x + 25$

$x \leq 25$ (3) $x = 25$

$y \leq 20$ (4) $y = 20$

Randgeraden:

(1) $y = -x + 30$

(2) $y = -0{,}75x + 25$

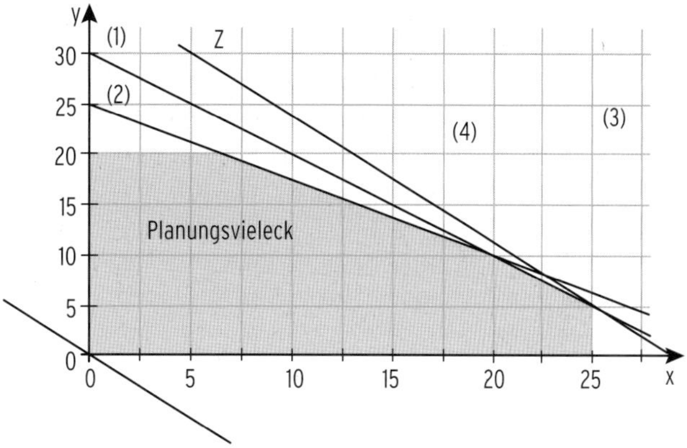

Planungsvieleck:

Lösung

Entweder grafisch

oder

mittels Eckpunktmethode:

$x = 25$ und $y = 5$

($G = 50x + 40y$ und damit

$G = 50 \cdot 25 + 40 \cdot 5 = 1450$ nicht verlangt)

Interpretation

Ziel ist es, x und y so zu bestimmen, dass der Gewinn maximal wird.

Der Sektor A muss 25 FE Obst und 5 FE Gemüse anbauen, damit der unter den gegebenen Bedingungen maximal mögliche Gewinn (in Höhe von 1450 GE) erwirtschaftet wird.

Lösung Aufgabe 10 **Seite 1/3**

a) Verflechtungsdiagramm

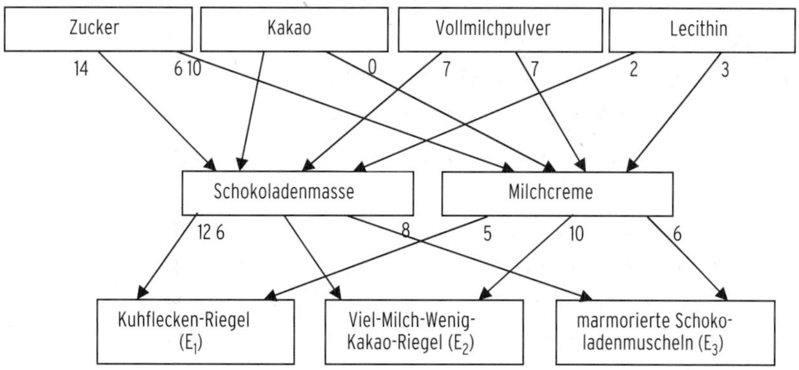

9 Ott - ISBN 978-3-8120-0223-3

Lösung Aufgabe 10 Seite 2/3

a) **Rohstoff-Endprodukt-Matrix und Element c_{12}**

$$A_{RZ} \cdot B_{ZE} = C_{RE} = \begin{pmatrix} 198 & 144 & 148 \\ 120 & 60 & 80 \\ 119 & 112 & 98 \\ 39 & 42 & 34 \end{pmatrix}$$

Das Element c_{12} der Rohstoff-Endprodukt-Matrix C_{RE} beträgt 144. Es gibt an, dass zur Herstellung einer ME „Viel-Milch-Wenig-Kakao-Riegel" 144 ME Zucker benötigt werden.

Entscheidung über Auftragsannahme

$$C_{RE} \cdot \vec{p} = \begin{pmatrix} 198 & 144 & 148 \\ 120 & 60 & 80 \\ 119 & 112 & 98 \\ 39 & 42 & 34 \end{pmatrix} \begin{pmatrix} 20 \\ 25 \\ 10 \end{pmatrix} = \begin{pmatrix} 9040 \\ 4700 \\ 6160 \\ 2170 \end{pmatrix}$$

Der Auftrag kann nicht vollständig ausgeführt werden, weil 700 ME Kakao fehlen. Deshalb sollte der Auftrag nicht angenommen werden oder man sollte mit dem Auftraggeber verhandeln, ob ihm auch weniger Produkte geliefert werden können.

Rohstoffkosten

$$\vec{k}_R^T \cdot v C_{RE} = (2 \quad 4 \quad 3 \quad 5) \begin{pmatrix} 198 & 144 & 148 \\ 120 & 60 & 80 \\ 119 & 112 & 98 \\ 39 & 42 & 34 \end{pmatrix} = (1428 \quad 1074 \quad 1080)$$

Die Rohstoffe für eine ME „Kuhflecken-Riegel" kosten 1428 GE, für eine ME „Viel-Milch-Wenig-Kakao-Riegel" 1074 GE und die Rohstoffkosten für eine ME „marmorierte Schokoladenmuscheln" betragen 1080 GE.

Variable Herstellkosten je ME Endprodukte

$$\vec{k}_V^T = \vec{k}_R^T \cdot C_{RE} + \vec{k}_Z^T \cdot B_{ZE} + \vec{k}_E^T$$

$$\vec{k}_V^T = (1428 \quad 1074 \quad 1080) + (6 \quad 5) \begin{pmatrix} 12 & 6 & 8 \\ 5 & 10 & 6 \end{pmatrix} + (45 \quad 54 \quad 33) = (1570 \quad 1214 \quad 1191)$$

Herstellkosten: $K = \vec{k}_V^T \cdot \vec{p} + K_f = (1570 \quad 1214 \quad 1191) \begin{pmatrix} 10 \\ 20 \\ 15 \end{pmatrix} + 155 = 58000$

Die Herstellkosten für 10 ME „Kuhflecken-Riegel", 20 ME „Viel-Milch-Wenig-Kakao-Riegel" und 15 ME „marmorierte Schokoladenmuscheln" betragen 58000 GE.

Verkaufspreis

Kosten $= (\vec{e}^T \cdot \vec{p}) \cdot 0{,}88 = \left((1600 \quad 1400 \quad e_3) \begin{pmatrix} 10 \\ 20 \\ 15 \end{pmatrix} \right) \cdot 0{,}88 = (44000 + 15e_3) \cdot 0{,}88$

Bedingung: $(44000 + 15e_3) \cdot 0{,}88 = 58000 \Rightarrow e_3 = 1460{,}61$

Die marmorierten Muscheln müssen mindestens für 1460,61 GE/ME verkauft werden.

Lösung Aufgabe 10 **Seite 3/3**

b) **Verkaufspreise der Schokoladenprodukte**

e_1, e_2, e_3 seien die Verkaufspreise für die Schokoladenprodukte E_1, E_2 und E_3.

$4e_1 + 2e_2 + 6e_3 = 31420$

$4e_1 + 4e_2 + 8e_3 = 40520$

$8e_1 + 0e_2 + 8e_3 = 44640$

mit $e_3 = 1{,}5e_2$ folgt

$4e_1 + 11e_2 = 31420$

$4e_1 + 16e_2 = 40520$

$8e_1 + 12e_2 = 44640$

Lösung: $e_1 = 2850$; $e_2 = 1820$ und damit $e_3 = 2730$

Der Süßwarenhersteller verkauft die „Kuhflecken-Riegel" für 2850 GE/ME, die „Viel-Milch-Wenig-Kakao-Riegel" für 1820 GE/ME und die „marmorierten Schokoladenmuscheln" für 2730 GE/ME an die Supermarktfilialen.

Zur Übung:

Lösung ohne GTR mit Additionsverfahren und Einsetzen:

$$\left(\begin{array}{cc|c} 4 & 11 & 31420 \\ 4 & 16 & 40520 \\ 8 & 12 & 44640 \end{array}\right) \sim \left(\begin{array}{cc|c} 4 & 11 & 31420 \\ 0 & 5 & 9100 \\ 0 & 10 & 18200 \end{array}\right) \sim \left(\begin{array}{cc|c} 4 & 11 & 31420 \\ 0 & 1 & 1820 \\ 0 & 0 & 0 \end{array}\right) \sim \left(\begin{array}{cc|c} 4 & 0 & 11400 \\ 0 & 1 & 1820 \\ 0 & 0 & 0 \end{array}\right)$$

Zentralabitur 2014

Lösungen Block 3 Aufgabe 3A **Seite 1/2**

a) Verflechtungsdiagramm

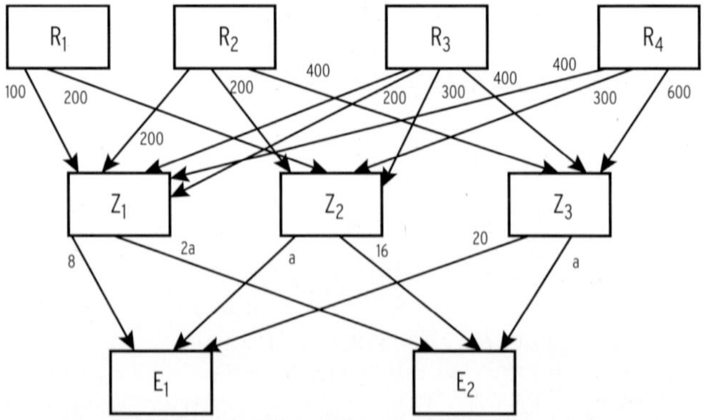

C_{RE} bestimmen

$$C_{RE} = A_{RZ} \cdot B_{ZE} \quad C_{RE} = \begin{pmatrix} 800 + 200a & 3200 + 200a \\ 9600 + 200a & 3200 + 800a \\ 9600 + 300a & 4800 + 800a \\ 15200 + 300a & 4800 + 1400a \end{pmatrix}$$

Rohstoffmengen berechnen

Mindestvorrat a = 5

$$C_{RE} = \begin{pmatrix} 1800 & 4200 \\ 10600 & 7200 \\ 11100 & 8800 \\ 16700 & 11800 \end{pmatrix}$$

Maximaler Vorrat a = 8

$$C_{RE} = \begin{pmatrix} 2400 & 4800 \\ 11200 & 9600 \\ 12000 & 11200 \\ 17600 & 16000 \end{pmatrix}$$

Durch zeilenweise Addition ergibt sich:

Es werden von R_1 mindestens 6000 ME (1800 + 4200) und höchstens 7200 ME (2400 + 4800), von R_2 mindestens 178000 ME und höchstens 20800 ME, von R_3 mindestens 19900 ME und höchstens 23200 ME, von R_4 mindestens 28500 ME und höchstens 33600 ME benötigt.

b) **Überschuss ermitteln**

Kosten

$$\vec{k}_R^T \cdot A_{RZ} \cdot \vec{m} = (3 \quad 3{,}5 \quad 6 \quad 10) \begin{pmatrix} 100 & 200 & 0 \\ 200 & 200 & 400 \\ 200 & 300 & 400 \\ 400 & 300 & 600 \end{pmatrix} \cdot \begin{pmatrix} 100 \\ 75 \\ 80 \end{pmatrix} = 1861500$$

Verkaufspreis je ME Zwischenprodukt:

$$\vec{k}_R^T \cdot A_{RZ} = (3 \quad 3{,}5 \quad 6 \quad 10) \begin{pmatrix} 100 & 200 & 0 \\ 200 & 200 & 400 \\ 200 & 300 & 400 \\ 400 & 300 & 600 \end{pmatrix} = (6200 \quad 6100 \quad 9800)$$

$6200 \cdot 1{,}1 = 6820$ $\quad$ $6100 \cdot 2 = 12200$ $\quad$ $9800 \cdot 1{,}5 = 14700$

$$\text{Überschuss: } (6820 \quad 12200 \quad 14700) \cdot \begin{pmatrix} 100 \\ 75 \\ 80 \end{pmatrix} - (6200 \quad 6100 \quad 9800) \cdot \begin{pmatrix} 100 \\ 75 \\ 80 \end{pmatrix}$$

$$= 2\,773\,000 - 1\,861\,500 = 911500$$

Der Überschuss aus diesem Verkauf liegt bei 911500 GE.

Zentralabitur 2014

Lösungen Block 3 Aufgabe 3A Seite 2/2

c) **Kostenintervall für Z_3 berechnen**

Matrix mit a = 6: $B_{ZE} = \begin{pmatrix} 8 & 12 \\ 6 & 16 \\ 20 & 6 \end{pmatrix}$

Ansatz: $\vec{k}_z^T \cdot B_{ZE} = (15 \quad 24)$

$(x \quad y \quad z)\begin{pmatrix} 8 & 12 \\ 6 & 16 \\ 20 & 6 \end{pmatrix} = (15 \quad 24) \Rightarrow$ LGS für x, y, z: $\begin{aligned} 8x + 6y + 20z &= 15 \quad |\cdot(-1,5) \\ 12x + 16y + 6z &= 24 \end{aligned}$

Addition ergibt: $7y - 24z = 1,5$

Das LGS hat unendlich viele Lösungen.

Lösung für z = t: $y = \frac{24}{7}t + \frac{3}{14}$ und

$8x + 6\cdot(\frac{24}{7}t + \frac{3}{14}) + 20t = 15 \Leftrightarrow \quad x = -\frac{71}{14}t + \frac{12}{7}$

Bedingung für x, y, z: $x \geq 0 \wedge y \geq 0 \wedge z \geq 0$

$z \geq 0$ für $t \geq 0$; $y \geq 0$ für $\frac{24}{7}t + \frac{3}{14} \geq 0 \Rightarrow t \geq -\frac{1}{16}$

$x \geq 0$ für $-\frac{71}{14}t + \frac{12}{7} \geq 0 \Rightarrow t \leq \frac{24}{71}$

Alle Bedingungen sind erfüllt für $0 \leq t \leq \frac{24}{71} \approx 0,338$

Die Fertigungskosten für die 1. Produktionsstufe von Z_3 liegen zwischen 0 und 0,338 GE.

Zentralabitur 2014

Lösungen Block 3 Aufgabe 3B Seite 1/2

a) **Fehlende Werte berechnen**

Es handelt sich um stochastische Angaben, d. h. die Zeilensumme muss 1 sein.

a = 1 - 0,5 - 0,4 = 0,1

b = 1 - 0,8 - 0,15 = 0,05

c = 1 - 0,7 - 0,1 = 0,2

Bevölkerungszahlen ermitteln

Diese Periode $\vec{v}_0^T = (7000 \quad 24500 \quad 38500)$

Vorperiode $\vec{v}_{-1}^T = \vec{v}_0^T \cdot A^{-1} = (2100 \quad 16800 \quad 51100)$

Nächste Periode $\vec{v}_1^T = \vec{v}_0^T \cdot A = (8575 \quad 30100 \quad 31325)$

Übernächste Periode $\vec{v}_2^T = \vec{v}_0^T \cdot A^2 = (8925 \quad 33775 \quad 27300)$

Entwicklungsverlauf beschreiben

Die Bevölkerungszahlen in Wohngebieten in Innenstadtnähe steigen in Zukunft langsam an. Die Bevölkerungszahlen in Neubaugebieten sinken. Die Bevölkerungszahlen in Naturgebieten steigen in Zukunft stark an.

Zentralabitur 2014

Lösungen Block 3 Aufgabe 3 B Seite 2/2

b) Langfristige Entwicklung der Bevölkerungszahlen (Fixvektor) bestimmen.

Bedingung: $(x \quad y \quad 1-x-y)\begin{pmatrix} 0{,}5 & 0{,}4 & 0{,}1 \\ 0{,}05 & 0{,}8 & 0{,}15 \\ 0{,}1 & 0{,}2 & 0{,}7 \end{pmatrix} = (x \quad y \quad 1-x-y)$

Multiplikation ergibt das LGS

$0{,}5x + 0{,}05y + 0{,}1(1-x-y) = x \qquad -0{,}6x - 0{,}05y = -0{,}1$

$0{,}4x + 0{,}8y + 0{,}2(1-x-y) = y \quad \Leftrightarrow \quad 0{,}2x - 0{,}4y = -0{,}2$

$0{,}1x + 0{,}15y + 0{,}7(1-x-y) = 1-x-y \qquad 0{,}4x + 0{,}45y = 0{,}3$

Das LGS ist eindeutig lösbar mit $x = 0{,}12$; $y = 0{,}56$ und damit $z = 0{,}32$

Fixvektor $(0{,}12 \quad 0{,}56 \quad 0{,}32)$

Hinweis: Additionsverfahren in Matrixform:

$$\left(\begin{array}{cc|c} -0{,}6 & -0{,}05 & -0{,}1 \\ 0{,}2 & -0{,}40 & -0{,}2 \\ 0{,}4 & 0{,}45 & 0{,}3 \end{array}\right) \sim \left(\begin{array}{cc|c} -0{,}6 & -0{,}05 & -0{,}1 \\ 0 & -1{,}25 & -0{,}7 \\ 0 & 1{,}25 & 0{,}7 \end{array}\right)$$

Interpretation: Auf lange Sicht wohnen 12 % der Menschen in Innenstadtnähe, 56 % in Naturwohngebieten und 32 % in Neubaugebieten. Der Stadtrat sollte mehr Baugebiete in Naturwohngebieten ausschreiben.

c) Grafische Darstellung (Stiefmütterchen)

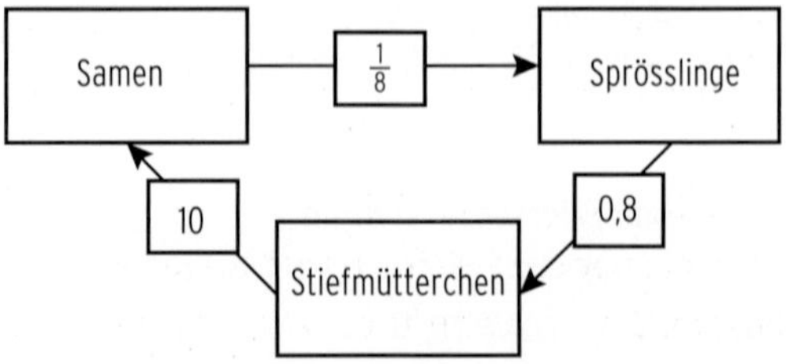

Relevante Werte der Matrix $B_{\text{Ringelblume}}$

$\frac{1}{6}$ der Samen entwickelt sich zu Sprösslingen, $\frac{2}{5}$ der Sprösslinge entwickelt sich zu Ringelblumen, von jeder Ringelblume erhält man 10 ME Samen.

Langfristige Entwicklung der Stiefmütterchen: $a \cdot b \cdot v = 10 \cdot 0{,}8 \cdot \frac{1}{8} = 1$

Die Entwicklung der Stiefmütterchen ist zyklisch stabil über 3 Perioden.

Langfristige Entwicklung der Ringelblumen: $a \cdot b \cdot v = 10 \cdot 0{,}4 \cdot \frac{1}{6} = \frac{2}{3}$

Nach 3 Perioden sind nur noch $\frac{2}{3}$ des Ringelblumenbestandes vorhanden. d. h. auf lange Sicht werden die Ringelblumen aussterben.

Es sollten also Stiefmütterchen angepflanzt werden.

Zentralabitur 2015 – Pflichtteil

Aufgabe P1

Gegeben sind die in $\mathbb{R}$ definierten Funktionen f, g und h durch

$f(x) = x^2 - x + 1$, $g(x) = x^3 - x + 1$ und $h(x) = x^4 + x^2 + 1$.

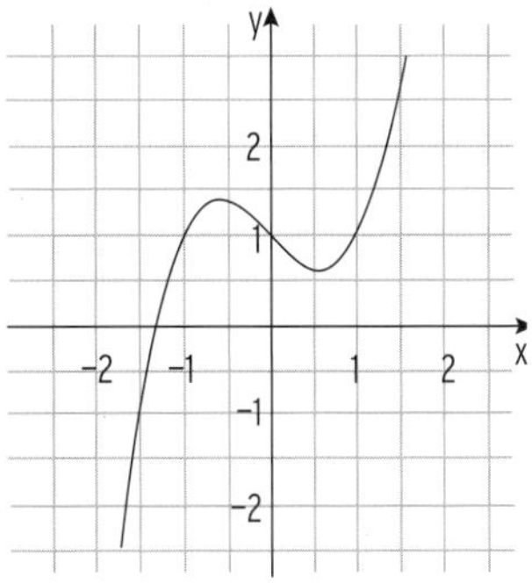

a) Die Abbildung zeigt den Graphen einer der drei Funktionen. Geben Sie an, um welche Funktion es sich handelt. Begründen Sie, dass der Graph die anderen beiden Funktionen nicht darstellt. (3 BE)

b) Die erste Ableitungsfunktion von h ist h′.
Bestimmen Sie den Wert von $\int_0^1 h'(x)dx$. (2 BE)

Aufgabe P2

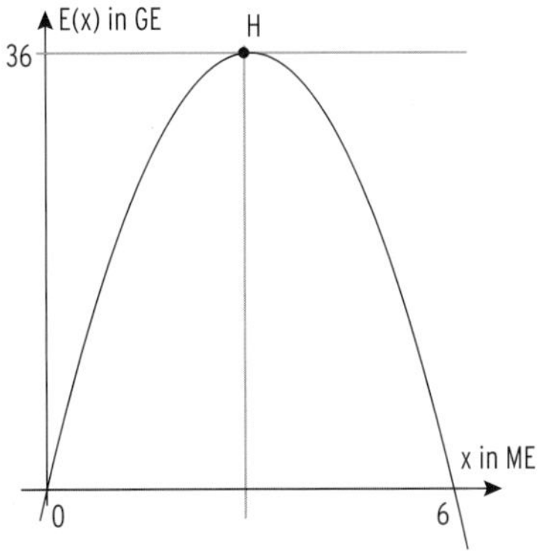

a) Bestimmen Sie den Funktionsterm für die Erlösfunktion unter der Voraussetzung, dass es sich um eine ganzrationale Funktion 2. Grades handelt. (3 BE)

b) Ergänzen Sie den Graphen der 1. Ableitung in das Koordinatensystem. Beschreiben Sie den Verlauf des Ableitungsgraphen mathematisch und ökonomisch. (3 BE)

Aufgabe P3

Bei der Wintersportart Biathlon wird bei jeder Schießeinlage auf fünf Scheiben geschossen. Ein Biathlet tritt bei einem Einzelrennen zu einer Schießeinlage an, bei der er auf jede Scheibe einen Schuss abgibt. Diese Schießeinlage wird modellhaft durch eine Bernoullikette mit der Länge 5 und der Trefferwahrscheinlichkeit p beschrieben.

a) Geben Sie für die folgenden Ereignisse jeweils einen Term an, der die Wahrscheinlichkeit des Ereignisses in Abhängigkeit von p beschreibt.
- Der Biathlet trifft bei genau vier Schüssen.
- Der Biathlet trifft nur bei den ersten beiden Schüssen. (3 BE)

b) Erläutern Sie anhand eines Beispiels, dass die modellhafte Beschreibung der Schießeinlage durch eine Bernoullikette unter Umständen der Realität nicht gerecht wird. (2 BE)

Aufgabe P4

Ein Betrieb erzeugt aus den drei Rohstoffen (R_1, R_2, R_3) drei Zwischenprodukte (Z_1, Z_2, Z_3), die zu drei Endprodukten (E_1, E_2, E_3) weiterverarbeitet werden.
Es gibt Werte für a und b, so dass die Zusammenhänge durch den folgenden Verflechtungsgraphen und die Rohstoff-Endprodukt-Tabelle gegeben sind.

Verflechtungsgraph
Angaben in Mengeneinheiten

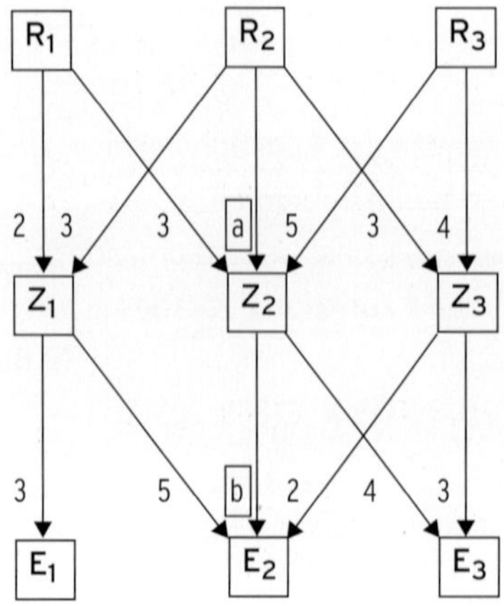

Rohstoff-Endprodukt-Tabelle
Anzahl der benötigten Mengeneinheiten der Rohstoffe je Mengeneinheit des Endprodukts

Rohstoff \ Endprodukt	E_1	E_2	E_3
R_1	6	16	12
R_2	6	24	25
R_3	0	18	32

a) Der Zusammenhang Rohstoff-Zwischenprodukt wird durch die Matrix A_{RZ}, der Zusammenhang Zwischenprodukt-Endprodukt durch eine Matrix B_{ZE} und der Zusammenhang Rohstoff-Endprodukt durch eine Matrix C_{RE} beschrieben.
Geben Sie eine Beziehung zwischen diesen drei Matrizen an. (1 BE)

b) Bestimmen Sie die im Verflechtungsgraphen fehlenden Werte für a und b. (4 BE)

Aufgabe P 5

Zu einem bestimmten Zeitpunkt haben die drei Anbieter A1, A2 und A3 jeweils 10 000 Kunden. Die für das nächste Jahr zu erwartende Kundenwanderung zwischen diesen Anbietern wird durch die nebenstehende Übergangstabelle beschrieben.

von \ nach	A1	A2	A3
A1	0,90	0,04	0,06
A2	0,02	0,90	0,08
A3	0,02	0,03	0,95

a) Vervollständigen Sie den nebenstehenden Übergangsgraphen zur Kundenwanderung innerhalb des nächsten Jahres.
Geben Sie die Gesamtzahl der Kunden an, die innerhalb des nächsten Jahres den Anbieter wechseln. (2 BE)

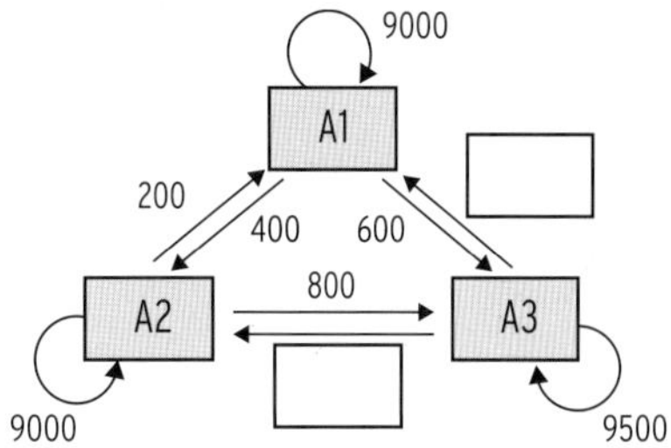

b) Ausgehend von der Ausgangsverteilung von je 10 000 Kunden wird eine Fusion der Anbieter A1 und A2 zu einem Anbieter A1&A2 geplant.
Im Kundengeschäft behalten beide ihr bekanntes Profil bei, so dass angenommen werden kann, dass die Kundenwanderung im nächsten Jahr weiterhin wie in der obigen Übergangstabelle dargestellt abläuft.

Vervollständigen Sie den nebenstehenden Übergangsgraphen zur Kundenwanderung innerhalb des nächsten Jahres unter Berücksichtigung der Fusion.

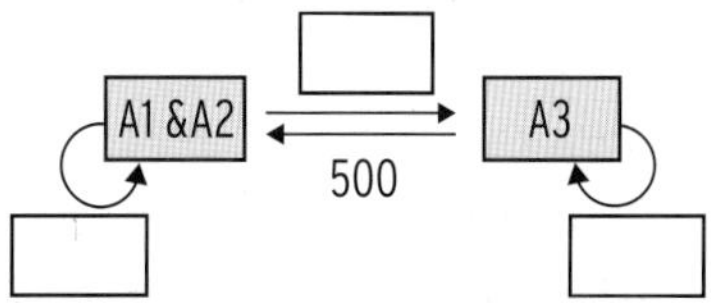

Vervollständigen Sie die nebenstehende Übergangstabelle zur Kundenwanderung innerhalb des nächsten Jahres unter Berücksichtigung der Fusion. (3 BE)

von \ nach	A1 &A2	A3
A1 &A2		
A3		0,95

Zentralabitur 2015 – Wahlteil Block 1

Rechnertyp: GTR

Aufgabe 1A

Die WEISE-Zeitschriftengruppe gibt in regelmäßigen Zeitabständen Sonderhefte zu speziellen aktuellen Themen heraus. Die Hefte werden jeweils mit einer bestimmten Auflage gedruckt und danach direkt ab Lager verkauft.
Aus dem Verkauf vergangener Sonderhefte ist bekannt, dass sich der Produktlebenszyklus für den Absatz dieser Hefte mit der Funktion $a(t) = 20 \cdot t \cdot e^{-0{,}2t}$ mit $t \in \mathbb{R}$ darstellen lässt.
Die Zeit t wird in Zeiteinheiten (ZE) angegeben (1 ZE ≙ 1 Monat) und der Produktlebenszyklus a(t) wird in Mengeneinheiten (ME) pro ZE (ME/ZE) angegeben.
Eine ME entspricht dabei 10 000 Stück.

Das neue Sonderheft zum Thema „Apps für Android-Handys" ist am 1. März (t = 0) auf den Markt gekommen und kostet 10 Geldeinheiten (GE) pro Stück. Die Zeitschriftengruppe plant, ein Thema für ein neues Sonderheft dann aufzugreifen, wenn bei dem aktuellen Sonderheft der Absatzrückgang/ZE am stärksten ist. Vom Markt genommen wird ein Sonderheft normalerweise, wenn weniger als 2 ME/ZE verkauft werden oder wenn alle Exemplare verkauft sind, je nachdem, welcher Fall früher eintritt.

a) Die Unternehmensleiterin wünscht sich zunächst einen Überblick über den zu erwartenden Produktionszyklus des neuen Sonderheftes „Apps für Android-Handys":
Berechnen Sie den Zeitpunkt, an dem der größte monatliche Absatz zu erwarten ist, und geben Sie den Monat und die Höhe dieses Absatzes/ZE in Stück an.
Bestimmen Sie den Zeitpunkt, an dem ein neues Sonderheft in Angriff genommen werden sollte, und geben Sie den Monat und die Höhe des Absatzrückgangs/ZE zu diesem Zeitpunkt an.
Ergänzen Sie den Graphen von a'(t) in der Abbildung 1 im **Materialanhang**.
Markieren Sie die beiden berechneten Punkte in der Abbildung 1.
Interpretieren Sie den Verlauf des Produktlebenszyklus a(t) aus ökonomischer Sicht mithilfe des Graphen in Abbildung 1 im **Materialanhang**. (16 BE)

b) Die Unternehmensleitung möchte wissen, wann dieses Sonderheft vom Markt genommen wird und welche finanziellen Auswirkungen sich daraus voraussichtlich ergeben werden:
Ermitteln Sie die Höhe des Gesamtumsatzes, auf den die Verlagsgruppe langfristig verzichtet, wenn sie bei einem Absatz von weniger als 2 ME/ZE das Sonderheft vom Markt nimmt.

Aufgabe 1A

b) Am 1.12. wird festgestellt, dass noch 2,22 Millionen Exemplare des Sonderhefts „Apps für Android-Handys" im Lager sind.
Bestimmen Sie den Zeitpunkt, an dem die Zeitschriftengruppe das Sonderheft vom Markt nehmen sollte, und die Anzahl der Zeitschriften, die dann ggf. entsorgt werden müssen. Stellen Sie die Sachverhalte, die dieser Entscheidung zugrunde liegen, in der Abbildung 2 im **Materialanhang** grafisch dar. (15 BE)

c) Nach einiger Zeit soll ein neues Sonderheft zum Thema „Gut geschossene Selfies – Tipps und Tricks für Handyfotos" herausgebracht werden. Aus dem Verkauf vergangener Sonderhefte ist bekannt, dass sich der Gesamtabsatz in der Regel mithilfe der Funktionenschar $A_k(t) = 260 - (16k \cdot t + 64k)e^{-0,25t}$ modellieren lässt. Dabei wird der Gesamtabsatz in Mengeneinheiten (1 ME $\triangleq$ 10 000 Stück) angegeben, t gibt die Zeiteinheiten an (1 ZE $\triangleq$ 1 Monat), und der Parameter $k \in \{1; 2; 3; 4; 5\}$ ist ein von der Beliebtheit des Sonderheftes abhängiger Parameter, der beim Erscheinen des Sonderheftes noch nicht bekannt ist.
Seitdem dieses neue Sonderheft am 1. März erschienen ist, konnte die WEISE-Zeitschriftengruppe folgende Gesamtabsatzzahlen feststellen:

bis zum	1. April	1. Juni	1. August	1. Oktober
Gesamtabsatz in ME	10,78	48,38	94,97 (Prognose)	137,66 (Prognose)

Die WEISE-Zeitschriftengruppe benötigt genauere Aussagen über die Absatzentwicklung des Selfie-Sonderheftes. Zum einen wäre sie gerne zum Zeitpunkt der größten Nachfrage nach dem Sonderheft personell auf die erhöhten logistischen Anforderungen vorbereitet. Zum anderen hat sie sich überlegt, dass der Zeitschriftenhändler, der das millionste Heft bestellt, Freikarten für ein Fußballspiel erhalten soll und natürlich muss an diesem Tag auch der Sekt für die Mitarbeiter der Zeitschriftengruppe kalt gestellt sein:
Bestimmen Sie die voraussichtliche durchschnittliche Gesamtabsatzänderung vom 1. April bis zum 1. Oktober. Zeigen Sie, dass für alle Sonderhefte die größte Absatzänderung zu demselben Zeitpunkt erreicht wird, unabhängig vom Parameter k.
Ermitteln Sie den Parameter k, der für das Selfie-Sonderheft gilt.
Berechnen Sie den Zeitpunkt auf den Tag genau, wann die Bestellung des millionsten Sonderheftes zu erwarten ist. (15 BE)

Material zu Aufgabe 1A

Name: ____________________________

a)

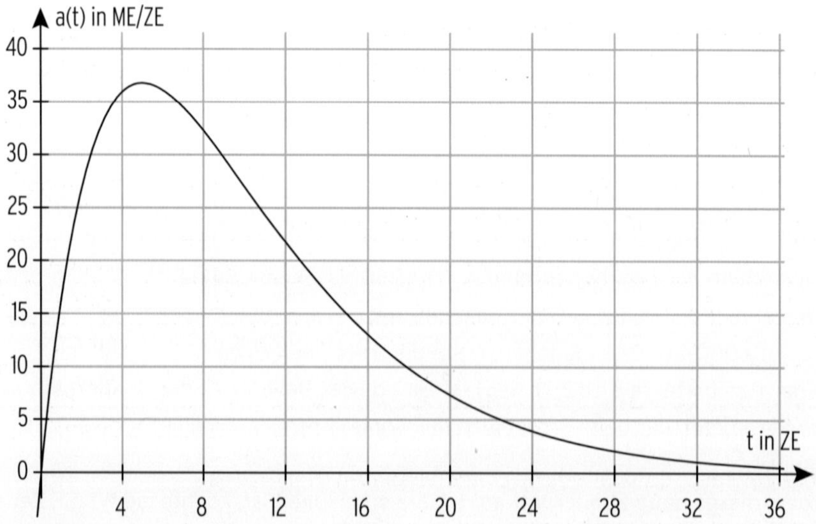

Abbildung 1

b)

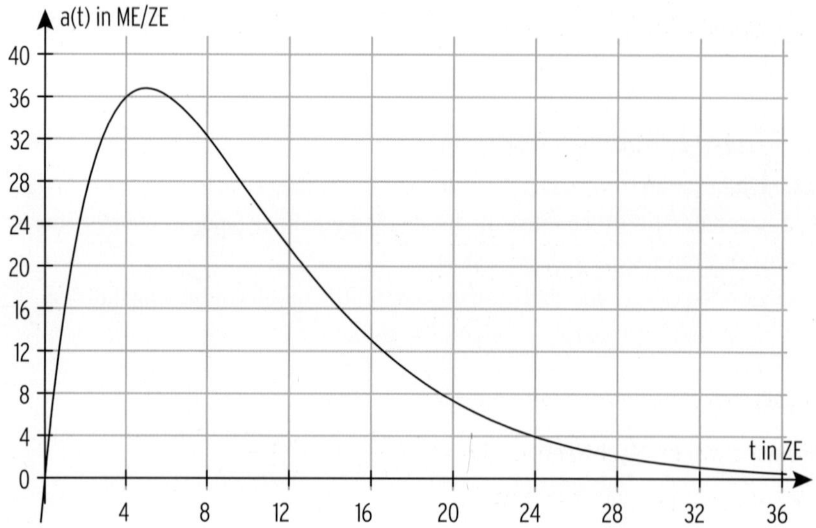

Abbildung 2

Zentralabitur 2015 – Wahlteil Block 1

Rechnertyp: GTR

Aufgabe 1B

Der Markt für Sonnenschutzmittel wurde untersucht. Die Marketingabteilung des Unternehmens AEVIN bereitet die Informationen für den Vorstand graphisch und rechnerisch auf. Folgende Ereignisse haben sich ergeben:

I. Sonnencreme für „empfindliche Haut“

Preis in Geldeinheiten pro Mengeneinheit (GE/ME)	Angebotsmenge in Mengeneinheiten (ME)	Nachfragemenge in ME
20	1	2,8364
50	2	2,1055
86	3	1,5190
152	5	0,7713
170	7	0,6077

Angebotsfunktion: ganzrationale Funktion unbekannten Grades

Nachfragefunktion: ganzrationale Funktion 4. Grades

II. Sonnencreme für „normale Haut“

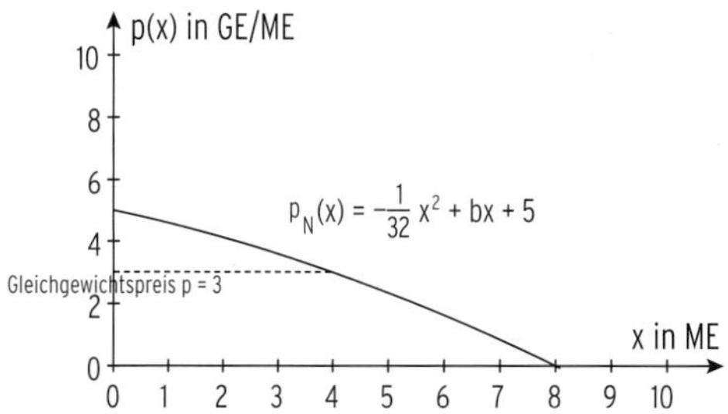

III. Sonnencreme für „sonnengewöhnte Haut“

Preiselastizität der Nachfrage: $e_{x,p}(x) = \frac{p_N(x)}{p'_N(x) \cdot x} = \frac{p_N(x)}{(-2x-1) \cdot x}$

Der Höchstpreis liegt bei 56 GE/ME.

Aufgabe 1B Fortsetzung

a) Die Auswertung für die Sonnencreme für „empfindliche Haut" soll als erstes graphisch aufbereitet werden:
Bestimmen Sie die Funktionsterme der Angebots- und der Nachfragefunktion.
Zeichnen Sie die ökonomisch relevanten Abschnitte der Graphen der beiden Funktionen in ein geeignetes Koordinatensystem und kennzeichnen Sie:

- Marktgleichgewicht
- Gleichgewichtsmenge
- Gleichgewichtspreis
- Konsumentenrente
- Produzentenrente
- Sättigungsmenge
- Höchstpreis

Berechnen Sie die Höhe der Produzentenrente, und interpretieren Sie Ihr Ergebnis im Sinne der Aufgabenstellung. (18 BE)

b) Die Aufbereitung der Daten für die Sonnencreme für „normale Haut" ist schon begonnen worden und muss ergänzt werden:
Die Sättigungsmenge liegt bei 8 ME, der Mindestangebotspreis liegt bei 1 GE/ME und bei einem Preis von 10 GE/ME werden 8 ME angeboten.
Berechnen Sie im Marktgleichgewicht den Umsatz für diese Sonnencreme.
Bestimmen Sie die Konsumentenrente im Marktgleichgewicht.
Ermitteln Sie den quadratischen Funktionsterm für die Angebotsfunktion.
Zeichnen Sie den Graphen der Angebotsfunktion in das Koordinatensystem im **Materialanhang**. (14 BE)

c) Das Unternehmen AEVIN hat die Sonnencreme für „sonnenverwöhnte Haut" neu im Programm und analysiert deshalb in erster Linie die Nachfragesituation:
Ermitteln Sie die zugehörige Funktionsgleichung der Nachfragefunktion p_N:
Berechnen Sie das Intervall, in dem die Nachfrage nach dieser Sonnencreme elastisch reagiert.
Zeichnen Sie den Graphen der Nachfragefunktion in ein geeignetes Koordinatensystem und kennzeichnen Sie das ermittelte Elastizitätsintervall.
Bestimmen Sie die Nachfragemenge, bei der eine 4%ige Preissteigerung zu einem 5%igen Nachfragerückgang führt, und kennzeichnen Sie Ihr Ergebnis in Ihrer Zeichnung.
Bestimmen Sie die Asymptote der Funktion $e_{x,p}$ und interpretieren Sie diese im Sachzusammenhang. (14 BE)

Material zu Aufgabe 1B

Name: ______________________

b) Sonnencreme für „normale Haut“

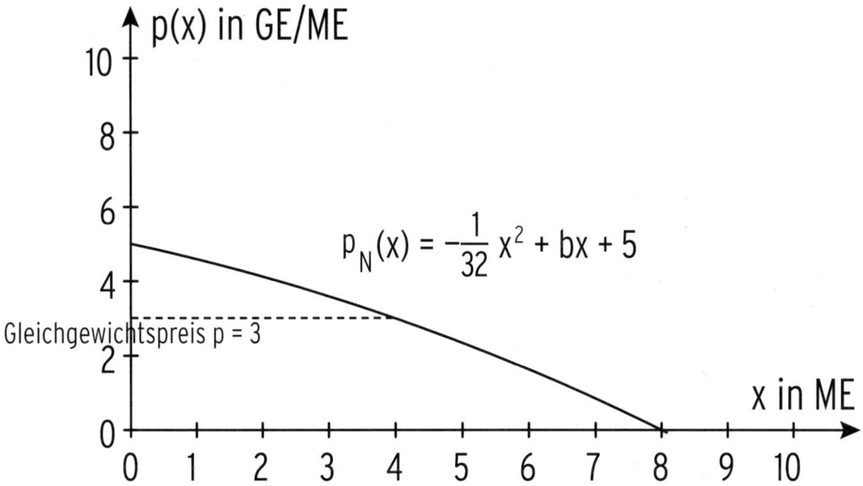

Zentralabitur 2015 – Wahlteil Block 2

Aufgabe 2A

In Südstadt betreibt ein Unternehmen der Biochemie eine Produktionsanlage. Aufgrund unterschiedlicher Vorkommnisse im Zusammenhang mit dem Unternehmen und der Produktion hat sich eine örtliche Bürgerinitiative gegründet.

a) Die Produktion umfasst einen Kühlprozess in einem Kühlturm. Das Kühlwasser wird dem Flusslauf in Südstadt entnommen und im Anschluss an den Kühlprozess wieder in den Fluss zurückgeleitet. Auf Grund einer erhöhten Fischsterblichkeit macht sich die Bürgerinitiative Gedanken darüber, ob das Fischsterben auf das Einleiten des erwärmten Kühlwassers zurückzuführen ist. Aus Umweltschutzgründen darf die Temperaturdifferenz zwischen eingeleitetem Wasser und Flusswasser 4°Celsius (°C) nicht überschreiten. 30 Wasserproben werden im Abstand von jeweils einem Tag entnommen. Die Temperaturdifferenzen werden gemessen und in der Reihenfolge der Messungen notiert:

2,0	5,0	7,0	3,0	2,5	3,1	4,1	2,7	5,3	2,6
1,8	4,2	2,8	2,3	4,4	3,7	5,4	1,6	2,4	2,5
4,8	3,1	4,6	3,5	2,0	4,1	2,0	3,0	1,5	3,2

Die Daten sollen zur besseren Analyse veranschaulicht werden.
Skizzieren Sie zwei mögliche Darstellungen.
Erläutern Sie jeweils zwei Kennzahlen aus Ihren beiden Darstellungen.
Entscheiden Sie sich begründet für eine der beiden Darstellungen, mit der die Bürgerinitiative die Öffentlichkeit besser überzeugen kann. (12 BE)

b) Das Unternehmen möchte auf seinem Betriebsgelände ein Forschungsinstitut zur Erforschung bestimmter Krankheiten errichten. Die Bürgerinitiative führt eine Umfrage zur Akzeptanz des Bauprojektes durch. Bei einer ersten Stichprobe von 100 zufällig ausgewählten Personen aus Südstadt stimmen 20 Personen gegen das Bauprojekt. Es soll geklärt werden, ob sich genügend Personen für einen gemeinsamen Protest finden werden.
Ergänzen Sie die Zeichnung im **Materialanhang** um die fehlenden Elemente und die Beschriftungen.
Erläutern Sie in diesem Zusammenhang die Zeichnung im **Materialanhang**.
Berechnen Sie die Anzahl der Personen, die mindestens über den geplanten Protest informiert werden müssten, wenn ein Protest ab einer Personenzahl von ca. 300 genügend Aufsehen erregen wird. (12 BE)

Wahlteil **Block 2**

Material zu Aufgabe 2A **Name: ____________________**

Aufgabenteil b)

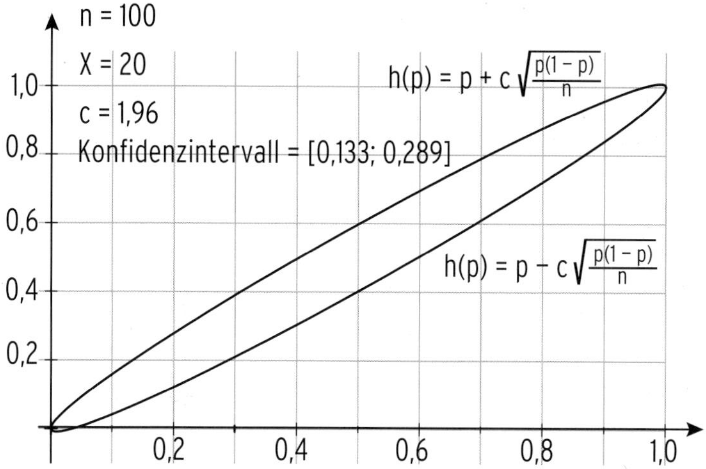

Wahlteil Block 2 Aufgabe 2B

Das niedersächsische Gesundheitsministerium gab in diesem Frühjahr ein Gutachten in Auftrag, bei dem die Verwendung von Sonnencreme von Kindern und Jugendlichen untersucht werden sollte. Das Ministerium plant eine Informationsbroschüre, damit diese Kinder weniger Sonnenbrände bekommen.
In vielen Freibädern der Region Hannover wurde eine Untersuchung durchgeführt. Die Ergebnisse sind in Abbildung 1 dargestellt. Eine zweite Untersuchung wurde deutschlandweit bei über 14-jährigen durchgeführt. Die Daten wurden auf die Gesamtbevölkerung hochgerechnet und in Abbildung 2 dargestellt.

Abbildung 1

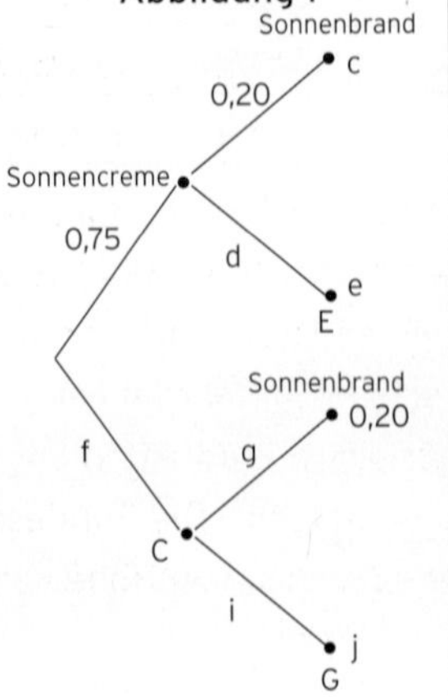

Abbildung 2

Bevölkerung in Deutschland nach Häufigkeit der Verwendung von Sonnencreme von 2010 bis 2013 (in Millionen)

	2010	2011	2012	2013
keine Angaben	1,62	1,48	1,40	1,76
Gar nicht	23,27	22,30	21,49	20,75
An weniger als 10 Tagen im Jahr	14,95	15,47	15,66	16,74
An 10 – 20 Tagen im Jahr	17,35	17,58	17,83	17,44
An 20 – 30 Tagen im Jahr	13,40	5013,	15,90	13,66

Angelehnt an: www.Statista.com, 18.06.2014, 12.00 Uhr

a) Zeichnen Sie das vervollständigte Baumdiagramm aus Abbildung 1 und begründen Sie Ihre Ergänzungen.
Ermitteln Sie die folgenden Wahrscheinlichkeiten, um eine Empfehlung zum Einsatz von Sonnencreme bei Kindern und Jugendlichen formulieren zu können:
Ein Kind bzw. Jugendlicher hat einen Sonnenbrand unter der Voraussetzung, dass es Sonnencreme benutzt hat.
Ein Kind bzw. Jugendlicher hat keine Sonnencreme verwendet unter der Bedingung, dass das Kind einen Sonnenbrand hat.
Formulieren Sie auf der Basis der beiden Berechnungen für das Ministerium eine Empfehlung zum Einsatz von Sonnencreme bei Kindern und Jugendlichen. (14 BE)

b) Formulieren Sie mithilfe der Tabelle in Abbildung 2 zwei geeignete Aussagen für die Broschüre des Gesundheitsministeriums.
Erstellen Sie für die bereits klassierten Daten aus dem Jahr 2013 eine geeignete Graphik, aus der man die Verteilung der Sonnencremenutzer in den verschiedenen Zeiträumen erkennen kann.
Berechnen Sie für die Jahre 2010 – 2013 den Anteil der Nichtsonnencremenutzer von allen Befragten und leiten Sie daraus einen Trend ab. (10 BE)

Wahlteil Block 3 Aufgabe 3A

Das Statistische Bundesamt ist Herausgeber der „Input-Output-Rechnung im Überblick" und bildet darin die Verflechtungen der einzelnen Sektoren der Bundesrepublik Deutschland nach dem Leontief-Modell ab. Die folgende Tabelle ist ein Auszug aus der zusammengefassten „Input-Output-Tabelle [...] der inländischen Produktion und Importe zu Herstellungspreisen in Mrd. Euro" (GE):

von \ nach		Output				
		Landwirtschaft	Industrie	Dienstleistung	Konsum	Produktion
Input	Landwirtschaft	8,2	32,6	3,6	26,8	71,2
	Industrie	12,4	972,2	159,5	1541,6	2685,7
	Dienstleistung	11,4	350,5	726,2	1452,5	2540,6

Die Regierung und die Opposition nutzen solche Daten zur Beurteilung der konjunkturellen Entwicklung und für ihr wirtschaftspolitisches Handeln. Die Opposition ist der Ansicht, dass die Krisen im nahen Ausland einen Teil der Konsumenten stark verunsichern und dass damit die konjunkturelle Erholung in Deutschland gefährdet sei: „Wenn es uns gelingt Anreize zu schaffen, so dass die Industrie ihre Produktion um 5 % erhöht, dann wird der gesamte Konsum ebenfalls um 5 % steigen." Die Bundesrepublik hingegen setzt auf eine Produktionssteigerung in allen Bereichen in Höhe von 2 % und kontert, dass dies zu einem deutlich höheren Konsum führe.

a) Stellen Sie die in der Tabelle dargestellten Zusammenhänge in einem Verflechtungsdiagramm dar. Überprüfen Sie die These der Opposition, indem Sie die prozentuale Veränderung des gesamten Konsums ermitteln. Wenn der Vorschlag der Bundesregierung umgesetzt wird, dann ergibt sich folgender Konsumvektor $\vec{y} = \begin{pmatrix} 27{,}336 \\ 1572{,}432 \\ 1481{,}550 \end{pmatrix}$.
Berechnen Sie die prozentuale Veränderung der Marktabgabe.
Vergleichen Sie die Ergebnisse der beiden Prognosen. (12 BE)

b) Um den zukünftigen Konsum zu simulieren, verwendet das Statistische Bundesamt im Folgenden eine vereinfachte Technologiematrix $A = \begin{pmatrix} 0{,}1 & 0{,}1 & 0{,}1 \\ 0{,}2 & 0{,}4 & 0{,}4 \\ 0{,}2 & 0{,}1 & 0{,}2 \end{pmatrix}$.
Da keine genauen Angaben über die Nachfrage im übernächsten Wirtschaftsjahr gemacht werden können, wird mittelfristig eine Produktion von Landwirtschaft, Industrie und Dienstleistung im Verhältnis 1 : 5 : 3 zugrunde gelegt.
Ermitteln Sie den neuen Produktionsvektor $\vec{x}_{neu}$, wenn die Marktabgabe aller drei Bereiche insgesamt auf 4000 GE steigen soll.
Erstellen Sie die zugehörige Input-Output-Tabelle. (12 BE)

Wahlteil Block 3

Aufgabe 3B

Das Unternehmen AEVIN produziert Sonnencreme für „empfindliche Haut" und für „normale Haut" und möchte die Produktion optimieren.

a) Das Unternehmen stellt zwei verschiedene Cremes für „empfindliche Haut" her, die unterschiedlich hohe Lichtschutzfaktoren haben: LSF 20 und LSF 50.
Die Kapazitätsgrenze für diese Produktion liegt bei 300 Mengeneinheiten (ME) und die Gesamtkosten dürfen höchstens 360 000 Geldeinheiten (GE) betragen. Von der Sorte LSF 20 sollen mindestens 160 ME produziert werden. Die Kosten pro ME für LSF 20 liegen bei 1000 GE und für LSF 50 bei 1600 GE. Der Gewinn pro ME beträgt 300 GE bei der Sorte LSF 20 und 400 GE bei LSF 50.
Ermitteln Sie die zu produzierenden Mengeneinheiten unter der Voraussetzung, dass der Gewinn maximal werden soll. (14 BE)

b) Die Produktion von drei unterschiedlichen Sonnencremes für „normale Haut" erfolgt auf zwei verschiedenen Produktionsanlagen. Folgende Zusammenhänge für die Restriktionen sind dafür bekannt:

	Creme 1	Creme 2	Creme 3
Maschine 1	x	y	$220 - x - y$
Maschine 2	$140 - x$	$160 - y$	$x + y - 120$

Ergänzen Sie die Skizze im **Materialanhang**, indem Sie die Randfunktionen mit den entsprechenden Funktionstermen beschriften und das Planungsvieleck kennzeichnen.

Erläutern Sie einen möglichen Lösungsweg, der beschreibt, wie die unten angegebene Lösung bestimmt werden kann und berechnen Sie die fehlenden Lösungen für die Tabelle:

	Creme 1	Creme 2	Creme 3
Maschine 1	120	0	
Maschine 2			

Interpretieren Sie die Lösung. (10 BE)

Wahlteil Block 3

Material zu Aufgabe 3B Name: ______________________

Skizze für Teilaufgabe b)

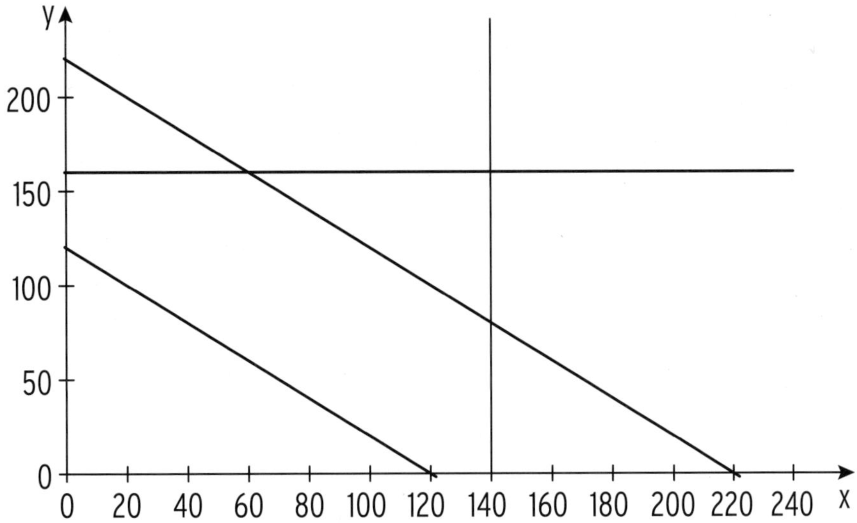

Zentralabitur 2015 Lösungen – Pflichtteil

Aufgabe P1

a) Die Abbildung zeigt den Graphen der Funktion g.
Die Funktion f ist eine quadratische, die nur eine Extremstelle haben kann.
Der Graph der Funktion h ist achsensymmetrisch, der abgebildete Graph ist nicht achsensymmetrisch.

b) h ist eine Stammfunktion von h′. $\int_0^1 h'(x)dx = h(1) - h(0) = 3 - 1 = 2$

Aufgabe P2

a) Ansatz: $E(x) = ax^2 + bx$ wegen $E(0) = 0$ $E'(x) = 2ax + b$

Bedingungen und LGS: $E(3) = 36$ $9a + 3b = 36 \Leftrightarrow 3a + b = 12$
$E'(3) = 0$ $6a + b = 0$
Addition ergibt: $3a = -12 \Leftrightarrow a = -4$
Einsetzen in $6a + b = 0$: $b = 24$

Funktionsterm für die Erlösfunktion: $E(x) = -4x^2 + 24x$

Hinweis: $E(6) = 0$ führt auf $36a + 6b = 0 \Leftrightarrow 6a + b = 0$

b) Graph der 1. Ableitung: fallende Gerade, die oberhalb und unterhalb der Abszissenachse im 1. und 4. Quadranten verläuft ($x \geq 0$). Sie schneidet die x-Achse an der Maximalstelle von E. Mit jeder zusätzlich verkauften ME wird der zusätzliche Erlös kleiner. Ab 3 ME nimmt der Erlös ab, weil der Grenzerlös negativ wird.

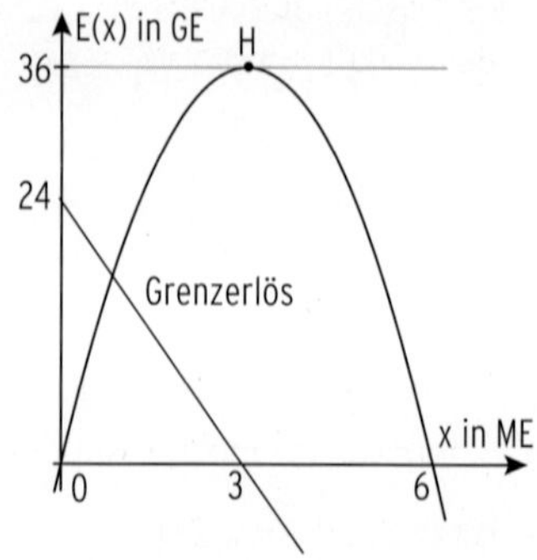

Aufgabe P3

X: Anzahl der Treffer; X ist $B_{5;\,p}$-verteilt

a) • Der Biathlet trifft bei genau vier Schüssen: $P(X = 4) = \binom{5}{4} \cdot p^4 \cdot (1 - p)$
• Treffer nur bei den ersten beiden Schüssen: $P(TTNNN) = p^2 \cdot (1 - p)^3$

b) Mögliche Erläuterungen: Trifft der Biathlet bei keinem der ersten drei Schüsse, so hat er möglicherweise aufgrund zunehmender Nervösität beim vierten Schuß eine geringere Trefferwahrscheinlichkeit.

oder: Nicht immer sind die äußerern Bedingungen gleich (Wind, Schneefall, Zuschauer unruhig, ...)

Zentralabitur 2015 Lösungen – Pflichtteil

Aufgabe P4

a) Es gilt: $A_{RZ} \cdot B_{ZE} = C_{RE}$

b) Mit $A_{RZ} = \begin{pmatrix} 2 & 3 & 0 \\ 2 & a & 3 \\ 0 & 5 & 4 \end{pmatrix}$ und $B_{ZE} = \begin{pmatrix} 3 & 5 & 0 \\ 0 & b & 4 \\ 0 & 2 & 3 \end{pmatrix}$

und $C_{RE} = A_{RZ} \cdot B_{ZE} = \begin{pmatrix} 6 & 16 & 12 \\ 6 & 24 & 25 \\ 0 & 18 & 32 \end{pmatrix}$ ergibt sich:

$4a + 9 = 25$, also $a = 4$ und $3b + 10 = 16$, also $b = 2$

Aufgabe P5

a) Übergangsgraph zur Kundenwanderung

$0{,}02 \cdot 10000 = 200$

$0{,}03 \cdot 10000 = 300$

Gesamtzahl der Kunden, die den Anbieter wechseln:

$1000 + 1000 + 500 = 2500$

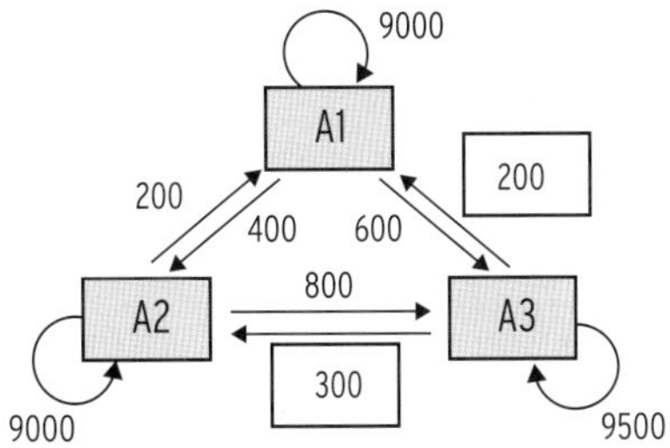

b) Übergangsgraph zur Kundenwanderung

$0{,}14 \cdot 10000 = 1400$

$9000 + 9000 + 200 + 400 = 18600$

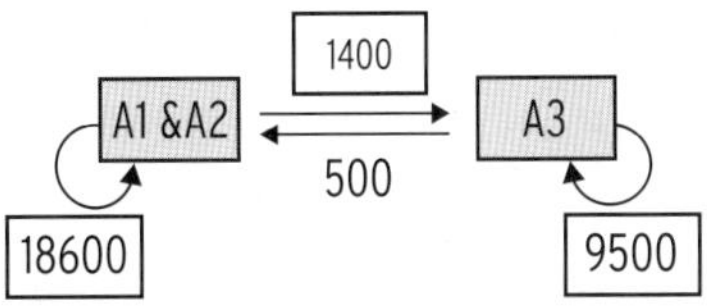

Übergangstabelle zur Kundenwanderung

$\frac{0{,}06 + 0{,}08}{2} = 0{,}07$

von \ nach	A1 &A2	A3
A1 &A2	0,93	0,07
A3	0,05	0,95

Zentralabitur 2015 Lösungen – Wahlteil Block 1

Aufgabe 1A

Produktlebenszyklus für den Absatz: $a(t) = 20 \cdot t \cdot e^{-0,2t}$; 1. März: t = 0

a) **Zeitpunkt mit dem größten monatlichen Absatz**

Bedingung: $a'(t) = 0$ für $t = 5$ (GTR)

Mit $a''(5) < 0$ und $a(5) \approx 36,79$ erhält man:

Der größte Absatz ist Anfang August zu erwarten, er beträgt ca. 36,79 ME/ZE, also etwa 367900 Hefte pro Monat.

Monat, an dem ein neues Sonderheft in Angriff genommen werden sollte

Der Absatzrückgang/ZE ist am stärksten in der Wendestelle = Minimalstelle der 1. Ableitung
Bedingung: $a''(t) = 0$ für $t = 10$ (GTR)

Mit $a'''(10) > 0$ und $a'(10) \approx -2,71$ erhält man:
Der Absatzrückgang ist Anfang Januar am stärksten, er beträgt ca. 27100 Hefte pro Monat.

Beide berechneten Punkte markieren und Graph von a′ in der Abbildung 1 einzeichnen.

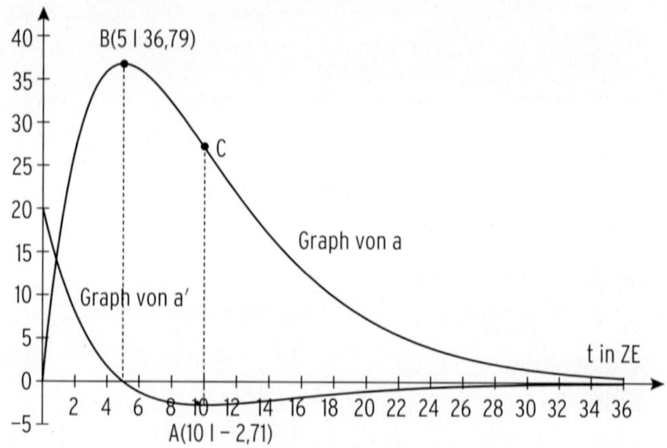

Ökonomische Interpretation:
Wenn das Sonderheft am 1. März auf dem Markt erscheint, wird zunächst noch kein Heft verkauft. Dann steigen die monatlichen Verkaufszahlen steil, aber degressiv an, bis der größte monatliche Absatz nach 5 Monaten, also am 1. August, mit ca. 36,79 ME erreicht ist. Danach fallen die Absatzzahlen zunächst progressiv und nach 10 Monten, als ab Januar des nächsten Jahres, degressiv und nähern sich langfristig 0 ME/ZE.

Lösungen – Wahlteil 2015 Block 1

Aufgabe 1A

b) **Ermitteln des Umsatzverzichts**

$a(t) = 2 \Rightarrow t = 28{,}21... \vee t = 0{,}10...$ (GTR)

($t = 0{,}10$ ist nicht relevant, da die Steigung noch positiv ist.)

$\lim\limits_{t \to \infty} \int_{28,21}^{t} a(t)\,dt \approx 11{,}78$ $\quad 11{,}78 \cdot 10000 \cdot 10 = 1178000$

Die Verlagsgruppe würde langfristig auf einen Umsatz in Höhe von ca. 1,178 Millionen GE verzichten.

Hinweis: Auch mit GTR lässt sich die rechte Grenze gegen unendlich verschieben: $\int_{28,21}^{100} a(t)\,dt = 11{,}775...$

Zeitpunkt, an dem das Sonderheft vom Markt nehmen sollte

2,22 Millionen Exemplare ≙ 222 ME werden verkauft

(Alle im Lager befindlichen Sonderhefte werden verkauft.)

1.12. entspricht $t = 9$: $\int_{9}^{x} a(t)dt = 222 \Rightarrow x \approx 29{,}52$ (GTR)

Nach ca. 29,52 ZE sind alle Sonderhefte verkauft.

28,21 < 29,52, daher sollte die Verlagsgruppe die App-Zeitschrift vom Markt nehmen, wenn der monatliche Absatz unter 2 ME/ZE fällt, also nach ca. 28 Monaten

Anzahl der Zeitschriften, die entsorgt werden müssen

$\int_{28,21}^{29,52} a(t)\,dt \approx 2{,}36$ Es müssen ca. 23600 Zeitschriften entsorgt werden.

Sachverhalte in der Abbildung 2

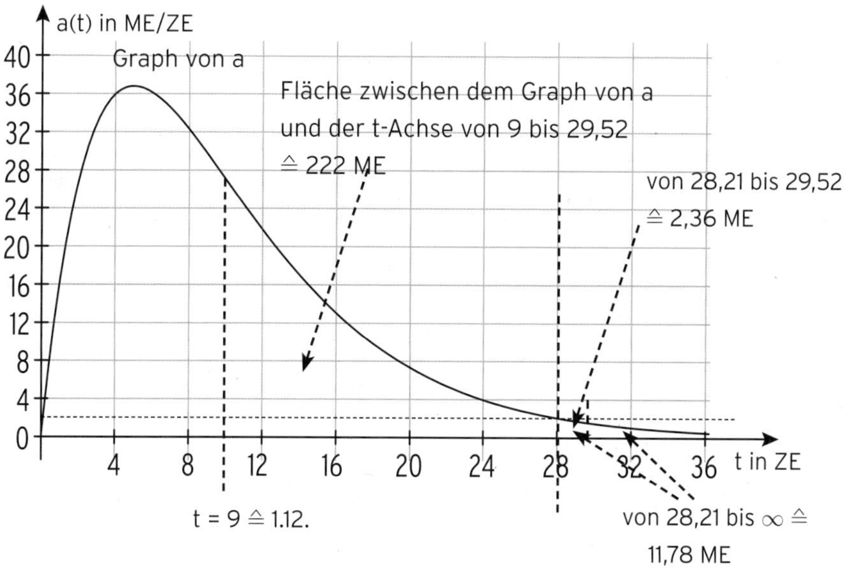

Lösungen – Wahlteil 2015 Block 1

Aufgabe 1A

c) **Durchschnittliche Absatzänderung zwischen April und Oktober**

(Differenzenquotient (April t = 1 ; Oktober t = 7)

$$\frac{\Delta A(t)}{\Delta t} = \frac{A(7) - A(1)}{7 - 1} \approx \frac{137{,}66 - 10{,}78}{6} = \frac{126{,}88}{6} = 21{,}15$$

Die durchschnittliche Absatzänderung zwischen April und Oktober beträgt 21,15 ME/Monat, also etwa 211500 Zeitungen pro Monat.

Zeitpunkt der größten Absatzänderung

(größte Absatzänderung im Wendepunkt)

Bedingung: $A''_k(t) = 0$

Ableitungen mit Produkt und Kettenregel: $A_k(t) = 260 - (16k \cdot t + 64k)e^{-0{,}25t}$

$A'_k(t) =- 16ke^{-0{,}25t} + 0{,}25(16k \cdot t + 64k)e^{-0{,}25t} =4k \cdot t \cdot e^{-0{,}25t}$

$A''_k(t) =4ke^{-0{,}25t} - 0{,}25 \cdot 4k \cdot t \cdot e^{-0{,}25t} = (4k - kt) \cdot e^{-0{,}25t}$

$A''_k(t) = 0 \Leftrightarrow 4k - k\,t = 0$

$k(4 - t) = 0 \quad \Rightarrow t = 4$ unabhängig von k $\quad (e^{-0{,}25t} \neq 0)$

Die größte Absatzänderung findet unabhängig vom Parameter k immer bei t = 4, also am 1. Juli statt.

Hinweis: Alternativ können die Wendepunkte mit dem GTR bestimmt werden, indem man alle Parameterwerte für k einsetzt.

Parameter für Selfie-Sonderheft ermitteln

Einsetzen des Punktes für April P(1 I 10,78) ergibt:

$A_k(1) = 260 - (16k + 64k)e^{-0{,}25}$

$260 - 80ke^{-0{,}25} = 10{,}78 \quad$ für $k \approx 4 \quad$ (GTR)

Für dieses Sonderheft gilt k = 4.

Berechnung des Zeitpunktes (Tag genau), wann die Bestellung des millionsten Sonderheftes zu erwarten ist

$1000000 \triangleq 100$ ME

Bedingung: $A_4(t) = 100 \quad 260 - (16 \cdot 4 \cdot t + 64 \cdot 4)e^{-0{,}25t} = 100$

$t \approx 5{,}22 \quad$ (GTR)

$5 \triangleq$ August

$0{,}22 \cdot 31 = 6{,}82$; also 7. August

Die Bestellung des millionsten Sonderheftes ist am 7. August zu erwarten.

Lösungen – Wahlteil 2015 Block 1

Aufgabe 1B

a) **Funktionsterme bestimmen und begründen**

I. Sonnencreme für „empfindliche Haut"

Angebotsfunktion: ganzrationale Funktion 3. Grades durch Regression (r = 1)
$p_A(x) = -x^3 + 9x^2 + 10x + 2$

Nachfragefunktion: ganzrationale Funktion 4. Grades durch Regression
$p_N(x) = 0{,}1x^4 - 2{,}9x^3 + 31{,}8x^2 - 149{,}8x + 250$

Zeichnung der beiden Funktionen von $0 \leq x \leq 6$

HP von p_A: H(6,51 | 172,6)

Sättigungsmenge: 3,96

Gleichgewichtspreis: 52,35

Gleichgewichtsmenge: 2,07

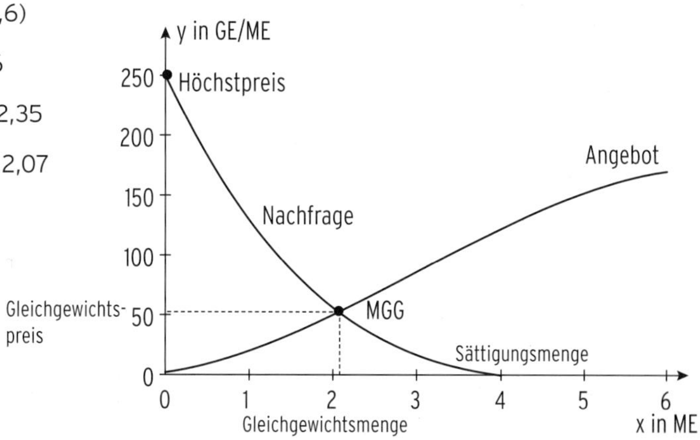

Produzentenrente berechnen

Marktgleichgewicht: $p_A(x) = p_N(x) \Rightarrow x = 2{,}07$ (oder $x = 9{,}75 \notin D_{ök}$)
$p_A(2{,}07) \approx 52{,}35$
Produzentenrente PR $= 2{,}07 \cdot 52{,}35 - \int_0^{2{,}07} p_A(x)dx \approx 108{,}36 - 47{,}58 = 60{,}78$

Die Produzentenrente beträgt 60,78 GE, d.h. die Unternehmen erzielen einen Zusatzgewinn in Höhe von 60,78 GE.

b) **Gleichgewichtsmenge bestimmen**

Parameter b für p_N bestimmen;
Sättigungsmenge bei 8 ME: $p_N(8) = 0$ $\quad -\frac{1}{32} \cdot 8^2 + b \cdot 8 + 5 = 0 \Rightarrow b = -\frac{3}{8}$

Nachfragefunktion: $p_N(x) = -\frac{1}{32} \cdot x^2 - \frac{3}{8} \cdot x + 5$

Gleichgewichtspreis bei 3 GE/ME: $p_N(x) = 3 \Rightarrow x = 4$ (oder $x = -16 \notin D_{ök}$)

Die Gleichgewichtsmenge beträgt 4 ME.

Umsatz im Marktgleichgewicht: $U = 3 \cdot 4 = 12$
Der Umsatz liegt bei 12 GE.

Lösungen – Wahlteil 2015 Block 1

Aufgabe 1B

b) **Konsumentenrente berechnen**

$p_N(x) = -\frac{1}{32} \cdot x^2 - \frac{3}{8} \cdot x + 5$

Konsumentenrente KR = $\int_0^4 p_N(x)dx - 4 \cdot 3 = \frac{49}{3} - 12 = \frac{13}{3}$

Die Konsumentenrente beträgt $\frac{13}{3}$ GE.

Term der Angebotsfunktion ermitteln

Ansatz: quadratische Funktion $p_A(x) = ax^2 + bx + c$

Mindestangebotspreis: (0 | 1) $c = 1$

Marktgleichgewicht: (4 | 3) $16a + 4b + c = 3$

Gegebener Punkt (8 | 10) $64a + 8b + c = 10$

Lösung mit GTR: $a = \frac{5}{32}$; $b = -\frac{1}{8}$; $c = 1$

und damit Term der Angebotsfunktion $p_A(x) = \frac{5}{32}x^2 - \frac{1}{8}x + 1$

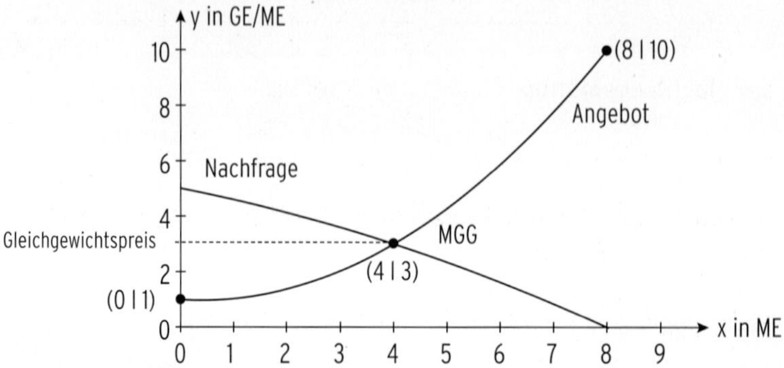

c) **Nachfragefunktion ermitteln**

Preiselastizität der Nachfrage: $e_{x,p}(x) = \frac{p_N(x)}{p'_N(x) \cdot x} = \frac{p_N(x)}{(-2x-1) \cdot x}$

Stammfunktion von p_N' ermitteln:

$p_N'(x) = -2x - 1 \Rightarrow p(x) = \int(-2x-1)dx = -x^2 - x + C$

Der Höchstpreis liegt bei 56 GE/ME: p(0) = 56 ergibt C = 56

$p_N(x) = -x^2 - x + 56$

Elastizitätsintervall berechnen

$e_{x,p}(x) = \frac{p_N(x)}{p'_N(x) \cdot x} = \frac{p_N(x)}{(-2x-1) \cdot x} = \frac{-x^2 - x + 56}{-2x^2 - x}$

Lösungen – Wahlteil 2015 Block 1

Aufgabe 1B

c) Bedingung für elastische Reaktion: $|e| > 1 \Rightarrow e_{x,p}(x) < -1$

$$\frac{-x^2 - x + 56}{-2x^2 - x} < -1 \quad \Rightarrow x < 4$$

z. B. mithilfe einer Skizze

Elastizitätsintervall: (0; 4) da $0 \notin D_{ök}$

Zeichnung:

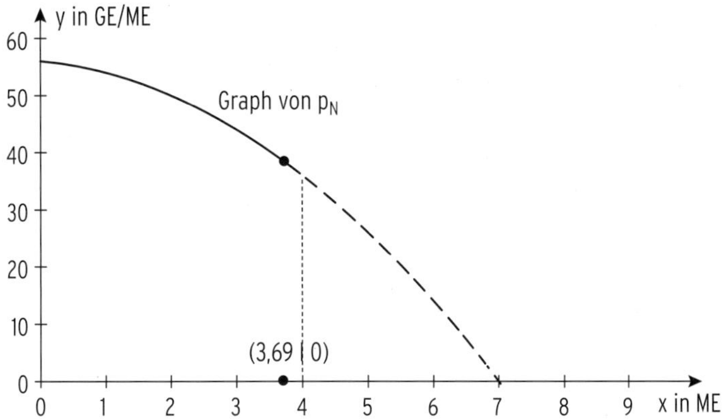

Bestimmung der Nachfragemenge

$$\frac{-x^2 - x + 56}{-2x^2 - x} = -\frac{5}{4} \quad \Rightarrow x \approx 3{,}69$$

Bei einer Menge von ca. 3,69 ME führt eine 4%ige Preissteigerung zu einem Rückgang der Nachfrage um 5 %.

Hinweis: $-\frac{5}{4} = \frac{\text{Wirkung in \%}}{\text{Ursache in \%}}$ (– 5 wegen Rückgang)

Asymptote des Graphen von $e_{x,p}$ bestimmen und interpretieren

$e_{x,p}(x) = \frac{-x^2 - x + 56}{-2x^2 - x}$ mit $x \in D_{ök} = [0; 7]$ (Sättigungsmenge bei 7 ME)

$e_{x,p}{}^*(x) = \frac{-1}{-2} = \frac{1}{2}$ (Für große x-Werte entscheidet die höchste Potenz.)

$\frac{1}{2} = \frac{\text{Wirkung in \%}}{\text{Ursache in \%}} > -1$

Der Graph der Elastizitätsfunktion nähert sich der Grenze 0,5 an. Diese wird aber erst außerhalb von $D_{ök}$ = [0; 7] erreicht, damit hat diese aber keine ökonomische Relevanz.

Lösungen – Wahlteil 2015 Block 2

Aufgabe 2A

a) **Zwei mögliche Darstellungen skizzieren und jeweils zwei Kennzahlen erläutern**

Z.B. Boxplot

Zwei Kennzahlen erläutern aus der Auswahl:

$x_{min} = 1{,}5$; $Q_1 = 2{,}4$; Med = 3,05; $Q_3 = 4{,}2$ und $x_{max} = 7$

z. B.: Die minimale Temperaturdifferenz liegt bei 1,5 °C, die maximale bei 7 °C.

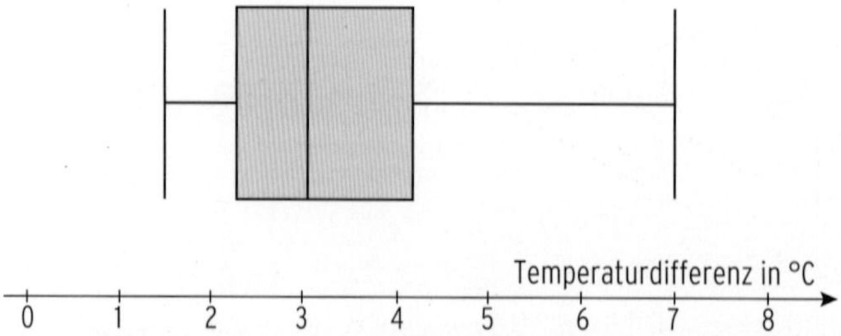

Z.B. Säulendigramm

Zwei Kennzahlen erläutern z. B.:

10 von 30 Messwerten sind höher als die erlaubten 4 °C.

Die Messung ergibt eine maximale Temperaturdifferenz von 7 °C.

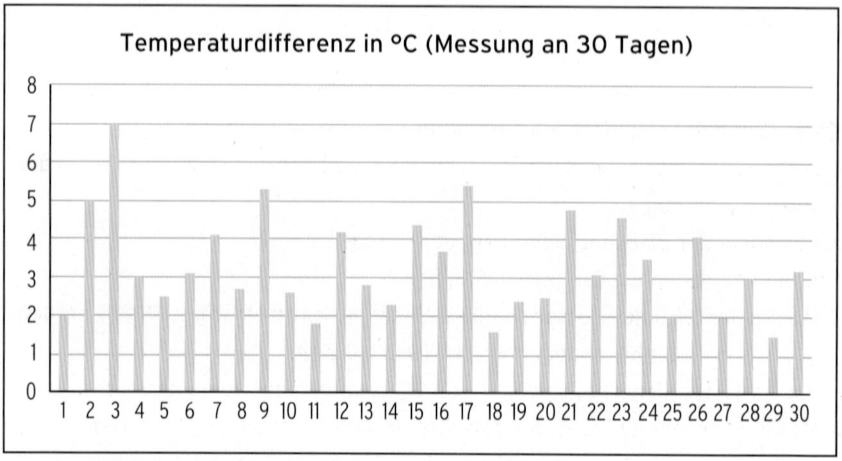

Entscheidung für die Bürgerinitiative

Säulendigramm geeigneter, weil deutlich zu sehen ist, wie oft de Temperaturdifferenz oberhalb der erlaubten Grenze von 4 °C liegt.

Lösungen – Wahlteil 2015 Block 2

Aufgabe 2A

b) **Zeichnung ergänzen**

$h = \frac{X}{n} = \frac{20}{100} = 0{,}2$

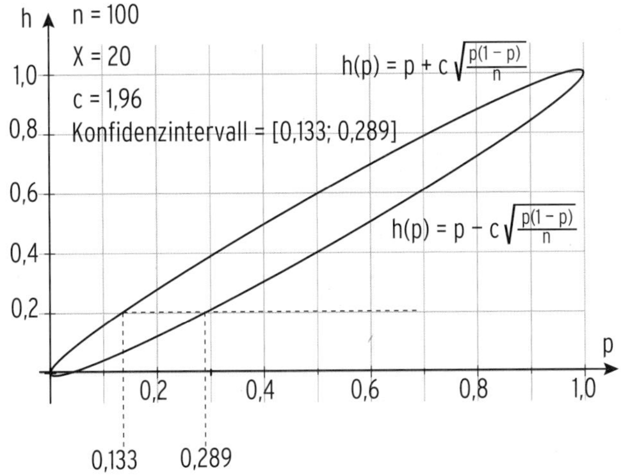

Zeichnung erläutern

n = 100; Stichprobenumfang

X = 20; Anzahl der Personen, die sich gegen das Bauprojekt ausgesprochen haben.

c = 1,96 ⇒ 95 %-Konfidenzintervall

Oberer Graph der Ellipse: mögliche Untergrenzen des VI

Unterer Graph der Ellipse: mögliche Obergrenzen des VI

Die Gerade mit y = 0,2, die ergänzt werden muss, gibt die relative Häufigeit in der gefundenen Stichprobe an.

Schnittpunkte der Ellipsengraphen mit der Geraden:

Schnittstellen geben die Grenzen des VI an.

Schätzung der Zahl der Personen, die sich am Bürgerprotest beteiligen werden

Das VI ist in der Graphik angegeben: VI = [0,133; 0,289]

Auf der Basis des Sicherheitsniveaus von 95 % kann man sagen, dass von jeweils 100 Personen 13 bis 29 für den gemeinsamen Protest zu aktivieren wären. Für einen effektiven Protest müssten also mindestens 11 Gruppen à 100 Personen (11 · 0,289 = 3,17), besser wären 23 Gruppen à 100 Personen (23 · 0,133 = 3,05), falls man von einer geringeren Aktivierungswahrscheinlichkeit ausgehen würde.

Fazit: Es müssen zwischen 1100 und 2300 Personen angesprochen werden.

Lösungen – Wahlteil 2015 Block 2

Aufgabe 2B

a) **Baumdiagramm zeichnen, Ergänzungen begründen**

Verwenden von Pfadmultiplikation und Pfadaddition

Gegenereignisse beachten:

$d = 1 - 0{,}2$

$c = 0{,}75 \cdot 0{,}20 = 0{,}15$

$e = 0{,}75 \cdot 0{,}80 = 0{,}60$

C: keine Sonnencreme

E, G: keinen Sonnenbrand

g: $0{,}25 \cdot g = 0{,}20 \Rightarrow g = 0{,}80$

$j = 0{,}25 \cdot 0{,}20 = 0{,}05$

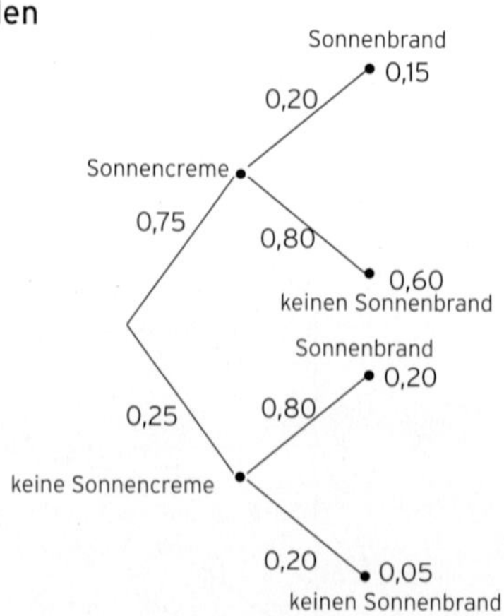

Wahrscheinlichkeiten ermitteln

$P_{\text{Sonnencreme}}(\text{Sonnenbrand}) = 0{,}2 = 20\ \%$

$P_{\text{Sonnenbrand}}(\text{keine Sonnencreme}) = \frac{0{,}25 \cdot 0{,}8}{0{,}2 + 0{,}15} = \frac{0{,}2}{0{,}2 + 0{,}15} = 0{,}5714 = 57{,}14\ \%$

Formulierung der Empfehlungen

Kinder und Jugendliche, die regelmäßig eingecremt werden, erhalten nur noch mit einer Wahrscheinlichkeit von 20 % einen Sonnenbrand.

Die Kinder und Jugendliche, die einen Sonnenbrand haben, sind zu fast 60 % nicht eingecremt worden.

Fazit: Sonnencreme schützt vor Sonnenbrand

b) **Formulierung von 2 Aussagen aus der Tabelle**

Beispiele:

Die Anzahl der Menschen, die sich gar nicht mit Sonnencreme schützen, ist zwar von 2010 bis 213 gesunken, dies ist aber mit 20,75 Mio. immer noch die größte Gruppe.

Die Gruppe derer, die sich mehr als 20 Tage mit Sonnencreme schützen, ist bis 2012 gestiegen und imJahre 2013 wieder leicht gesunken. Sie ist mit 13,54 Mio. die kleinste Gruppe.

Erstellen der Graphik

Da es sich hier um klassierte Daten handelt, ist hier das Histogramm zu wählen.

Lösungen – Wahlteil 2015 Block 2

Aufgabe 2B

b)

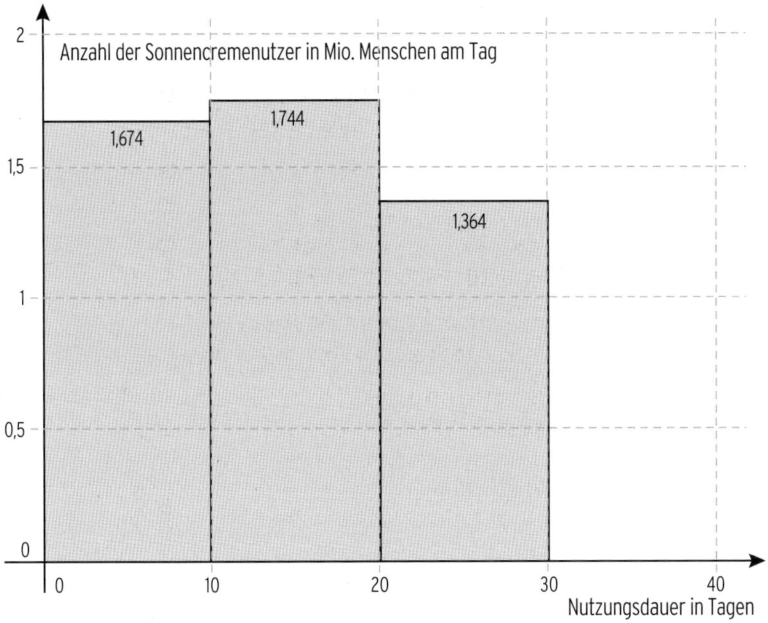

Berechnung der Anteile der Nichtsonnencremenutzer

2010: $\frac{23{,}27}{(1{,}62 + 23{,}27 + 14{,}95 + 17{,}35 + 13{,}40)} \approx 0{,}32965 = 32{,}97\ \%$

2011: $\frac{22{,}30}{(1{,}48 + 22{,}30 + 15{,}47 + 17{,}58 + 13{,}50)} \approx 0{,}31780 = 31{,}71\ \%$

2012: $\frac{21{,}49}{(1{,}4 + 21{,}49 + 15{,}66 + 17{,}83 + 13{,}90)} \approx 0{,}30578 = 30{,}58\ \%$

2013: $\frac{20{,}75}{(1{,}76 + 20{,}75 + 16{,}74 + 17{,}44 + 13{,}64)} \approx 0{,}29504 = 29{,}50\ \%$

Ableiten des Trends

Der Anteil der Nichtnutzer an den Befragten hat von 2010 bis 2013 durchgängig abgenommen.

Lösungen – Wahlteil 2015 Block 3

Aufgabe 3A

a) **Verflechtungsdiagramm erstellen**

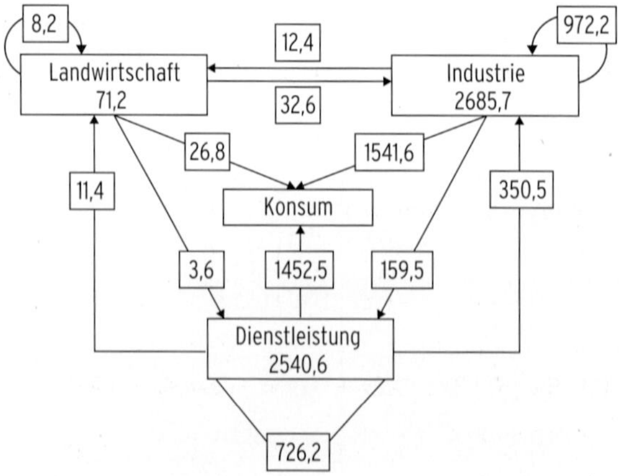

Überprüfung der Thesen der Opposition

Derzeitiger Gesamtkonsum: 26,8 + 1541,6 + 1452,5 = 3020,9

Neue Produktion des Industriesektors: 1,05 · 2685,7 = 2819,985

Neuer Gesamtkonsum

Konsumvektor

$$\vec{y}_{neu} = (E - A) \cdot \vec{x}_{neu} = \left(\begin{pmatrix} 1 & 0 & 0 \\ 0 & 1 & 0 \\ 0 & 0 & 1 \end{pmatrix} - \begin{pmatrix} \frac{41}{356} & \frac{326}{26857} & \frac{18}{12703} \\ \frac{31}{178} & \frac{9722}{26857} & \frac{1595}{25407} \\ \frac{57}{356} & \frac{3505}{26857} & \frac{3631}{12703} \end{pmatrix} \right) \cdot \begin{pmatrix} 71{,}2 \\ 2819{,}99 \\ 2540{,}6 \end{pmatrix} = \begin{pmatrix} 25{,}17 \\ 1627{,}28 \\ 1434{,}97 \end{pmatrix}$$

Neuer Gesamtkonsum: 25,17 + 1627,28 + 1434,97 = 3087,42

Veränderung des Gesamtkonsums: $\frac{3087{,}42}{3020{,}90} \approx 1{,}022$

Die These ist falsch, da die Marktabgaben bei einer fünfprozentigen Erhöhung der Produktion des Industriebereichs bei unveränderter Produktion der anderen Bereiche um ca. 2,2 % und nicht um 5 % steigen.

Veränderung der Marktabgabe $\vec{y}_{neu} = \begin{pmatrix} 27{,}336 \\ 1572{,}432 \\ 1481{,}550 \end{pmatrix}$

Gesamtkonsum: 27,336 + 1572,432 + 1481,550 = 3081,318

Derzeitiger Gesamtkonsum: 3020,9

Veränderung: $\frac{3081{,}318}{3020{,}90} = 1{,}02$ Die Marktabgabe erhöht sich um 2 %.

Lösungen – Wahlteil 2015 Block 3

Aufgabe 3A

a) **Vergleich der beiden Prognosen**

3087,42 > 3081,318 bzw. 2,2 % > 2,0 %

Die alleinige 5%ige Erhöhung der Produktion in der Industrie führt zu einem insgesamt höheren Konsum, als wenn alle Sektoren ihre Produktion um 2% erhöhen würden.

b) Ermittlung des neuen Produktionsvektors

$$\vec{y}_{neu} = (E - A) \cdot \vec{x}_{neu} = \begin{pmatrix} 0{,}9 & -0{,}1 & -0{,}1 \\ -0{,}2 & 0{,}6 & -0{,}4 \\ -0{,}2 & -0{,}1 & 0{,}8 \end{pmatrix} \cdot \begin{pmatrix} 1x \\ 5x \\ 3x \end{pmatrix}$$

ergibt

$$4000 = 0{,}9x - 0{,}1 \cdot 5x - 0{,}1 \cdot 3x - 0{,}2x + 0{,}6 \cdot 5x - 0{,}4 \cdot 3x - 0{,}2x - 0{,}1 \cdot 5x + 0{,}8 \cdot 3x$$

$$4000 = 3{,}4x \Rightarrow x \approx 1176{,}47$$

Produktionsvektor für das übernächste Jahr: $\vec{x}_{neu} = \begin{pmatrix} 1176{,}47 \\ 5882{,}35 \\ 3529{,}41 \end{pmatrix}$

Neue Input-Output-Tabelle erstellen

Ansatz: $A \cdot \vec{x} = \begin{pmatrix} 0{,}1 & 0{,}1 & 0{,}1 \\ 0{,}2 & 0{,}4 & 0{,}4 \\ 0{,}2 & 0{,}1 & 0{,}2 \end{pmatrix} \cdot \begin{pmatrix} 1176{,}47 \\ 5882{,}35 \\ 3529{,}41 \end{pmatrix}$

von \ nach		Output				
		Landwirtschaft	Industrie	Dienstleistung	Konsum	Produktion
Input	Landwirtschaft	117,65	588,24	352,94	117,65	1176,47
	Industrie	235,29	2532,94	1411,76	1882,35	5882,35
	Dienstleistung	235,29	588,24	705,88	1999,99	3529,41

Lösungen – Wahlteil 2015 Block 3

Aufgabe 3B

a) **Ermittlung der zu produzierenden ME**

Definition: x ME von Sorte LSF 20
y ME von Sorte LSF 50

Nichtnegativitätsbedingungen: $x, y \geq 0$

Restriktionen:

$x + y \leq 300$

$x \geq 160$

$1000x + 1600y \leq 360000$

Zielfunktion:

$300x + 400y = G(x; y)$

Randfunktionen:

$y \leq -x + 300$

$x \geq 160$

$y \leq -0{,}625x + 225$

Eckpunkte mit GTR: A(200 | 100); B(300 | 0); C(160 | 125); D(160 | 0)

Gewinn maximieren

A(200 | 100): $300 \cdot 200 + 400 \cdot 100 = G = 100000$

B(300 | 0): $300 \cdot 300 + 400 \cdot 0 = G = 90000$

C(160 | 125): $300 \cdot 160 + 400 \cdot 125 = G = 98000$

D(160 | 0): $300 \cdot 160 + 400 \cdot 0 = G = 48000$

Antwort

Der Gewinn wird unter den gegebene Voraussetzungen maximal, wenn 200 ME von LSF 20 und 100 ME von LSF 50 produziert und verkauft werden.

Der Gewinn beträgt dann 100000 GE (Eckpunkt A)

Lösungen – Wahlteil 2015 Block 3

Aufgabe 3B

b) **Skizze ergänzen**

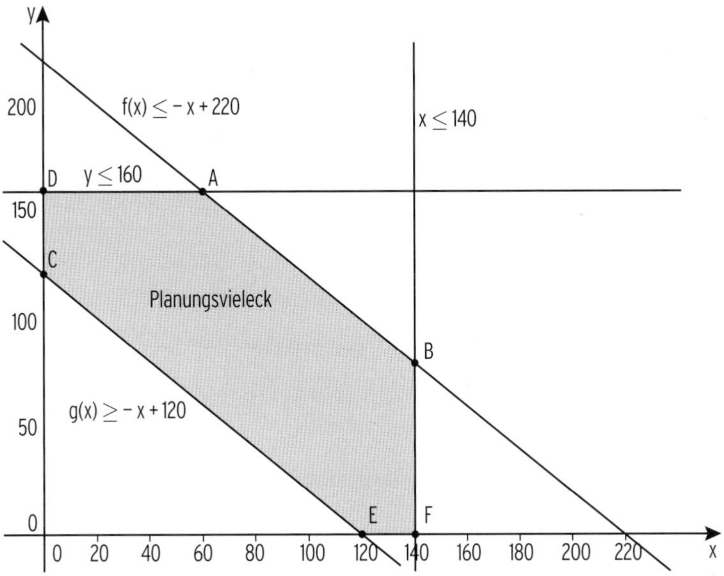

Lösungsweg erläutern

Mithilfe der Eckpunkte A, B, C, D, E und F und einer gegebenen Zielfunktion kann das Optimum ermittelt werden. Da die Lösung (120 I 0) festgelegt wurde, handelt es sich um ein Minimum, das bestimmt werden soll. Die Koordinaten der Eckpunkte werden in den Zielfunktionsterm eingesetzt,
die Ergebnisse werden verglichen und der Eckpunkt, der das kleinste Ergebnis aufweist, stellt die Lösung dar.

Lösung

	Creme 1	Creme 2	Creme 3
Maschine 1	120	0	100
Maschine 2	20	160	0

Interpretation

Maschine 1 produziert 120 ME für Creme 1 und 100 ME für Creme 3.
Maschine 2 produziert 20 ME für Creme 1 und 160 ME für Creme 2 und 0 ME für Creme 3.
Es werden insgesamt 140 ME von Creme 1, 160 ME für Creme 2 und 100 ME von Creme 3 produziert.

Zentralabitur 2016 Mathematik Berufliches Gymnasium

Pflichtteil

Aufgabe P1

Gegeben sind die Funktionen f_a mit $f_a(x) = -ax \cdot (x - a)$, wobei $x \in \mathbb{R}$ und $a > 0$ gilt.

a) Geben Sie die Nullstellen der Funktionen f_a an. 1 BE

b) Bestimmen Sie denjenigen Wert von a, für den $\int_0^a f_a(x)\,dx = \frac{8}{3}$ gilt. 4 BE

Aufgabe P2

Die Herstellung der Produkte A und B erfolgt auf 3 Maschinen. Es gilt:

x: Produktionsmenge von Produkt A in Mengeneinheiten (ME); $x \geq 0$

y: Produktionsmenge von Produkt B in Mengeneinheiten (ME); $y \geq 0$

Dabei gelten für die Maschinen die folgenden Restriktionen:

(I) $y \leq 10$

(II) $y + 0{,}4x \leq 12{,}8$

(III) $0{,}5y + x \leq 20$

a) Stellen Sie alle zulässigen Mengenkombinationen in einem Planungsvieleck im gegebenen Koordinatensystem geeignet dar. 3 BE

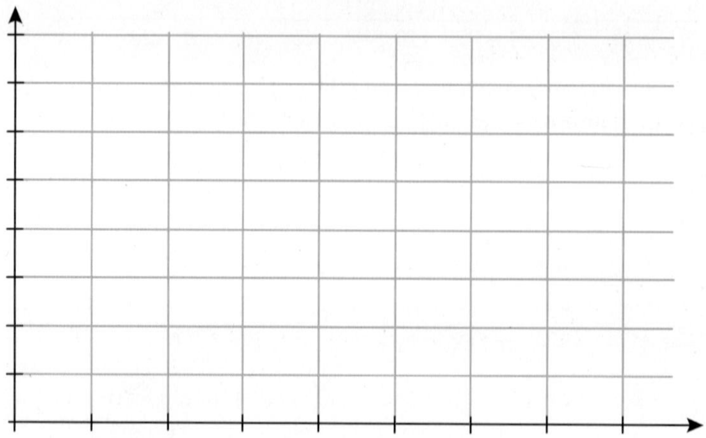

b) Ein Planungsvieleck liefert bzgl. der Produkte A und B die Eckpunkte $P_1(7|10)$, $P_2(0|10)$, $P_3(20|0)$ und $P_4(17|6)$. Die Gesamterlöse werden durch die Zielfunktion $E(x; y) = 2x + 5y$ beschrieben.
Bestimmen Sie das erlösmaximale Produktionsprogramm.
Interpretieren Sie Ihr Ergebnis hinsichtlich der Lage der Zielfunktionsgeraden. (3 BE)

Zentralabitur 2016 Mathematik Berufliches Gymnasium

Pflichtteil

Aufgabe P3

Für jeden Wert von a ($a \in \mathbb{R}$, $a > 0$) ist die Funktion f_a gegeben durch $f_a(x) = a \cdot e^{a+x}$; $x \in \mathbb{R}$.
Die Tangente an den Graphen von f_a im Punkt $(-1 \mid f_a(-1))$ wird mit t_a bezeichnet.

a) Weisen Sie nach, dass für jeden Wert von a die Tangente t_a durch die Gleichung $y = a \cdot e^{a-1} \cdot x + 2 \cdot a \cdot e^{a-1}$ beschrieben werden kann. (3 BE)

b) Für jeden Wert von a schließen die Tangente t_a und die beiden Koordinatenachsen ein Dreieck ein.
Ermitteln Sie den Flächeninhalt des Dreiecks in Abhängigkeit von a. (2 BE)

Aufgabe P4

Ein Basketballspieler wirft 10 Freiwürfe.
Die Anzahl seiner Treffer wird mit k bezeichnet unddurch die Zufallsgröße X beschrieben.
Die Zufallsgröße X wird als binomialverteilt mit der Trefferwahrscheinlichkeit $p = 0{,}8$ angenommen. In der Abbildung ist die Wahrscheinlichkeitsverteilung von X dargestellt.

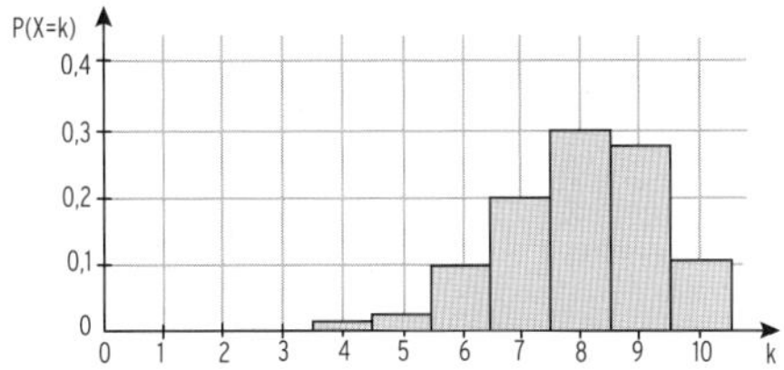

a) Ermitteln Sie mithilfe der Abbildung einen Näherungswert für die Wahrscheinlichkeit dafür, dass der Basketballspieler mindestens 8-mal trifft. (2 BE)

b) Zeigen Sie, dass die Wahrscheinlichkeit dafür, keinen Treffer zu erzielen, kleiner als $\frac{1}{1\,000\,000}$ ist. (3 BE)

Aufgabe P5

Ein Fixvektor $\vec{v}^{\,T}$ einer Matrix M ist ein Vektor, für den gilt: $\vec{v}^{\,T} \cdot M = \vec{v}^{\,T}$ mit $\vec{v}^{\,T} \neq \vec{0}$.

a) Untersuchen Sie, ob es Werte für a und b gibt, sodass für die Matrix $N = \begin{pmatrix} 0{,}7 & a & b \\ 0{,}3 & 0{,}5 & 0{,}2 \\ 0{,}3 & 0{,}5 & 0{,}2 \end{pmatrix}$ und den Vektor $\vec{w}^{\,T} = (100 \;\; 70 \;\; 30)$ die Bedingungen I und II gelten.

I Der Vektor $\vec{w}^{\,T}$ ist ein Fixvektor der Matrix N.

II Die quadratische Matrix N ist stochastisch, d.h. alle Elemente sind nichtnegative reelle Zahlen und die Zeilensummen sind jeweils gleich 1. (3 BE)

b) Die Vektoren $\vec{x}^{\,T}$ und $\vec{y}^{\,T}$ mit $\vec{x}^{\,T} + \vec{y}^{\,T} \neq \vec{0}$ sind Fixvektoren einer Matrix L.
Zeigen Sie, dass auch der Vektor $\vec{z}^{\,T} = \vec{x}^{\,T} + \vec{y}^{\,T}$ ein Fivektor von L ist. (2 BE)

Zentralabitur 2016 Mathematik Berufliches Gymnasium

Wahlteil

Aufgabe 1A

Die Begrenzung des Klimawandels und seiner Folgen erfordert hohe Investitionen. Für den Klimaschutz sowie die Anpassung an den Klimawandel hat Deutschland seine Ausgaben in den vergangenen Jahren erheblich gesteigert. Innerhalb weniger Jahre hat Deutschland seine Zusagen von 471 Millionen Euro aus dem Jahr 2005 mehr als verdreifacht.

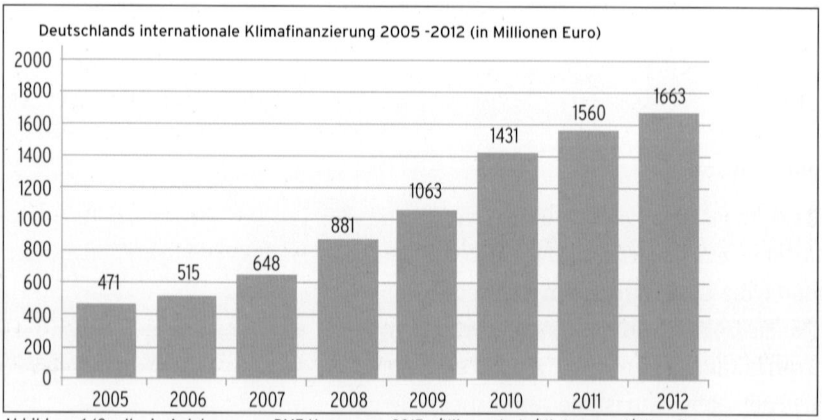

Abbildung 1 (Quelle: in Anlehnung an BMZ Homepage 2015 ../Klimaschutz/Hintergrund/Klimafinanzierung)

Die UN-Klimakonferenz ist die jährlich stattfindende Vertragsstaatenkonferenz (Conference of the Parties, COP). Dem Protokoll der letzten Sitzung gemäß hat Deutschland für die Herbsttagung 2016 einen Vortrag über seine Klimaentwicklungspolitik zu halten.
Das Bundesministerium für wirtschaftliche Zusammenarbeit und Entwicklung (BMZ) soll die Daten der deutschen Klimafinanzierung für diese Konferenz aufbereiten.

Abbildung 1 zufolge kann die Klimafinanzierung mit einer Funktion f der Form
$f(t) = \frac{c}{1 + a \cdot e^{-bt}}$ modelliert werden, wobei t = 0 den Beginn des Jahres 2005 darstellt.

f(t) ist der von Deutschland geleistete jährliche Finanzierungsbeitrag in Millionen Euro.

a) Bestimmen Sie die Werte der Parameter a, b, c mit drei Nachkommastellen ausgehend von den Daten in Abbildung 1.
   Beschreiben Sie mithilfe zweier Aussagen die Güte der ermittelten Funktionsgleichung in Bezug auf die Daten in Abbildung 1.
   Berechnen Sie, wie viel Geld Deutschland im Jahr 2017 für die Klimafinanzierung voraussichtlich bereitstellen muss.

Zentralabitur 2016 Mathematik Berufliches Gymnasium

Wahlteil

Fortsetzung Aufgabe 1A

Das BMZ behauptet, dass Deutschland für die Jahre 2005 bis 2016 für die Klimafinanzierung durchschnittlich jährlich 1400 Millionen Euro ausgegeben hat und langfristig jährlich mehr als 2250 Millionen Euro aufwenden wird.
Überprüfen Sie diese Behauptungen. Ermitteln Sie, in welchem Jahr die jährliche Zunahme der Klimafinanzierung erstmalig weniger als 10 Millionen Euro pro Jahr beträgt. (18 BE)

b) Verwenden Sie zur Beschreibung der Klimafinanzierung im Folgenden die Funktion g mit $g(t) = \frac{2100}{1 + 4{,}5e^{-0{,}4236t}}$.

Berechnen Sie den Gesamtbetrag, den Deutschland in der progressiven Wachstumsphase ab Beginn 2005 für die Klimafinanzierung ausgegeben hat.

Von Interesse ist auch die Zeitspanne, in der Deutschland den gleichen Betrag beginnend mit der degressiven Wachstumsphase gegeben hat. Bestimmen Sie diese Zeitspanne.
Die degressive Phase der Klimafinanzierung wird durch eine Funktion g_{deg} der Form $g_{deg}(t) = c - a \cdot e^{-kt}$ beschrieben. Neben der gleichen Sättigungsgrenze liegen folgende Daten vor: $g_{deg}(11{,}5) = 2030$ und $g_{deg}(12) = 2043$.

Bestimmen Sie die Parameterwerte, die Funktionsgleichung und den im Sachzusammenhang sinnvollen Definitionsbereich zu g_{deg}. (16 BE)

c) Die Klimafinanzierung eines anderen europäischen Landes lässt sich mit den Parameterwerten a, b, c mit b = 1 und c = 500 modellieren.

Bestimmen Sie den Parameterwert a und die Funktionsgleichung der logistischen Wachstumsfunktion f, wenn zum Zeitpunkt t = 0 die jährliche Wachstumsgeschwindigkeit 125 Millionen Euro pro Jahr beträgt.

Ermitteln Sie für beliebige a, b, c den Funktionswert f(t), der zu dem Zeitwert $t = -\frac{\ln(\frac{1}{a})}{b}$ gehört und interpretieren Sie Ihr Ergebnis. (12 BE)

Zentralabitur 2016 Mathematik Berufliches Gymnasium
Wahlteil

Aufgabe 1B

Erstmals gilt in Deutschland seit dem 01.01.2015 ein gesetzlicher, flächendeckender Mindestlohn von 8,50 € pro Stunde (€/h). Das Bundesministerium für Arbeit beauftragt ein Forschungsinstitut, um die Auswirkungen der Einführung des Mindestlohns auf den Arbeitsmarkt zu analysieren. Vor Einführung des Mindestlohns ließ sich der deutsche Arbeitsmarkt anhand der Funktionen p_A und p_N modellhaft beschreiben.

Dabei ist p_A mit $p_A(x) = -10{,}8\frac{x+8}{(x-3)(x+8)}$ der Lohn in €/h und x die angebotene Arbeitszeit der Arbeitnehmer in Milliarden Stunden (Mrd. h).

Die Funktion p_N mit $p_N(x) = \frac{10}{x+0{,}5} + \frac{1}{8}$ gibt den Lohn in €/h und x die nachgefragte Arbeitszeit der Arbeitgeber in Mrd. h an.

a) Bestimmen Sie den mathematischen und ökonomisch sinnvollen Definitionsbereich für jede Funktion. Geben Sie den Definitionsbereich für den gesamten Arbeitsmarkt an. Stellen Sie die Marktsituation in einem Koordinatensystem geeignet dar. Ermitteln Sie das Marktgleichgewicht und interpretieren Sie Ihr Ergebnis im Sachzusammenhang. Runden Sie Ihr Ergebnis auf zwei Nachkommastellen.

Die Einführung des Mindestlohns unterlag dem wirtschaftspolitischen Ziel eine gerechtere Einkommensverteilung in Deutschland herzustellen. Durch den Mindestlohn sollte zudem das Gesamteinkommen in Deutschland gesteigert werden. Stellen Sie den Mindestlohn in dem bereits angefertigten Koordinatensystem dar.

Der Bundesverband der Arbeitgeber behauptet, dass durch Einführung des Mindestlohns die Unternehmen 50% weniger Arbeitszeit als im Marktgleichgewicht nachfragen. Untersuchen Sie diese Behauptung und bestimmen Sie das durch Einführung des Mindestlohns entstandene Marktungleichgewicht.

Untersuchen Sie, ob durch die Einführung des Mindestlohns eine Steigerung des Gesamteinkommens in Deutschland erreicht wurde.
Berechnen Sie die prozentuale Veränderung des Gesamteinkommens. (16 BE)

Zentralabitur 2016 Mathematik Berufliches Gymnasium

Wahlteil

Fortsetzung Aufgabe 1B

b) Das Forschungsinstitut prognostiziert, dass sich sowohl die Angebots- als auch die Nachfragefunktion langfristig an das neue Lohnniveau anpassen werden.
Die neue Nachfragefunktion lässt sich allgemein mithilfe der Gleichung
$p_{N_{neu}}(x) = \frac{a}{x-b} + c$ darstellen.

Das Forschungsinstitut sagt voraus, dass das neue Marktgleichgewicht bei MGG(1 | 10) ist. Außerdem wird der Lohn pro Stunde mit zunehmender Nachfrage gegen den Mindestlohn streben. Bei einem Lohn von 9 €/h werden 2 Mrd. Stunden nachgefragt. Bestimmen Sie die Funktionsgleichung der Nachfragefunktion $p_{N_{neu}}$.

Das Bundesministerium überlegt in den nächsten Jahren den Mindestlohn schrittweise anzuheben. Das Forschungsinstitut erhält den Auftrag die Auswirkung einer Mindestlohnerhöhung auf das Marktgleichgewicht mithilfe der Angebotsfunktionenschar $p_{A_{neu,k}}$ mit $p_{A_{neu,k}}(x) = (x + 0{,}25)^2 + k$ zu untersuchen. Unabhängig von der Nachfrage modelliert k die Mindestlohnerhöhung und der Ordinatenachsenabschnitt den Mindestlohn. Weisen Sie nach, dass für k = 8,4375 der Mindestlohn von 8,50 €/h repräsentiert wird.

Beschreiben Sie die Auswirkungen von k = 9 bzw. k = 11 auf das Marktgleichgewicht und formulieren Sie daraus eine These für $k \in \mathbb{R}_{k \geq 8{,}4375}$.

Das Forschungsinstitut stellt auch Untersuchungen in Hinblick auf die Elastizität von der angebotenen Menge bezüglich des Lohns an. Dabei wird behauptet, dass für eine fließende Reaktion die angebotene Menge stets die Wurzel aus dem Mindestlohn ist.
Untersuchen Sie diese Behauptung. (18 BE)

c) Die Einführung des Mindestlohns führt bei den Unternehmen zu steigenden Lohnkosten. Das Unternehmen BIOSAFT hat für die Produktion von Smoothies die Grenzkostenfunktion K′ mit $K'(x) = x^2 - 6x + 10$ ermittelt, wobei x in Mengeneinheiten (ME) und K′(x) in Geldeinheiten (GE) pro ME angegeben werden. Der Marktpreis einer Mengeneinheit Smoothie beträgt unabhängig vom Mindestlohn 3,50 GE pro ME. Die Fixkosten der Smoothieproduktion betragen 5 GE.

Begründen Sie ausführlich, ob nach Einführung des Mindestlohns der Smoothieverkauf für das Unternehmen kurzfristig bzw. langfristig wirtschaftlich sinnvoll ist.

Bestimmen Sie die Absatzmenge, so dass der Verlust für das Unternehmen minimal wird und geben Sie diesen an. (12 BE)

Zentralabitur 2016 Mathematik Berufliches Gymnasium

Wahlteil Aufgabe 2A

Das GPS-System ist ein satellitengestütztes Navigationssystem, bei dem Daten von Satelliten an Empfängergeräte übermittelt werden, aus denen dann die aktuelle Position berechnet wird. Bis zum Jahr 2000 wurde vom GPS-Betreiber USA die vom Empfängergerät errechnete Position mit einer sa (selective availability) genannten Technik künstlich verschlechtert.

Diese wurde am 2.Mai 2000 abgeschaltet. Untenstehend sehen Sie zwei Abbildungen, die diesen Sachverhalt darstellen. Zur Bearbeitung sind die oben genannten Abbildungen **im Material zu Aufgabe 2A** auf der nachfolgenden Seite vergrößert dargestellt.

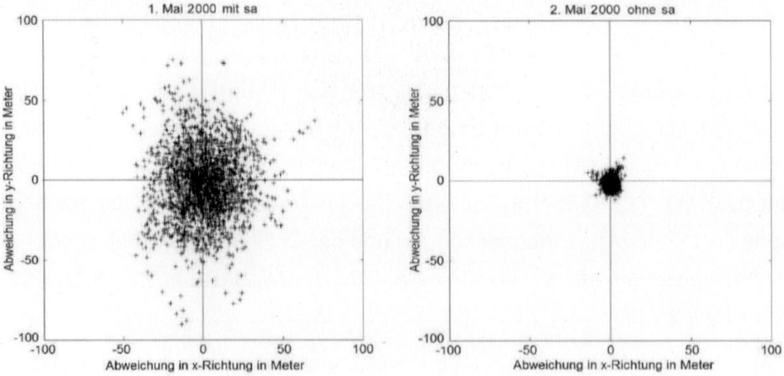

Positionsplot mit bzw. ohne sa, www.gps.gov, 03.06.2015

a) Beschreiben Sie die obigen Abbildungen, indem Sie Gemeinsamkeiten und Unterschiede herausstellen. Skizzieren Sie näherungsweise in beide Abbildungen im **Material zu Aufgabe 2A** einen Kreis um den Ursprung, in dem 95,5% der Positionspunkte liegen. Geben Sie an, um welche Verteilungsfunktion es sich bei den beiden oben abgebildeten Darstellungen der Positionen handeln kann und geben Sie jeweils die entsprechenden Verteilungsparameter näherungsweise an. (10 BE)

b) Ein GPS-Empfängerhersteller gibt für sein Gerät POSFIX 1 an, dass es die Position mit einer Standardabweichung des Radius von $\sigma_r = 6$ m misst.
Geben Sie an, mit welcher Wahrscheinlichkeit sich ein Gerätenutzer tatsächlich bei einer Positionsmessung innerhalb des 6 m-Radius befindet.
Der Gerätenutzer möchte seine Position mit einer Wahrscheinlichkeit von 95% genau wissen. Berechnen Sie die Größe des Radius, den der Gerätehersteller hierzu angeben müsste.
Der Gerätenutzer möchte einen Punkt einmessen, dessen Position innerhalb eines Radius von 0,5 m liegt. Berechnen Sie die Wahrscheinlichkeit, mit der das POSFIX 1 die Position des Punktes angibt.
Ermitteln Sie, welche Standardabweichung ein neu zu entwickelndes Gerät POSFIX 2 haben müsste, um die Aufgabe mit einer Wahrscheinlichkeit von 99% zu bewältigen. (14 BE)

Zentralabitur 2016 Mathematik Berufliches Gymnasium
Wahlteil
Material zu Aufgabe 2A Name: ____________________

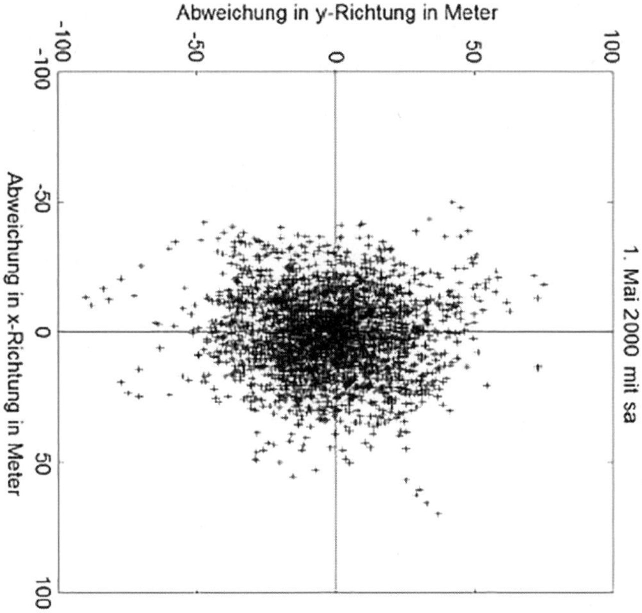

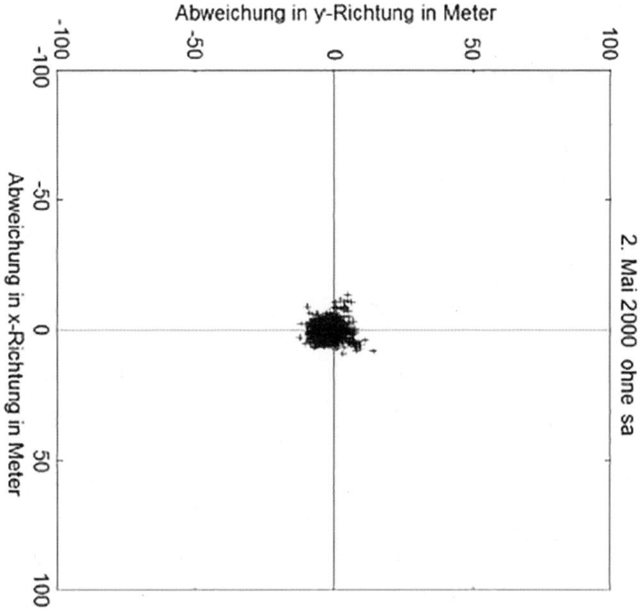

Zentralabitur 2016 Mathematik Berufliches Gymnasium
Wahlteil

Aufgabe 2B

Die Hannoverschen Verkehrsbetriebe (HV) hatten in den vergangenen Jahren eine steigende Anzahl an Fahrgästen zu verbuchen. Der Anteil der „Schwarzfahrer“, das sind die Fahrgäste, die keinen gültigen Fahrschein besitzen, betrug über die letzten Jahre konstant etwa 2% und lag damit unter dem bundesweiten Durchschnitt.
Die HV haben eine Prüfquote, also den Anteil der kontrollierten Reisenden an der totalen Reisendenzahl, von 1,9%.

www.spreadshirt.de 18.06.2015

a) Stellen Sie den Sachverhalt grafisch dar.
Berechnen Sie die Wahrscheinlichkeit, dass ein Fahrgast kontrolliert wird und Schwarzfahrer ist.
Ein Fahrgast fährt an 220 Tagen im Jahr zu seiner Arbeitsstelle und wieder zurück.
Berechnen Sie die Wahrscheinlichkeit, dass der Fahrgast ein Jahr lang gar nicht kontrolliert wird.
18% der kontrollierten Fahrgäste haben ihre Zeitkarte vergessen und müssen deshalb ein Bußgeld von 5 € zahlen.
Jeder nicht kontrollierte Schwarzfahrer verursacht einen Verlust von 3 €.
Berechnen Sie, wie viel das Bußgeld für die kontrollierten Schwarzfahrer betragen muss, damit dieses Bußgeld und das Bußgeld der Fahrgäste mit vergessener Zeitkarte den entstandenen Verlust durch nicht kontrollierte Fahrgäste ausgleicht. (14 BE)

b) Nach einer drastischen Fahrpreiserhöhung befürchten die HV, dass der Anteil der Schwarzfahrer auf 5% angestiegen ist.
Bei einem sogenannten Prüfmarathon wurden deshalb 5000 Fahrgäste überprüft.
Von den überprüften Fahrgästen waren 227 Schwarzfahrer.
Überprüfen Sie bei einer Sicherheitswahrscheinlichkeit von 95%,
ob die Aussage „Der Anteil der Schwarzfahrer hat sich auf 5% erhöht“, stimmt.
Zeichnen Sie die dazugehörige Konfidenzellipse im Bereich $[0 \leq p \leq 0{,}1]$. (10 BE)

Zentralabitur 2016 Mathematik Berufliches Gymnasium
Wahlteil
Aufgabe 3A

Das Unternehmen BIOSAFT produziert Smoothies in einem zweistufigen Produktionsprozess zunächst aus den Rohstoffen Obst (R_1), Gemüse (R_2) und Wasser (R_3) die Zwischenprodukte Obstbasis (Z_1), Gemüsebasis (Z_2) und eine fruchtige Wasserbasis (Z_3), die anschließend zu den Endprodukten Obst-Smoothie (E_1), Grüner-Smoothie (E_2) und Obst-Gemüse-Smoothie (E_3) verarbeitet werden.
Folgende Informationen in Mengeneinheiten (ME) sind bekannt:

$$B_{ZE} = \begin{pmatrix} 4 & 2 & 1{,}4 \\ 2 & 3{,}5 & 2{,}5 \\ 0 & 2{,}5 & 1{,}8 \end{pmatrix} \quad C_{RE} = \begin{pmatrix} 36 & 28 & 19{,}8 \\ 18 & 34 & 24{,}3 \\ 8 & 24 & 17{,}2 \end{pmatrix}$$

a) Der Discounter OLDI überlegt, die Smoothies von BIOSAFT in sein Sortiment aufzunehmen und ist bereit, einen einheitlichen Preis von 35 Geldeinheiten (GE) je ME Smoothie zu bezahlen. Der Auftrag von OLDI an BIOSAFT umfasst 500 ME Obst-Smoothies und 200 ME Grüner-Smoothie. BIOSAFT möchte den Auftrag kalkulieren. Folgende Informationen bezüglich der Produktionskosten sind bekannt:

Rohstoffkosten in GE/ME		Fertigungskosten der 1. Produktionsstufe in GE/ME		Fertigungskosten der 2. Produktionsstufe in GE/ME	
R_1	0,6	Z_1	0,5	E_1	0,4
R_2	0,4	Z_2	0,5	E_2	0,45
R_3	0,1	Z_3	0,2	E_3	0,37
Fixkosten: 228 GE je Auftrag					

Interpretieren Sie das Element b_{31} der Matrix B_{ZE} im Sachzusammenhang.
Bestimmen Sie die variablen Stückkosten je einer Mengeneinheit der Endprodukte.
Berechnen Sie die variablen Kosten für diesen Auftrag.
Begründen Sie rechnerisch, ob BIOSAFT den Auftrag annehmen sollte.
Im Folgenden verändert sich aufgrund von Ernteschwankungen der Rohstoffpreis für Obst, während die übrigen Preise konstant bleiben.
Bestimmen Sie die für BIOSAFT maximal akzeptable prozentuale Preissteigerung für Obst, wenn der Gewinn für diesen Auftrag nicht negativ werden soll. (15 BE)

b) Von der Rohstoff-Zwischenprodukt-Matrix A_{RZ} ist bekannt, dass von Obst viermal so viel zur Produktion einer Mengeneinheit der Obstbasis benötigt wird wie zur Produktion einer Mengeneinheit der Gemüsebasis, hingegen von Gemüse siebenmal so viel zur Produktion einer Mengeneinheit der Gemüsebasis wie zur Produktion einer Megeneinheit der Obstbasis. Der Rohstoff Wasser wird für die Fertigung der Gemüsebasis nicht benötigt. Bestimmen Sie die fehlende Rohstoff-Zwischenprodukt-Matrix A_{RZ}. (9 BE)

Zentralabitur 2016 Mathematik Berufliches Gymnasium

Wahlteil

Aufgabe 3B

Deutschland ist eines der führenden Industrieländer und daher Großverbraucher mineralischer Rohstoffe. Die Versorgung des Technologiestandorts Deutschland mit eigenen Rohstoffen ist deshalb ein wichtiger Industriezweig.

Die Bundesanstalt für Geowissenschaften und Rohstoffe hat für das Jahr 2013 folgende Zahlen veröffentlicht:

In Deutschland wurden ca. 546 Mio. Tonnen (t) mineralische Rohstoffe (Steine, Erden, Industrieminerale), 193 Mio. t Kohle/Öl (Braunkohle, Steinkohle, Erdöl), 10,7 Mrd. m^3 (20 Mio. t) Erdgas und 6,8 Mio. m^3 (3 Mio. t) Torf produziert.

Die Verflechtung der vier Industriezweige der Rohstoffgewinnung (mineralische Rohstoffe, Kohle/Öl, Erdgas, Torf) kann mit dem Leontief-Modell beschrieben werden.

Die Technologiematrix A der Verflechtung lautet:

$$A = \begin{pmatrix} \frac{41}{546} & \frac{36}{193} & \frac{1}{10} & 0 \\ \frac{2}{91} & \frac{40}{193} & \frac{1}{20} & \frac{1}{3} \\ \frac{1}{546} & \frac{2}{193} & \frac{1}{20} & 0 \\ 0 & 0 & 0 & \frac{1}{3} \end{pmatrix}$$

a) Interpretieren Sie die Werte der dritten Spalte der Technologiematrix.

Für einen Auftrag werden 50 Mio. t mineralische Rohstoffe benötigt.
Berechnen Sie, wie viele Tonnen der Sektor Kohle/Öl direkt an den Sektor mineralische Rohstoffe liefern muss.
Die Bundesanstalt für Geowissenschaften und Rohstoffe möchte zusätzlich die Zahlen der Marktabgabe von eigenen Rohstoffen für das Jahr 2013 veröffentlichen. Bestimmen Sie diese Marktabgabe.

Die Produktion von Erdgas soll in den folgenden Jahren gesteigert werden.

Folgender Ansatz wird für den neuen Produktionsvektor $\vec{x} = \begin{pmatrix} 546 \\ 193 \\ 20 + t \\ 3 \end{pmatrix}; t \in \mathbb{R}_{>0}$

gemacht.
Ermitteln Sie die maximal mögliche Erdgasproduktionsmenge und die entsprechende Marktabgabe der einzelnen Bereiche. (13 BE)

Zentralabitur 2016 Mathematik Berufliches Gymnasium

Wahlteil

Fortsetzung Aufgabe 3B

b) Aufgrund von CO_2-Beschränkungen ist die Produktion von Kohle/Öl im Jahr 2015 stark reduziert worden. Die damit einhergehende Veränderung der Verflechtung der drei Industriezweige (mineralische Rohstoffe, Kohle/Öl, Erdgas) veranschaulicht die „reduzierte" Leontief-Matrix $L^* = (E - A^*)$:

$$L^* = \begin{pmatrix} \frac{485}{526} & -\frac{16}{119} & -\frac{1}{10} \\ -\frac{3}{263} & \frac{99}{119} & -\frac{1}{20} \\ -\frac{1}{526} & -\frac{2}{119} & \frac{19}{20} \end{pmatrix}$$

Darüber hinaus gibt es eine Verflechtung zwischen der Kohle/Öl- und der Torfindustrie. 1 Mio. t Kohle/Öl wird an die Torfindustrie geliefert (siehe Tabelle 1).
Die Torfindustrie hat einen Eigenverbrauch von 1 Mio. t im Jahr, der Rest geht in den Konsum.
Bestimmen Sie den Konsumvektor.
Ermitteln Sie die fehlenden Werte der Verflechtung der Industriezweige der Tabelle 1 und tragen Sie diese Werte in die Tabelle im **Material zu Aufgabe 3B** ein.

Rohstoffe in Mio. t	mineralische Rohstoffe	Kohle/Öl	Erdgas	Torf	Konsum	Produktion
mineralische Rohstoffe				0		526
Kohle/Öl				1		120
Erdgas				0		20
Torf				1		3

Tabelle 1: Input-Output-Tabelle (11 BE)

12 Ott - ISBN 978-3-8120-0223-3

Zentralabitur 2016 Mathematik Berufliches Gymnasium
Wahlteil

Material zu Aufgabe 3B Name: ______________________________

Tabelle

Rohstoffe in Mio t	Mineralische Rohstoffe	Kohle/Öl	Erdgas	Torf	Konsum	Produktion
Mineralische Rohstoffe				0		526
Kohle/Öl				1		120
Erdgas				0		20
Torf				1		3

Zentralabitur 2016 Mathematik Berufliches Gymnasium

Pflichtteil

Aufgabe P1

$f_a(x) = -a\,x \cdot (x-a) = -ax^2 + a^2x$

a) Nullstellen von $f_a: x = 0 \vee x = a$ (aus der Produktdarstellung)

b) $\int_0^a f_a(x)\,dx = \left[-\frac{1}{3}ax^3 + \frac{1}{2}a^2x^2\right]_0^a = \frac{1}{6}a^4$

Bedingung für a: $\frac{1}{6}a^4 = \frac{8}{3} \Leftrightarrow a^4 = 16 \Rightarrow a = 2 \quad (a > 0)$

Aufgabe P2

a) Planungsvieleck

(I) $y \leq 10$

(II) $y \leq -0{,}4x + 12{,}8$

(III) $y \leq -2x + 40$

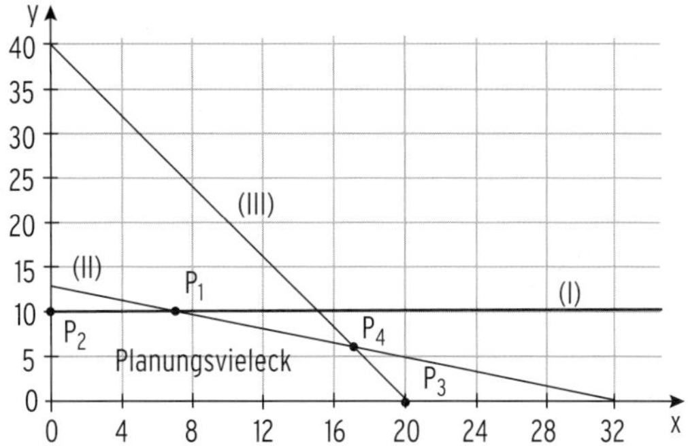

b) E(7; 10) = 64

E(0; 10) = 50

E(20; 0) = 40

E(17; 6) = 64

Aufgrund der Tatsache, dass die zwei Eckpunkte P_1 und P_4 den maximalen Erlös liefern, muss die Strecke $\overline{P_1P_4}$ sowohl Teil der Zielfunktionsgeraden als auch Teil einer Restriktionsgeraden sein.

Aufgabe P3

$f_a(x) = a \cdot e^{a+x}$; $f_a'(x) = a \cdot e^{a+x}$

a) Tangente t_a in $P(-1 \mid f_a(-1))$: $f_a(-1) = a \cdot e^{a-1}$; $f_a'(-1) = a \cdot e^{a-1}$

Ansatz für die Gleichung: $y = mx + b$ $\quad y = a \cdot e^{a-1} \cdot x + b$

Punktprobe mit P: $\quad a \cdot e^{a-1} = a \cdot e^{a-1} \cdot (-1) + b$

$b = 2 \cdot a \cdot e^{a-1}$

Tangentengleichung: $\quad y = t_a(x) = a \cdot e^{a-1} \cdot x + 2 \cdot a \cdot e^{a-1}$

b) Dreiecksinhalt:

Aus $y = a \cdot e^{a-1} \cdot (x+2)$ folgt:

Grundseite g = 2

Die Tangente schneidet die y-Achse in $(0 \mid 2 \cdot a \cdot e^{a-1})$; also $h = 2 \cdot a \cdot e^{a-1}$

Flächeninhalt des Dreiecks in Abhängigkeit von a:

$A = \frac{1}{2} g \cdot h = 2 \cdot a \cdot e^{a-1}$

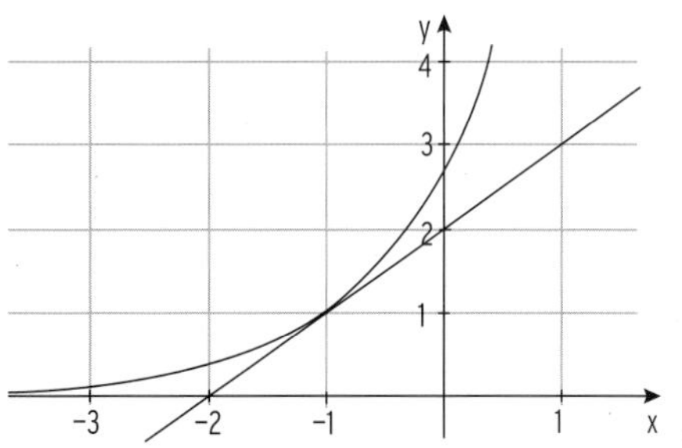

Zentralabitur 2016 Mathematik Berufliches Gymnasium

Pflichtteil

Aufgabe P4

X ist binomialverteilt mit n = 10; p = 0,8

a) $P(X \geq 8) = P(X = 8) + P(X = 9) + P(X = 10)$
Ablesen ergibt den Näherungswert: $0{,}30 + 0{,}27 + 0{,}11 = 0{,}68$

b) $P(X = 0) = 0{,}2^{10}$
Abschätzung: $0{,}2^{10} = \left(\frac{2}{10}\right)^{10} = \frac{2^{10}}{10^{10}} = \frac{1024}{10\,000\,000\,000} = \frac{1{,}024}{10\,000\,000}$
$0{,}2^{10} = \frac{0{,}1024}{1\,000\,000} < \frac{1}{1\,000\,000}$

Aufgabe P5

Ein Fixvektor $\vec{v}^T$ einer Matrix M ist ein Vektor, für den gilt: $\vec{v}^T \cdot M = \vec{v}^T$ mit $\vec{v}^T \neq \vec{O}$.

a) Bedingung I:

$$(100 \quad 70 \quad 30)\begin{pmatrix} 0{,}7 & a & b \\ 0{,}3 & 0{,}5 & 0{,}2 \\ 0{,}3 & 0{,}5 & 0{,}2 \end{pmatrix} = (100 \quad 70 \quad 30) \text{ ergibt } 100a + 50 = 70 \Rightarrow a = 0{,}2$$
$$\text{und } 100b + 20 = 30 \Rightarrow b = 0{,}1$$

Bedingung II:

Einsetzen von a und b: $N = \begin{pmatrix} 0{,}7 & 0{,}2 & 0{,}1 \\ 0{,}3 & 0{,}5 & 0{,}2 \\ 0{,}3 & 0{,}5 & 0{,}2 \end{pmatrix}$ N ist stochastisch

(alle Elemente nichtnegative reelle Zahlen und die Zeilensummen jeweils gleich 1)

b) Einsetzen von $\vec{z}^T = \vec{x}^T + \vec{y}^T$ in $\vec{z}^T \cdot L$ ergibt:

$(\vec{x}^T + \vec{y}^T) \cdot L = \vec{x}^T \cdot L + \vec{y}^T \cdot L = \vec{x}^T + \vec{y}^T = \vec{z}^T$

Zentralabitur 2016 Mathematik Berufliches Gymnasium

Wahlteil Aufgabe 1A

Lösung **Seite 1/2**

a) **Bestimmung der Zahlenwerte**

Logistische Regression liefert: a = 4,792 ; b = 0,386; c = 2257,151

Die Funktionsgleichung lautet $f(t) = \frac{2257{,}151}{1 + 4{,}792e^{-0{,}386t}}$

Beschreibung der Güte

Während der Anfangswert der Regression für t = 0 ($f(0) \approx 389{,}7$) um ca. 82 Mio. € und der Wert für t = 5 ($f(5) \approx 1331{,}2$) um ca. 100 Mio. € stärker nach unten abweichen, weichen die übrigen Regressionswerte weniger stark von den vorliegenden Daten ab. Somit kann die Regression als brauchbar angesehen werden.

Die Regression modelliert die Daten angemessen.

Berechnung der Finanzierung 2017

2017 (Anfang) $\triangleq t = 12$: $f(12) \approx 2156{,}55$

Im Jahr 2017 wird Deutschland voraussichtlich ca. 2,15655 Mrd. € bereitstellen müssen.

Überprüfung der Behauptungen

$$\frac{1}{12}\int_0^{11} f(t)dt \approx 1245{,}48 < 1400$$

(Von Anfang 2005 bis Ende 2016 vergehen 12 Jahre.)

Die durchschnittliche jährliche Finanzierung ist kleiner als 1400 Mio. Euro. Also trifft die erste Behauptung nicht zu.

Da die Sättigungsgrenze 2257,151 Mio. Euro pro Jahr beträgt, wendet Deutschland langfristig mehr als 2250 Mio. Euro pro Jahr auf.

Ermittlung des Jahres mit Zunahme < 10 Mio. Euro

$f'(t) < 10$

GTR liefert: $t \approx 15{,}57 \vee t \approx -7{,}45 \notin D_{ök}$

Im Jahr 2020 ist die jährliche Zunahme der Finanzierung erstmals kleiner als 10 Mio. Euro pro Jahr.

b) **Berechnung des Betrages bis zum WP**

WP: $g''(t) = 0 \wedge g'''(t) \neq 0$

GTR liefert $t \approx 3{,}55$

$$B_{ges} = \int_0^{3{,}55} g(t)\,dt \approx 2440{,}72$$

In der progressiven Wachstumsphase (3,55 Jahre) hat Deutschland ca. 2,44 Milliarden Euro gegeben.

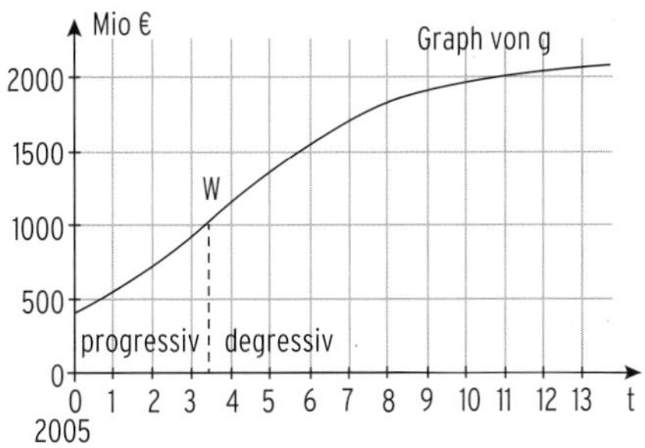

Zentralabitur 2016 Mathematik Berufliches Gymnasium

Wahlteil Aufgabe 1A

Lösung **Seite 2/2**

b) **Bestimmung der Zeitspanne**

Bedingung: $\int_{3,55}^{b} g(t)\,dt = 2440{,}72$ GTR liefert $b \approx 5{,}49$

Die Zeitspanne beträgt $\triangle t \approx 5{,}49 - 3{,}55 = 1{,}94$ Jahre.

Bestimmung der Parameterwerte und der Funktionsgleichung

$\lim\limits_{t \to \infty} g(t) = 2100 = c$

Es gilt: $g_{deg}(11{,}5) = 2030 \wedge g_{deg}(12) = 2043$

Einsetzen ergibt ein Gleichungssystem: $2030 = 2100 - ae^{-11{,}5k}$ (I)

$2043 = 2100 - ae^{-12k}$ (II)

(I) auflösen nach a: $a = \frac{70}{e^{-11{,}5k}}$

Einsetzen in (II): $2043 = 2100 - \frac{70}{e^{-11{,}5k}} \cdot e^{-12k} = 2100 - 70 \cdot e^{-0{,}5k}$

$2043 = 2100 - 70 \cdot e^{-0{,}5k}$

Auflösen nach k: $k = \frac{\ln(\frac{57}{70})}{-0{,}5} \approx 0{,}4109$

Einsetzen ergibt a: $a \approx 7893{,}9$

Funktionsgleichung zu g_{deg}: $g_{deg}(t) = 2100 - 7893{,}9 \cdot e^{-0{,}4109t}$; $t > 3{,}55$

Der Definitionsbereich ist $D = (3{,}55; \infty)$.

c) **Bestimmung des Parameterwertes a und der Funktionsgleichung**

Ansatz: $f(t) = \frac{500}{1 + a \cdot e^{-t}} = 500(1 + a \cdot e^{-t})^{-1}$

Ableitung mit der Kettenregel: $f'(t) = -500(1 + a \cdot e^{-t})^{-2} \cdot (-ae^{-t}) = \frac{500ae^{-t}}{(1 + a \cdot e^{-t})^2}$

(auch mit der Quotientenregel)

Bedingung für a: $f'(0) = 125$ $\frac{500ae^0}{(1 + a \cdot e^0)^2} = \frac{500a}{(1 + a)^2} = 125$

Lösung (mit GTR) ergibt: $a = 1$

Die Funktionsgleichung lautet $f(t) = \frac{500}{1 + e^{-t}}$.

Ermittlung des Funktionswertes

$$f\left(\frac{-\ln(\frac{1}{a})}{b}\right) = \frac{c}{1 + ae^{-b \cdot \frac{-\ln(\frac{1}{a})}{b}}} = \frac{c}{1 + ae^{\ln(\frac{1}{a})}} = \frac{c}{1 + a \cdot \frac{1}{a}} = \frac{c}{2}$$

Der Ordinatenwert liegt bei der halben Sättigung.

Der Abszissen wert t gehört demzufolge zum Wendepunkt der Funktion.

Zentralabitur 2016 Mathematik Berufliches Gymnasium

Wahlteil Aufgabe 1B

Lösung Seite 1/3

a) **Bestimmung der Definitionsbereiche:**

Definitionsbereich p_A : $p_A(x) = -10{,}8\,\frac{x+8}{(x-3)(x+8)}$

$D_{math}(p_A) = \mathbb{R} \setminus \{-8; 3\}$; $D_{ök}(p_A) = [0; 3) = \{0 \leq x < 3\}$

($D_{ök}$: Bereich mit $x \geq 0$ und $p_A(x) \geq 0$)

Definitionsbereich p_N: $p_N(x) = \frac{10}{x+0{,}5} + \frac{1}{8}$

$D_{math}(p_N) = \mathbb{R} \setminus \{-0{,}5\}$; $D_{ök}(p_N) = [0; \infty) = \{0 \leq x < \infty\}$

Die Funktion besitzt keine Nullstelle im relevanten Bereich.

Definitionsbereich gesamte wirtschaftliche Situation:

$D_{ök} = [0; 3)$

Skizze mit Mindestlohn:

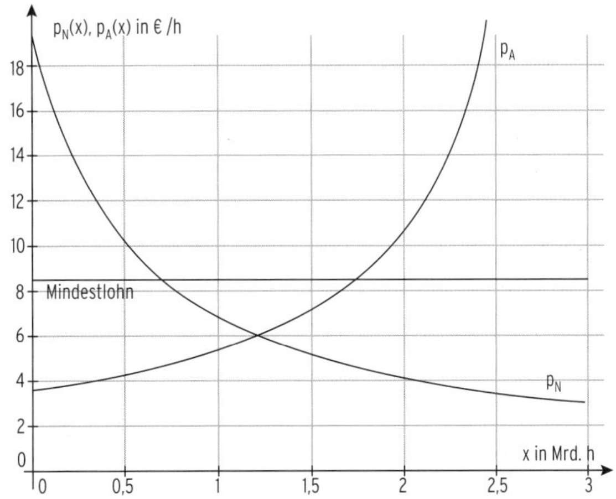

Bestimmung und Interpretation des Marktgleichgewichts:

Bedingung: $p_A(x) = p_N(x)$

GTR liefert das Marktgleichgewicht MGG($\approx 1{,}2 \mid \approx 6$)

Bei einem Lohn von ca. 6 €/h ist die nachgefragte Arbeitszeit und die angebotene Arbeitszeit mit ca. 1,2 Mrd. Stunden gleich. Der Arbeitsmarkt befindet sich im Gleichgewicht.

Untersuchung der Behauptung $p_N(x) = 8{,}5$ für $x_N \approx 0{,}69$

Bei einem Mindestlohn von 8,50 €/h werden ca. 0,69 Mrd. Stunden nachgefragt und demnach beträgt die Abnahme der nachgefragten Arbeitszeit 42,5%.
Die Behauptung stimmt nicht.
(Abnahme von 1,2 auf 0,69 = 0,51; $\frac{0{,}51}{1{,}20} = 0{,}425 = 42{,}5\,\%$)

Bestimmung des Marktungleichgewichts $p_A(x) = 8{,}5$ für $x_A \approx 1{,}73$
$x_A - x_N = 1{,}73 - 0{,}69 = 1{,}04$

Bei einem Mindestlohn von 8,50 €/h, werden 1,73 Mrd. Stunden Arbeit angeboten und 0,69 Mrd. Stunden Arbeit nachgefragt. Der Angebotsüberschuss beträgt 1,04 Mrd. Stunden.

Zentralabitur 2016 Mathematik Berufliches Gymnasium

Wahlteil Aufgabe 1B

Lösung Seite 2/3

a) **Berechnung der Veränderung des Gesamteinkommens:**

Gesamteinkommen vor Einführung des Mindestlohns:

$\text{Gesamteinkommen}_{vor} = x_G \cdot p_G = 1{,}2 \cdot 6 = 7{,}2$

In Deutschland wurde vor Einführung des Mindestlohns ein Gesamteinkommen von 7,2 Mrd. € erzielt.

Gesamteinkommen nach Einführung des Mindestlohns: $x_N < x_A$

$\text{Gesamteinkommen}_{nach} = x_N \cdot p_{Mindestlohn} = 0{,}69 \cdot 8{,}50 = 5{,}865$

Veränderung des Gesamteinkommens:

$\text{Gesamteinkommen}_{vor} > \text{Gesamteinkommen}_{nach}$

7,2 Mrd. € > 5,865 Mrd. €

prozentuale Veränderung (Rückgang): $\frac{7{,}2 - 5{,}865}{7{,}2} = 18{,}54\%$

Das Gesamteinkommen ist durch die Einführung des Mindestlohns um ca. 18,54% gesunken.

b) **Bestimmung der Nachfragefunktion:**

$p_{N_{neu}}(x) \to 8{,}5$; also $c = 8{,}5$ und $p_{N_{neu}}(x) = \frac{a}{x - b} + 8{,}5$

Die Bedingungen

$p_{N_{neu}}(1) = 10 \wedge p_{N_{neu}}(2) = 9$ liefern die Gleichungen $\frac{a}{1 - b} + 8{,}5 = 10$ (I)

$\frac{a}{2 - b} + 8{,}5 = 9$ (II)

Umformung von (I) ergibt: $a + 8{,}5(1 - b) = 10(1 - b) \Leftrightarrow a + 1{,}5b = 1{,}5$

Umformung von (II) ergibt: $a + 8{,}5(2 - b) = 9(2 - b) \Leftrightarrow a + 0{,}5b = 1$

Auflösung ergibt $a = 0{,}75$; $b = 0{,}5$

Funktionsgleichung: $p_{N_{neu}}(x) = \frac{0{,}75}{x - 0{,}5} + 8{,}5$

Nachweis des Mindestlohns: $p_{A_{neu;\,8{,}4375}}(x) = (x + 0{,}25)^2 + 8{,}4375$

$p_{A_{neu;\,8{,}4375}}(0) = 8{,}50$

Beschreibung der Auswirkungen (gerundete Werte)

k = 8,4375	MGG (1 | 10); bereits bekannt
k = 9	MGG (0,908 | 10,34)
k = 11	MGG (0,718 | 11,937)

Formulierung der These: Mit steigendem k sinkt die Gleichgewichtsmenge (Arbeitszeit) und steigt der Gleichgewichtslohn.

Zentralabitur 2016 Mathematik Berufliches Gymnasium

Wahlteil Aufgabe 1B

Lösung Seite 3/3

b) **Untersuchung der Behauptung** $e_{x;\,p_{A_{neu,k}}}(x) = 1$ (Elastizität fließend)

Aus $e_{x;\,p_{A_{neu,k}}}(x) = \frac{p_{A_{neu,k}}(x)}{p'_{A_{neu,k}}(x) \cdot x}$ ergibt sich $e_{x;\,p_{A_{neu,k}}}(x) = \frac{(x + 0{,}25)^2 + k}{2(x + 0{,}25) \cdot x}$

Bedingung: $\frac{(x + 0{,}25)^2 + k}{2(x + 0{,}25) \cdot x} = 1 \Rightarrow (x + 0{,}25)^2 + k = 2(x + 0{,}25) \cdot x$

$\frac{1}{16} + k = x^2$

Lösungen: $x = \sqrt{\frac{1}{16} + k} \quad \vee \quad (x = -\sqrt{\frac{1}{16} + k} \notin D_{ök})$

Da $\frac{1}{16} + k$ den Mindestlohn darstellt, stimmt die Behauptung ($p_{A_{neu;\,k}}(0) = \frac{1}{16} + k$).

c) **Begründung, ob der Smoothieverkauf wirtschaftlich sinnvoll ist**

K als Stammfunktion von K': $K(x) = \int (x^2 - 6x + 10)\,dx + 5 = \frac{1}{3}x^3 - 3x^2 + 10x + 5$

Stückkosten $k(x) = \frac{K(x)}{x} = \frac{1}{3}x^2 - 3x + 10 + \frac{5}{x}$

Bedingung für x_{BO}: $K'(x) = k(x)$

Der GTR liefert $x \approx 4{,}822$ und $k(4{,}822) \approx 4{,}321$.

Die langfristige Preisuntergrenze beträgt ca. 4,32 GE pro ME und liegt damit über dem Marktpreis von 3,50 GE pro ME. Langfristig ist der Smoothieverkauf nicht sinnvoll.

$k_v(x) = \frac{K_v(x)}{x} = \frac{1}{3}x^2 - 3x + 10$

Bedingung für x_{BM}: $K'(x) = k_v(x)$

Der GTR liefert $x = 4{,}5$ und $k(4{,}5) = 3{,}25$.

Die kurzfristige Preisuntergrenze liegt bei 3,25 GE pro ME und liegt damit unterhalb des Marktpreises. Kurzfristig kann das Unternehmen den Smoothieverkauf aufrechterhalten.

Bestimmung der Absatzmenge bei minimalem Verlust und die Höhe des Verlustes

Gewinnfunktion $G(x) = 3{,}5x - (\frac{1}{3}x^3 - 3x^2 + 10x + 5)$

Bedingungen: $G'(x) = 0 \wedge G''(x) < 0$

Der GTR liefert $x \approx 4{,}58$ und $G(4{,}58) \approx -3{,}86$

Der minimale Verlust beträgt 3,86 GE.

Gewinnkurve:

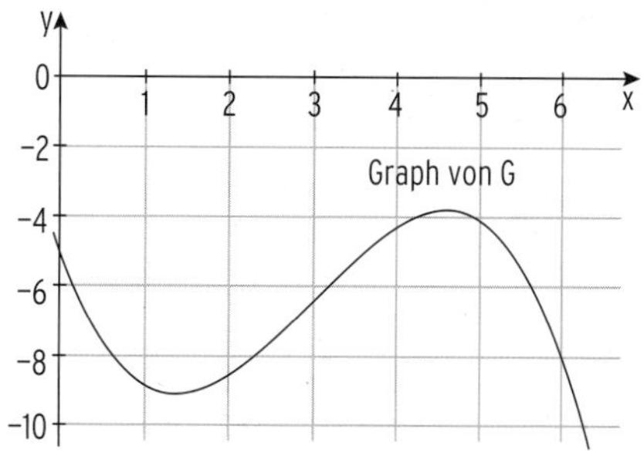

Zentralabitur 2016 Mathematik Berufliches Gymnasium

Wahlteil Aufgabe 2A

Lösung **Seite 1/2**

a) **Beschreibung**

Beide Darstellungen haben einen gemeinsamen Mittelwert im Ursprung. Vor Abschaltung der sa ist die Streuung deutlich größer als nach der Abschaltung. Die Streuung in y-Richtung ist vor der Abschaltung von sa sichtbar größer als in x-Richtung.

Skizze

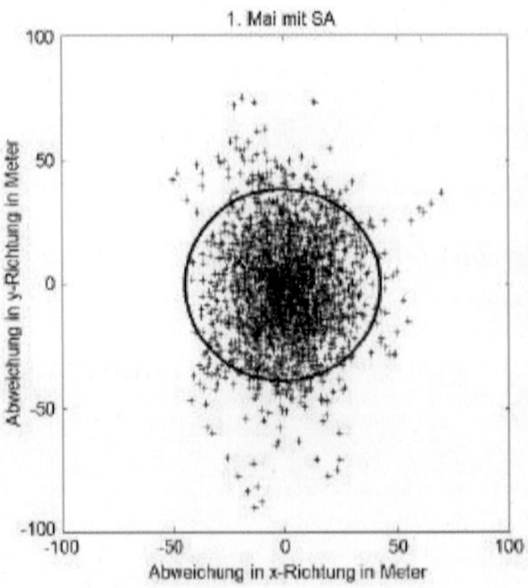

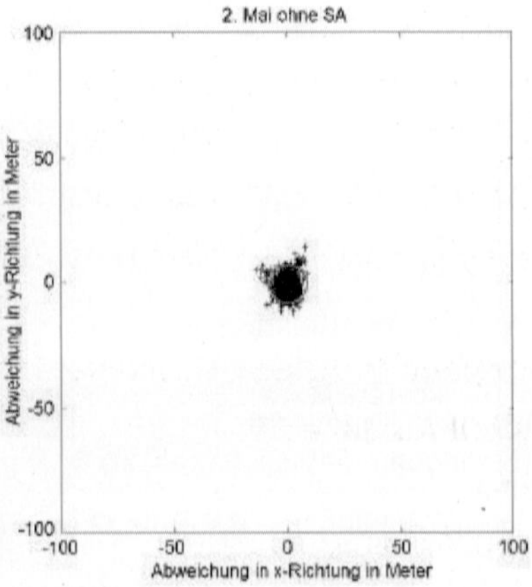

Angabe der Verteilungsfunktion und Parameter

Es handelt sich um eine Normalverteilung.

Der Radius, in dem vor der Abschaltung der sa 95,5% der Positionen liegen, beträgt zwischen 30 m und 40 m und bildet die 2σ-Umgebung um den Erwartungswert $\mu = 0$ m. Daraus folgt, dass σ zwischen 15 m und 20 m liegt.

Nach der Abschaltung bleibt $\mu = 0$ m unverändert, die 2σ-Umgebung liegt nun bei etwa 10 m, damit wird $\sigma \approx 5$m.

(Die Ergebnisse können aufgrund der Abschätzung stark abweichen.)

b) **Angabe der Wahrscheinlichkeit**

$P(\mu - \sigma \leq X \leq \mu - \sigma\ ) = 0{,}683$ oder auch aus der Formelsammlung.

Die Wahrscheinlichkeit, dass sich ein Gerätenutzer innerhalb des 1 σ-Radius um seine Position befindet, beträgt 68,3% (1 σ-Umgebung).

Berechnung der Radiusgröße (für $\sigma_r = 6$)

$P(-\ k\sigma \leq X \leq k\sigma) = 0{,}95$; $k = 1{,}96$ $\Rightarrow$ $r = k\sigma = 11{,}76$

Der vom Hersteller anzugebende Radius beträgt 11,76 m.

Zentralabitur 2016 Mathematik Berufliches Gymnasium

Wahlteil Aufgabe 2A

Lösung **Seite 2/2**

b) **Berechnung der Wahrscheinlichkeit für Punkt mit POSFIX 1**

$$P(-0{,}5 \le X \le 0{,}5) = \int_{-0{,}5}^{0{,}5} \frac{1}{\sqrt{2\pi \cdot 6^2}}\, e^{-\frac{1}{2}\left(\frac{x-0}{6}\right)^2} dx \approx 0{,}0664$$

Die Wahrscheinlichkeit, sich bei einer Messung mit POSFIX 1 innerhalb eines Radius von 0,5 m zu befinden, beträgt ca. 6,64%.

Ermittlung der Standardabweichung von POSFIX 2

$P(-0{,}5 \le X \le 0{,}5) = 0{,}99 \Leftrightarrow 0{,}5 = \mu + k \cdot \sigma = k \cdot \sigma$ $(\mu = 0)$

$P = 0{,}99 \Rightarrow k = 2{,}58$, aus Formelsammlung oder mit GTR

$\sigma = \frac{0{,}5}{2{,}58} \approx 0{,}194$ Die Herstellerangabe müsste $\sigma \approx 0{,}194$ m betragen.

Zentralabitur 2016 Mathematik Berufliches Gymnasium

Wahlteil Aufgabe 2B

Lösung Seite 1/2

a) **Baumdiagramm**

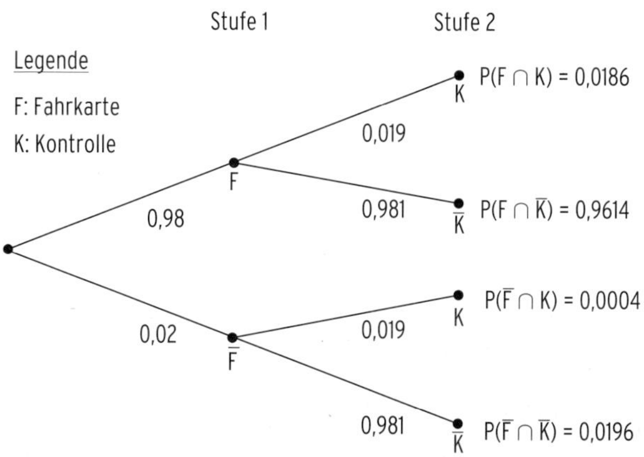

oder **Vierfeldertafel**

	Kontrolle K	keine Kontrolle $\overline{K}$	
Fahrkarte F	$0{,}98 \cdot 0{,}019 = 0{,}0186$	$0{,}98 \cdot 0{,}981 = 0{,}9614$	0,98
keine Fahrkarte $\overline{F}$	$0{,}02 \cdot 0{,}019 = 0{,}0004$	$0{,}02 \cdot 0{,}981 = 0{,}0196$	0,02
	0,019	0,981	1

Zentralabitur 2016 Mathematik Berufliches Gymnasium

Wahlteil Aufgabe 2B

Lösung Seite 2/2

a) **Wahrscheinlichkeit für „Fahrgast wird kontrolliert und ist Schwarzfahrer"**

$P(\text{„kontrolliert} \wedge \text{Schwarzfahrer"}) = 0{,}02 \cdot 0{,}019 = 0{,}0004$

Mit einer Wahrscheinlichkeit von ca. 0,04% wird ein Fahrgast kontrolliert und ist „schwarz gefahren".

Wahrscheinlichkeit für „Fahrgast wird ein Jahr nicht kontrolliert"

$P(\text{„Fahrgast wird 440Mal nicht kontrolliert"}) = 0{,}9810^{440} \approx 0{,}0002$

Die Wahrscheinlichkeit, ein Jahr lang nicht kontrolliert zu werden, beträgt ca. 0,02%.

Berechnung des Bußgeldes

Betrag (B) in €	5	x	− 3
P(B)	0,019 · 0,18 =0,00342	0,019 · 0,02 = 0,00038	0,981 · 0,02 = 0,01962

$0{,}00342 \cdot 5 + 0{,}00038 \cdot x + 0{,}01962 \cdot (-3) = 0 \Leftrightarrow x \approx 109{,}89$

Bei einem Bußgeld von etwa 110 € hätten die Verkehrsbetriebe keine Verluste durch Schwarzfahrer.

b) **Überprüfung der Aussage**

Näherungsweise Lösung möglich, da $n > 1000$.

GTR liefert VI= $[\approx 0{,}0396; \approx 0{,}0512]$ $0{,}05 \in [0{,}0396\,;\,0{,}0512]$

Alternativ:

Schnittpunkte von $h(p) = \frac{227}{5000}$ und $h_1(p) = p - \sqrt{\frac{p(1-p)}{5000}}$ bzw. mit $h_2(p) = p + \sqrt{\frac{p(1-p)}{5000}}$ bestimmen.

VI = $[\approx 0{,}0400; \approx 0{,}0515]$; $0{,}05 \in [0{,}0400\,;\,0{,}0515]$

Die Aussage, dass sich der Anteil der Schwarzfahrer auf 5% erhöht hat, kann so nicht getroffen werden. Mit einer Sicherheitswahrscheinlichkeit von 95% liegt der Anteil der Schwarzfahrer im Intervall [0,0396 ; 0,0512].

Zeichnen der Konfidenzellipse

im angegebenen Intervall:

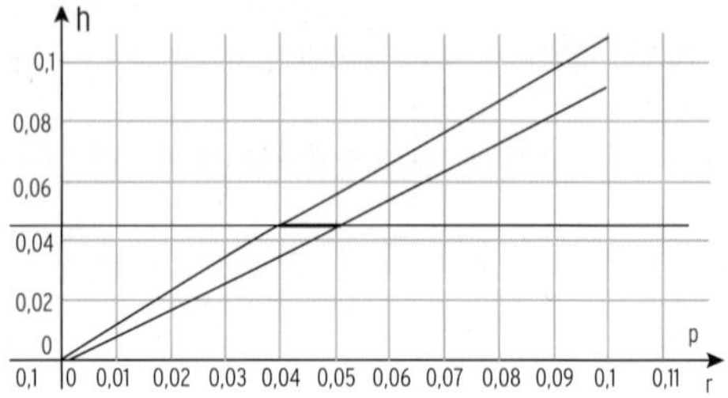

Zentralabitur 2016 Mathematik Berufliches Gymnasium

Wahlteil Aufgabe 3A

Lösung **Seite 1/2**

a) **Interpretieren des Elements** $b_{31} = 0$

Das Zwischenprodukt fruchtige Wasserbasis wird für die Fertigung einer Mengeneinheit des Endprodukts Obst-Smoothie nicht benötigt.

Bestimmen der variablen Stückkosten je Endprodukteinheit

$$\vec{k}_v^{\,T} = \vec{k}_R^{\,T} \cdot C_{RE} + \vec{k}_Z^{\,T} \cdot B_{ZE} + \vec{k}_E^{\,T}$$

Mit $\vec{k}_R = \begin{pmatrix} 0{,}6 \\ 0{,}4 \\ 0{,}1 \end{pmatrix}$, $\vec{k}_Z = \begin{pmatrix} 0{,}5 \\ 0{,}5 \\ 0{,}2 \end{pmatrix}$, $\vec{k}_E = \begin{pmatrix} 0{,}4 \\ 0{,}45 \\ 0{,}37 \end{pmatrix}$

ergibt sich

$$\vec{k}_v^{\,T} = (0{,}6 \quad 0{,}4 \quad 0{,}1) \begin{pmatrix} 36 & 28 & 19{,}8 \\ 18 & 34 & 24{,}3 \\ 8 & 24 & 17{,}2 \end{pmatrix} + (0{,}5 \quad 0{,}5 \quad 0{,}2) \begin{pmatrix} 4 & 2 & 1{,}4 \\ 2 & 3{,}5 & 2{,}5 \\ 0 & 2{,}5 & 1{,}8 \end{pmatrix} + (0{,}4 \quad 0{,}45 \quad 0{,}37)$$

$$\vec{k}_v^{\,T} = (29{,}6 \quad 32{,}8 \quad 23{,}32) + (3 \quad 3{,}25 \quad 2{,}31) + (0{,}4 \quad 0{,}45 \quad 0{,}37)$$

$$\vec{k}_v^{\,T} = (33 \quad 36{,}5 \quad 26)$$

Die variablen Stückkosten je Endprodukteinheit betragen für
Obst-Smoothie: 33 GE/ME
Grüner-Smoothie: 36,50 GE/ME
Obst-Gemüse-Smoothie: 26 GE/ME.

Berechnen der variablen Kosten für diesen Auftrag

$$K_v = \vec{k}_v^{\,T} \cdot \vec{m} = (33 \quad 36{,}5) \begin{pmatrix} 500 \\ 200 \end{pmatrix} = 23800$$

Die variablen Kosten betragen 23 800 GE für diesen Auftrag.

Entscheiden, ob der Auftrag angenommen werden soll

Preisvektor: $\vec{p}^{\,T} = (35 \quad 35)$

Erlös $E = \vec{p}^{\,T} \cdot \vec{m} = (35 \quad 35) \begin{pmatrix} 500 \\ 200 \end{pmatrix} = 24500$

Gewinn $G = E - K = 24500 - 23800 - 228 = 472$

Der Auftrag sollte bei einem positiven Auftragsgewinn angenommen werden.

Zentralabitur 2016 Mathematik Berufliches Gymnasium

Wahlteil Aufgabe 3A

Lösung Seite 2/2

a) **Bestimmen der maximal akzeptablen Kostensteigerung**

Ansatz zur Berechnung der Rohstoffkosten je einer Mengeneinheit des Endprodukts

$$\vec{k}_v^T = (x \quad 0{,}4 \quad 0{,}1)\begin{pmatrix} 36 & 28 & 19{,}8 \\ 18 & 34 & 24{,}3 \\ 8 & 24 & 17{,}2 \end{pmatrix} + (0{,}5 \quad 0{,}5 \quad 0{,}2)\begin{pmatrix} 4 & 2 & 1{,}4 \\ 2 & 3{,}5 & 2{,}5 \\ 0 & 2{,}5 & 1{,}8 \end{pmatrix} + (0{,}4 \quad 0{,}45 \quad 0{,}37)$$

$$\vec{k}_v^T = (36x + 8 \quad 28x + 16 \quad 19{,}8x + 11{,}44) + (3 \quad 3{,}25 \quad 2{,}31) + (0{,}4 \quad 0{,}45 \quad 0{,}37)$$

$$\vec{k}_v^T = (36x + 11{,}4 \quad 28x + 19{,}7 \quad 19{,}8x + 14{,}12)$$

Das Endprodukt E_3 ist nicht relevant (ist im Auftrag von OLDI nicht enthalten).

Gesamtkosten für den Auftrag:

$(36x + 8 + 3 + 0{,}4) \cdot 500 + (28x + 16 + 3{,}25 + 0{,}45) \cdot 200 + 228 = 23600x + 9868$

Bedingung: $23600x + 9868 \leq 24500$

$x \leq 0{,}62$

Die Rohstoffkosten für eine Mengeneinheit Obst darf 0,62 GE nicht überschreiten, das entspricht einer maximalen Preissteigerung von $3\frac{1}{3}$ %.

b) **Bestimmen der fehlenden Produktionsmatrix und das Vorgehen begründen**

Eine Rechtsmultiplikation mithilfe der invertierten Matrix B^{-1} ist nicht möglich, da es sich hierbei zwar um eine quadratische, aber singuläre Matrix handelt.

Es gilt: $\det B_{3\times 3} = 0$, daher existiert B^{-1} nicht.

Hinweis: Umformung von B ergibt: $\begin{pmatrix} 4 & 2 & 1{,}4 \\ 2 & 3{,}5 & 2{,}5 \\ 0 & 2{,}5 & 1{,}8 \end{pmatrix} \sim \begin{pmatrix} 4 & 2 & 1{,}4 \\ 0 & 5 & 3{,}6 \\ 0 & 0 & 0 \end{pmatrix}$ B^{-1} existiert nicht.

$A_{RZ} \cdot B_{ZE} = C_{RE}$ mit $A_{RZ} = \begin{pmatrix} a & b & c \\ d & e & f \\ g & h & i \end{pmatrix}$

Durch Einsetzen der Zusatzinformationen ergibt sich $A_{RZ} = \begin{pmatrix} 4b & b & c \\ d & 7d & f \\ g & 0 & i \end{pmatrix}$

Multiplikation $\begin{pmatrix} 4b & b & c \\ d & 7d & f \\ g & 0 & i \end{pmatrix}\begin{pmatrix} 4 & 2 & 1{,}4 \\ 2 & 3{,}5 & 2{,}5 \\ 0 & 2{,}5 & 1{,}8 \end{pmatrix} = \begin{pmatrix} 36 & 28 & 19{,}8 \\ 18 & 34 & 24{,}3 \\ 8 & 24 & 17{,}2 \end{pmatrix}$

ergibt z. B.:
$4 \cdot 4b + 2b = 36 \Rightarrow b = 2$
$4 \cdot d + 2 \cdot 7d = 18 \Rightarrow d = 1$
$4 \cdot g + 0 \cdot i = 8 \Rightarrow g = 2$
$2 \cdot 4b + 3{,}5b + 2{,}5c = 28 \Rightarrow c = 2$ (mit $b = 2$)
$2 \cdot d + 3{,}5 \cdot 7d + 2{,}5f = 34 \Rightarrow f = 3$ (mit $d = 1$)
$2 \cdot g + 2{,}5 \cdot i = 24 \Rightarrow i = 8$ (mit $g = 2$)

$$A_{RZ} = \begin{pmatrix} 8 & 2 & 2 \\ 1 & 7 & 3 \\ 2 & 0 & 8 \end{pmatrix}$$

Zentralabitur 2016 Mathematik Berufliches Gymnasium

Wahlteil Aufgabe 3B

Lösung **Seite 1/2**

a) **Interpretation der Werte der dritten Spalte**

Für die Gewinnung von 1 t Gas werden $\frac{1}{10}$ t Mineralien und $\frac{1}{20}$ t Kohle/Öl benötigt. Der Eigenverbrauch von Gas liegt bei $\frac{1}{20}$ t des Outputs von Gas. Torf spielt bei der Gasgewinnung/Produktion keine Rolle.

Berechnung der Tonnen Kohle/Öl

Für eine Tonne Mineralien werden $\frac{2}{91}$ Tonnen Kohle/Öl benötigt.

Für 50 Mio. t benötigt man ca. 1,099 Mio. t Kohle/Öl.

Bestimmung der Marktabgabe

$$\vec{x} = \begin{pmatrix} 546 \\ 193 \\ 20 \\ 3 \end{pmatrix} \qquad \vec{y} = (E - A) \cdot \vec{x} = \begin{pmatrix} 467 \\ 139 \\ 16 \\ 2 \end{pmatrix}$$

Im Jahr 2013 beträgt die Marktabgabe an Rohstoffen:

467 Mio. t mineralische Rohstoffe

139 Mio. t Kohle/Öl

16 Mio. t Erdgas

2 Mio. t Torf

Ermittlung der max. mögl. Erdgasproduktionsmenge und des Konsumvektors

Für den Konsumvektor gilt: $\vec{y} = (E - A) \cdot \vec{x} = (E - A) \cdot \begin{pmatrix} 546 \\ 193 \\ 20 + t \\ 3 \end{pmatrix} = \begin{pmatrix} 467 - 0{,}1\,t \\ 139 - 0{,}05t \\ 16 + 0{,}95t \\ 2 \end{pmatrix}$

Hinweis: Mit dem GTR berechnen ohne t

Aus der Nicht-Negativität der Elemente von $\vec{y}$ folgt:

$467 - 0{,}1\,t \geq 0 \Rightarrow t \leq 4670$

$139 - 0{,}05t \geq 0 \Rightarrow t \leq 2780$ ergibt $0 \leq t \leq 2780$

$16 + 0{,}95t \geq 0 \Rightarrow t \geq -16{,}84$

Die max. mögl. Erdgasproduktionsmenge beträgt 2780 Mio. t.

Der Konsumvektor lautet: $\vec{y} = \begin{pmatrix} 189 \\ 0 \\ 2657 \\ 2 \end{pmatrix}$

Zentralabitur 2016 Mathematik Berufliches Gymnasium

Wahlteil Aufgabe 3B

Lösung **Seite 2/2**

b) **Bestimmung des Konsumvektors**

$$\vec{y}^* = L^* \cdot \vec{x}^* = \begin{pmatrix} \frac{485}{526} & -\frac{16}{119} & -\frac{1}{10} \\ \frac{-3}{263} & \frac{99}{119} & -\frac{1}{20} \\ \frac{-1}{526} & -\frac{2}{119} & \frac{19}{20} \end{pmatrix} \cdot \begin{pmatrix} 526 \\ 119 \\ 20 \end{pmatrix} = \begin{pmatrix} 467 \\ 92 \\ 16 \end{pmatrix}$$ (vgl. Tabelle in Material zu 3B)

Die Torfindustrie produziert 3 Mio. t, davon ist eine Mio. t Eigenverbrauch und 2 Mio. t gehen an die Konsumenten.

Es folgt: $\vec{y} = \begin{pmatrix} 467 \\ 92 \\ 16 \\ 2 \end{pmatrix}$

Ermittlung der fehlenden Werte $a_{i,j}$ der Verflechtungstabelle

Die Torfindustrie produziert 3 Mio. t, davon sind 1 Mio. t Eigenverbrauch und 2 Mio. t Konsum.

Folglich sind die Elemente $a_{4;j} = 0 \wedge j \in \{1; 2; 3\}$

$$A^* = E - L^* = \begin{pmatrix} \frac{41}{526} & \frac{16}{119} & \frac{1}{10} \\ \frac{3}{263} & \frac{20}{119} & \frac{1}{20} \\ \frac{1}{526} & \frac{2}{119} & \frac{1}{20} \end{pmatrix}$$

Hinweis: Produktion Kohle/Öl 119 Mio t (+ 1 Mio t Lieferung an Torf)

Rücktransformation der Technologiematrix

$a_{i,j} \cdot x_j^*$ mit $\vec{x}^* = \begin{pmatrix} 526 \\ 119 \\ 20 \end{pmatrix} \wedge j \in \{1; 2; 3\}$ und $a_{4;4} = 1$ folgt

Rohstoffe in Mio t	Mineralische Rohstoffe	Kohle/Öl	Erdgas	Torf	Konsum	Produktion
Mineralische Rohstoffe	41	16	2	0	467	526
Kohle/Öl	6	20	1	1	92	120
Erdgas	1	2	1	0	16	20
Torf	0	0	0	1	2	3

Zentralabitur 2017 Mathematik Berufliches Gymnasium

Pflichtteil

Aufgabe P1

An einer Messstation wurde über einen Zeitraum von 10 Stunden die Anzahl der Pollen pro Kubikmeter Luft ermittelt.

Dabei kann die Anzahl der Pollen pro Kubikmeter zum Zeitpunkt t (in Stunden nach Beginn der Messung) durch die Gleichung

$n(t) = 3t^2 - 60t + 500$ mit $t \in \mathbb{R}$ und $0 \leq t \leq 10$ beschrieben werden.

a) Bestimmen Sie die mittlere Änderung der Anzahl der Pollen pro Kubikmeter und Stunde während der ersten beiden Stunden der Messung. (3 BE)

b) Ermitteln Sie den Zeitpunkt nach Beginn der Messung, zu dem die momentane zeitliche Änderung der Anzahl der Pollen pro Kubikmeter und Stunde -30 beträgt. (2 BE)

Aufgabe P2

Eine Funktion f ist durch $f(x) = 2e^{\frac{1}{2}x} - 1$, $x \in \mathbb{R}$, gegeben.

a) Ermitteln Sie die Nullstelle der Funktion f. (2 BE)

b) Die Tangente an den Graphen von f im Punkt S (0| 1) begrenzt mit den beiden Koordinatenachsen ein Dreieck.
Weisen Sie nach, dass dieses Dreieck gleichschenklig ist. (3 BE)

Aufgabe P3

Betrachtet werden stochastische Matrizen, d. h. qadratische Matrizen, deren Zeilensummen jeweils gleich eins sind und in denen alle Elemente größer oder gleich null sind.

a) Bestimmen Sie einen Vektor $\vec{v}^{\,T}$ mit $\vec{v}^{\,T} \neq (0 \quad 0)$ derart, dass für die Matrix M mit $M = \begin{pmatrix} 0{,}4 & 0{,}6 \\ 0{,}3 & 0{,}7 \end{pmatrix}$ gilt: $\vec{v}^{\,T} \cdot M = \vec{v}^{\,T}$ (2 BE)

b) Zeigen Sie:
Ist N eine stochastische 2×2-Matrix und $\vec{u}^{\,T}$ ein Vektor mit der Zeilensumme 5, dann ist auch $\vec{u}^{\,T} \cdot N$ ein Vektor mit der Zeilensumme 5. (3 BE)

13 Ott - ISBN 978-3-8120-0223-3

Zentralabitur 2017 Mathematik Berufliches Gymnasium

Pflichtteil

Aufgabe P4

Ein Glücksrad hat drei Sektoren, einen blauen, einen gelben und einen roten. Diese sind unterschiedlich groß. Die Wahrscheinlichkeit dafür, dass beim einmaligen Drehen der blaue Sektor getroffen wird, beträgt p.

a) Interpretieren Sie den Term $(1-p)^7$ im Sachzusammenhang. (2 BE)

b) Das Glücksrad wird zehnmal gedreht. Geben Sie einen Term an, mit welchem die Wahrscheinlichkeit dafür berechnet werden kann, dass der blaue Sektor genau zweimal getroffen wird. (1 BE)

c) Die Wahrscheinlichkeit dafür, dass beim einmaligen Drehen der gelbe Sektor getroffen wird, beträgt 50 %.
Felix hat 100 Drehungen des Glücksrads beoachtet und festgestellt, dass bei diesen der Anteil der Drehungen, bei denen der gelbe Sektor getroffen wurde, deutlich geringer als 50 % war. Er folgert: „Der Anteil der Drehungen, bei denen der gelbe Sektor getroffen wird, muss also bei den nächsten 100 Drehungen deutlich größer als 50 % sein.
Beurteilen Sie die Aussage von Felix. (2 BE)

Aufgabe P5

In einem Produktionsprozess werden aus den Rohstoffen Zwischenprodukte und daraus die Endprodukte hergestellt. Die Verflechtung kann den folgenden Matrizen entnommen werden. Die Werte sind in Mengeneinheiten (ME) angegeben.

$$A_{RZ} = \begin{pmatrix} 2 & 1 & 0 \\ 0 & 0 & 1 \\ 2 & 0 & 2 \end{pmatrix},\ B_{ZE} = \begin{pmatrix} 3 & 5 \\ a & 6 \\ 0 & 4 \end{pmatrix},\ C_{RE} = \begin{pmatrix} 14 & 16 \\ 0 & 4 \\ 6 & 18 \end{pmatrix},\ a \in \mathbb{R}_{\geq 0}$$

a) Berechnen Sie den Wert für a.
Der Rohstoff R_2 fällt dauerhaft aus. Untersuchen Sie, welches Endprodukt dauerhaft produziert werden kann. (3 BE)

b) Der Rohstoff R_2 kann durch zwei andere Rohstoffe R_{21} und R_{22} ersetzt werden.
Eine Mengeneinheit von R_2 wird ersetzt durch 3 ME von R_{21} und 5 ME von R_{22}.
Bestimmen Sie die neue Rohstoff-Zwischenprodukt-Matrix, in der die Rohstoffe R_{21} und R_{22} berücksichtigt sind. (3 BE)

Zentralabitur 2017 Mathematik Berufliches Gymnasium

Wahlteil GTR

Aufgabe 1A

Die Raffi-Agrargenossenschaft baut verschiedene Gemüsesorten und Getreide an.

Die Ernte wird maschinell und auch von Hand eingebracht.

a) Für die Ernte von 8 000 kg Weißkohl stehen Erntemaschinen (x) und Erntehelfer (y) zur Verfügung. Dabei werden x und y in Zeiteinheiten (ZE) angegeben. Die Kombination der beiden Produktionsfaktoren wird durch die folgende Funktionsgleichung für die Isoquante I_{8000} gegeben: $I_{8000}(x) = \frac{75}{x-2} + 25$

Der Preis für den Einsatz einer ZE der Erntemaschinen beträgt 700 Geldeinheiten pro ZE (GE/ZE) und der Preis für den Einsatz einer ZE der Erntehelfer 10 GE/ZE. Bestimmen Sie die Anzahl der Zeiteinheiten, die die Erntemaschinen und Erntehelfer jeweils mindestens eingesetzt werden müssen, um die Ernte von 8 000 kg Weißkohl einzubringen.

Für die Weißkohlernte hat Raffi nach einer internen Kalkulation 3 600 GE als Kostenbudget zur Verfügung. Skizzieren Sie den gesamten Sachverhalt in ein geeignetes Koordinatensystem. Bestimmen Sie die möglichen Kombinationen der beiden Produktionsfaktoren, die bei diesem Kostenbudget möglich sind und um wie viel Prozent das Kostenbudget von den Minimalkosten abweicht.

Beschreiben Sie die Lage aller möglichen Kombinationen der Produktionsfaktoren, die höchstens 3 600 GE Kosten verursachen. (16 BE)

b) Auch die Salaternte erfolgt maschinell und von Hand. Im letzten Jahr wurden für die Ernte von 6 000 Kopf Salat folgende Kombinationen der Produktionsfaktoren beobachtet:

Erntemaschinen (x in ZE)	5	9
Erntehelfer (y in ZE)	90	50

Die Funktionsgleichung der Isoquante I_{6000} lautet: $I_{6000}(x) = \frac{a}{x-4} + c$.

Bestimmen Sie jeweils den Wert für den Parameter a und c für die Funktionsgleichung von I_{6000} und geben Sie die Funktionsgleichung an.

Zur Kontrolle: $a = 50$ und $c = 40$

Zentralabitur 2017 Mathematik Berufliches Gymnasium

Wahlteil

Fortsetzung Aufgabe 1A

b) Bei der Salaternte lag der Preis für eine ZE der Erntemaschinen bisher bei 80 GE/ZE und der Preis für eine ZE der Erntehelfer bei 10 GE/ZE. Neue Umweltvorschriften für Diesel-Motoren führen zu erhöhten Kosten für die Erntemaschinen.
Aufgrund langfristiger Erfahrungen werden für die Salaternte 6 ZE Erntemaschienen benötigt.
Berechnen Sie, um welchen Betrag der Preis der Erntemaschinen pro ZE steigen darf, damit das veranschlagte Kostenbudget von 1 250 GE für die Ernte der 6 000 Salatköpfe nicht überschritten wird.

c) Basierend auf den täglichen Erntemengen des letzten Jahres wurde von Experten der Ernteverlauf bei der Weizenernte durch die Funktion
f mit $f(t) = -6{,}5t^4 + 60t^3 - 175t^2 + 210t - 75$
modelliert. Dabei gibt t die Zeit in Tagen an und $t = 0$ entspricht dem Beginn des ersten Erntetages.
f(t) gibt die geerntete Menge Weizen in ME/Tag an.

Beschreiben Sie als Basis für die Ernteplanung den Verlauf des Graphen von f im ökonomisch sinnvollen Bereich anhand von jeweils drei ökonomischen und mathematischen Merkmalen unter Angabe der entsprechenden Zeitpunkte.

Raffi kann mit seinen Maschinen nur 100 ME/Tag ernten. Übersteigt die zu erntende Menge diesen Wert, beauftragt Raffi ein Lohnunternehmen, das mit eigenen Maschinen den übrigen Weizen erntet.
Berechnen Sie den prozentualen Anteil der von dem Lohnunternehmen insgesamt geernteten Menge an der Gesamternte. (16 BE)

Zentralabitur 2017 Mathematik Berufliches Gymnasium

Wahlteil

Aufgabe 1B

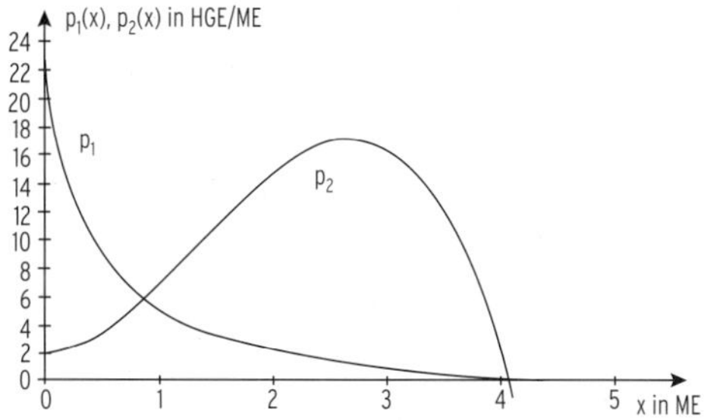

Die nebenstehende Graphik beschreibt die Angebots- und Nachfragesituation für Fahrradreisen an der Elbe im Sommer 2016. Dabei wird x in Mengeneinheiten (ME) und und $p_1(x)$, $p_2(x)$ in 100 Geldeinheiten pro ME (HGE/ME) angegeben.
Der Gleichgewichtspreis liegt bei 5,41 HGE/ME.
Die Funktionsgleichung für p_1 ist bekannt mit $p_1(x) = \frac{50}{5x+2} - 2$.
Der Funktionsterm für p_2 liegt nicht vor.

a) Das Unternehmen Meier & Co möchte für seine Mitarbeiter als Betriebsausflug eine Fahrradreise für den Sommer 2017 buchen und sondiert dafür den Markt, anhand der Informationen aus dem letzten Sommer. Der Geschäftsführer benötigt mehrere Auskünfte.
Ergänzen Sie die Graphik im **Materialanhang,** indem Sie den Graphen die ökonomischen Begriffe zuordnen, das Marktgleichgewicht mit Gleichgewichtsmenge und Gleichgewichtspreis eintragen und den ökonomischen Definitionsbereich für die Marktsituation kennzeichnen.
Beachten Sie dabei, dass die beiden Funktionsgraphen einen typischen Verlauf aufweisen sollen.
Berechnen Sie die Gleichgewichtsmenge und den Höchstpreis der Nachfrager. (10 BE)

b) Um eine endgültige Entscheidung zu treffen, werden weitere Informationen benötigt, die mithilfe der Angebots- und Nachfragefunktion ermittelt werden sollen. Die Angaben sind aus dem Frühjahr 2017.
Die Nachfragefunktion p_N wird beschrieben durch

$p_N(x) = ax^2 + bx + c$, mit $a \in \mathbb{R}_{\neq 0} \wedge b, c \in \mathbb{R}$. Der Höchstpreis beträgt 800 GE/ME, die Konsumentenrente beträgt $\frac{500}{3}$ GE. Das Marktgleichgewicht liegt bei (5 | 750).
Die Angebotsfunktion p_A entspricht einer ganzrationalen Funktion 3. Grades.
Es sind folgende zusätzliche Informationen bekannt:

x in ME	1	3	7
$p_A(x)$ in GE/ME	556	657	843

Ermitteln Sie die Sättigungsmenge und den Mindestangebotspreis.

Zentralabitur 2017 Mathematik Berufliches Gymnasium

Wahlteil

Fortsetzung Aufgabe 1B

b) Der Geschäftsführer von Meier & Co vergleicht die Produzentenrente mit dem mindestens zu erwartenden Umsatz der Produzenten. Der mindestens zu erwartende Umsatz ist der erzielte Umsatz abzüglich der Produzentenrente. Wenn die Produzentenrente mehr als 20 % des mindestens zu erwartenden Umsatzes beträgt, dann geht der Geschäftsführer davon aus, dass die Fahrradreisen an der Elbe aktuell überteuert ist; alternativ wird er dann Wanderurlaub buchen.
Untersuchen Sie, welche Aktivität der Geschäftsführer buchen sollte.

(18 BE)

c) Für die unternehmensinterne Zeitschrift soll ein Artikel zum Thema Fahrradreisen die Mitarbeiter motivieren, sich für den geplanten Betriebsausflug anzumelden. Der zuständige Redakteur recherchiert dafür einige allgemeine Informationen. Fahrradreisen liegen zurzeit im Trend; die Entwicklung der Anzahl der Fahrradreisenden kann mithilfe folgender Funktionsgleichung beschrieben werden:
$f(t) = 1500 - 1000e^{-0{,}01t}$, t gibt die Zeit in Wochen an, t = 0 ist dabei der Beginn der 1. Kalenderwoche (KW) 2016 und f (t) gibt die Anzahl der Reisenden in Mengeneinheiten (ME) an. Es wird zugrunde gelegt, dass ein Jahr 52 KW hat.

Skizzieren Sie den zugehörigen Funktionsgraphen in ein geeignetes Koordinatensystem und beschreiben Sie die Entwicklung der Anzahl der Fahrradreisenden mithilfe von vier mathematischen Fachbegriffen.
Verdeutlichen Sie Ihre beschriebenen Fachbegriffe in der Skizze.

Bestimmen Sie den Zeitpunkt, an dem die Anzahl der Fahrradreisenden die größte Zunahme aufweist und geben Sie die Zunahme an.

Ermitteln Sie die durchschnittliche Zunahme der Anzahl der Fahrradreisenden im Sommer 2016 von Beginn der 25. KW bis zum Beginn der 39. KW und kennzeichnen Sie den Sachverhalt in Ihrer Graphik.

(18 BE)

Zentralabitur 2017 Mathematik Berufliches Gymnasium

Wahlteil

Material zu Aufgabe 1 B a) Name: ______________________

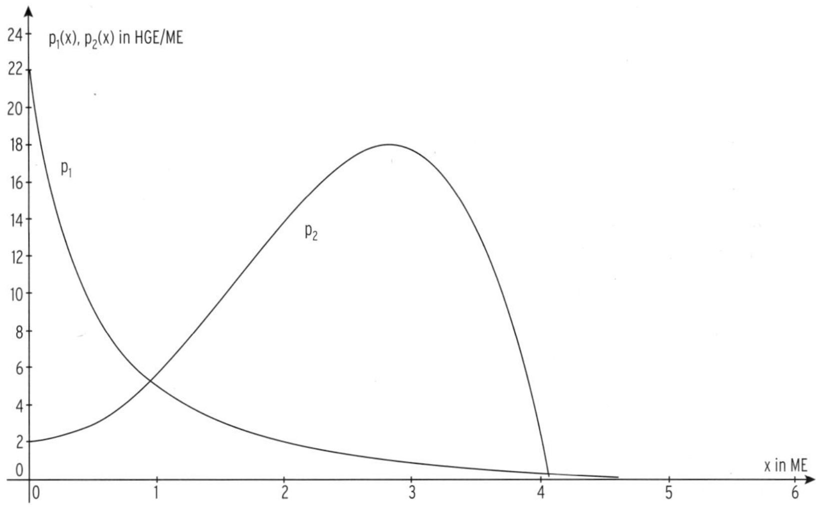

Zentralabitur 2017 Mathematik Berufliches Gymnasium

Wahlteil

Aufgabe 2A

An einem Beruflichen Gymnasium mit 300 Schülerinnen und Schülern sollen zukünftig wichtige Informationen über den Dienst WatisLos übermittelt werden. Dazu wird zunächst eine Umfrage zur Verbreitung des Dienstes WatisLos unter allen Schülerinnen und Schülern durchgeführt. Folgende Daten liegen vor:
Insgesamt 285 Personen nutzen WatisLos.
171 WatisLos-Nutzer sind in der Qualifikationsphase. Insgesamt besuchen 115 Personen die Einführungsphase des Beruflichen Gymnasiums.

a) Der Abteilungsleiter möchte den Dienst verpflichtend nutzen, wenn die folgenden Kriterien erfüllt sind:
Die Wahrscheinlichkeit dafür, dass eine zufällig ausgewählte Person WatisLos nutzt, unter der Bedingung, dass diese Person in der Qualifikationsphase ist, muss mindestens 92 % betragen.
Die Anzahl der Personen, die sich in der Einführungsphase befinden und den Dienst WatisLos nicht nutzen, darf höchstens eins sein.
Die Wahrscheinlichkeit dafür, dass eine zufällig ausgewählte Person WatisLos nicht nutzt, unter der Bedingung, dass diese Person in der Einführungsphase ist, darf höchstens 1 % betragen.
Stellen Sie die beschriebene Situation vollständig graphisch dar. Untersuchen Sie, ob der Abteilungsleiter den Dienst verpflichtend einsetzen sollte. (11 BE)

b) Zusätzlich wird überlegt, ein leistungsstärkeres Taschenrechnermodell einzuführen. Neben der Leistungsfähigkeit ist der Taschenrechnerpreis bei der Einführung ein entscheidendes Kriterium. Die Schule geht davon aus, dass von den Schülerinnen und Schülern ein Taschenrechnerpreis akzeptiert wird, der sich an ihren Smartphone-Preisen orientiert. Aus diesem Grund wurden in einer weiteren Umfrage unter allen Schülerinnen und Schülern, die den Dienst WatisLos nutzen, die Smartphone-Modelle der Schülerinnen und Schüler und deren Preise ermittelt.

	Modell 1	Modell 2	Modell 3	Modell 4
Preis in €	140	280	95	195
Anzahl	80	65	100	40

Stellen Sie die Daten der obigen Tabelle in einem Boxplot geeignet dar und interpretieren Sie den Boxplot hinsichtlich eines zukünftigen Preisintervalls für das Taschenrechnermodell.

Zentralabitur 2017 Mathematik Berufliches Gymnasium
Wahlteil

Fortsetzung Aufgabe 2A

b) Von der Schule wird ein Preisintervall festgelegt, dessen Grenzen der Median und der Durchschnittspreis der Smartphone-Umfrage bilden.
Bestimmen Sie das von der Schule festgelegte Preisintervall für das einzuführende Taschenrechnermodell.
Überprüfen Sie, ob das schulisch bestimmte Preisintervall mit der Umfrageauswertung des Boxplots „verträglich" ist.

Insbesondere Schülerinnen und Schüler, die die Smartphone-Modelle 1, 3 und 4 besitzen, sind mit ihrem Smartphone unzufrieden. Aus diesem Grund werden beim nächsten Kauf je Smartphone-Modell jeweils 50 % auf das nächst teurere Modell umsteigen. Lediglich die Besitzer von Modell 2 sind mit ihrem Gerät zufrieden und würden nicht wechseln.

Untersuchen Sie die Behauptung, dass dann zukünftig ein Taschenrechnermodell höchstens 195 Euro kosten dürfte

(13 BE)

Zentralabitur 2017 Mathematik Berufliches Gymnasium
Wahlteil

Aufgabe 2B

Ein Marktforschungsunternehmen soll herausfinden, wie groß das Interesse an einem neuen Produkt sein wird. Dafür wird eine repräsentative Kundengruppe von 500 Personen befragt. Die Zufallsvariable X gibt die Anzahl der Kunden an, die kein Interesse an dem neuen Produkt hätten.

Im Anschluss an die Umfrage wurden diese beiden Graphiken erstellt, die im Materialanhang vergrößert abgebildet sind. Die Umfrage hat ergeben, dass 120 Kunden kein Interesse an dem neuen Produkt hätten.

Graphik 1

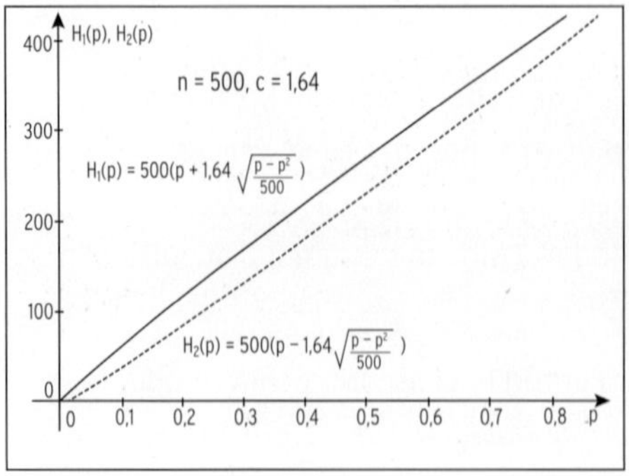

Graphik 2

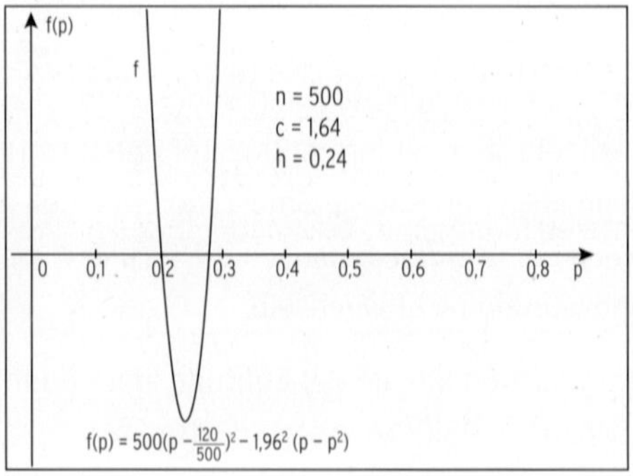

a) Das Vertrauensintervall in Graphik 2 wird mithilfe der Nullstellen der Parabel ermittelt.
Beschreiben Sie jeweils zwei Gemeinsamkeiten und zwei Unterschiede dieser Graphiken im Hinblick auf eine Auswertung der Umfrage.
Ermitteln Sie das jeweilige Vertrauensintervall (VI) und kennzeichnen Sie dieses im **Materialanhang** in den beiden Graphiken.
Erläutern Sie, warum sich die Ergebnisse unterscheiden.
Der Hersteller bringt das Produkt nur dann auf den Markt, wenn die Wahrscheinlichkeit dafür, das die Kunden aus dieser Stichprobe kein Interesse haben, bei maximal 27,5 % liegt.
Geben Sie eine begründete Empfehlung dafür ab, ob der Hersteller das Produkt auf den Markt bringen soll. (14 BE)

b) In einer weiteren Umfrage wurden 500 potenzielle Kunden danach gefragt, welches der beiden angebotenen Designs - Metallic oder Hochglanz schwarz - das neue Produkt haben soll. Die binomialverteilte Zufallsvariable X gibt die Anzahl der Befragten an, die ein Metallic-Design bevorzugen, dabei wird von einer Wahrscheinlichkeit p mit p = 0,62 ausgegangen.

Zentralabitur 2017 Mathematik Berufliches Gymnasium
Wahlteil

Fortsetzung Aufgabe 2B

b) Begründen Sie, warum das Marktforschungsinstitut für die weiteren Berechnungen von einer Binomialverteilung ausgehen kann.
Im ersten Jahr soll nur dann ausschließlich das Metallic-Design produziert werden, wenn der Erwartungswert mindestens 300 beträgt, und wenn sich mit einer Wahrscheinlichkeit von mindestens 99,7 % nicht weniger als 275 Personen für dieses Produkt entscheiden.
Untersuchen Sie, ob nur das Metallic-Design produziert werden soll.

Der Hersteller wird im zweiten Produktionsjahr das Metallic-Design nur dann weiter verwenden, wenn die Wahrscheinlichkeit dafür, dass weniger als 180 Personen kein Metallic-Design bevorzugen kleiner ist als 20 %.
Untersuchen Sie, ob das Metallic-Design weiter verwendet werden kann.

(10 BE)

Zentralabitur 2017 Mathematik Berufliches Gymnasium
Wahlteil

Aufgabe 2B

Material zu Aufgabe 2 B a) Name: ____________________

Graphik 1

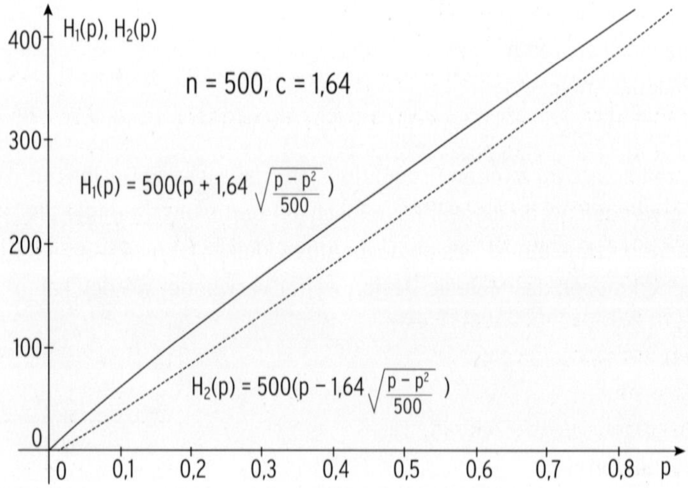

Graphik 2

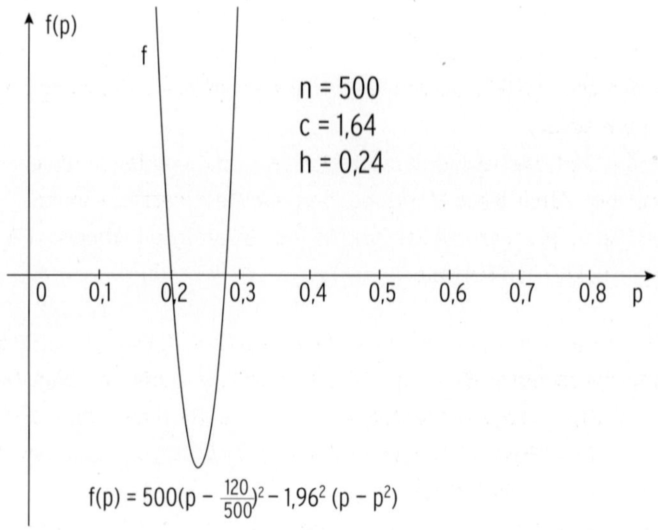

Zentralabitur 2017 Mathematik Berufliches Gymnasium
Wahlteil
Aufgabe 3A

Die drei Zweigwerke Werk 1 (W_1), Werk 2 (W_2) und Werk 3 (W_3) eines Unternehmens sind gemäß dem Leontief-Modell miteinander verbunden. Die Gesamtproduktion von Werk 2 umfasst Güter und Dienstleistungen im Wert von 1 000 Geldeinheiten (GE) und die von Werk 3 beträgt 500 GE. Die Technologie-Matrix ist gegeben durch:

$$A = \begin{pmatrix} 0{,}05 & 0{,}2 & 0{,}2 \\ 0{,}1 & 0{,}3 & 0{,}1 \\ 0{,}2 & 0{,}2 & 0{,}2 \end{pmatrix}$$

Das Unternehmen plant Umstrukturierungen und erstellt für die Abteilungsleiterkonferenz eine Unternehmenspräsentation mit Informationen über die Verflechtungen der Werke und die Planungen für die nächsten Perioden.

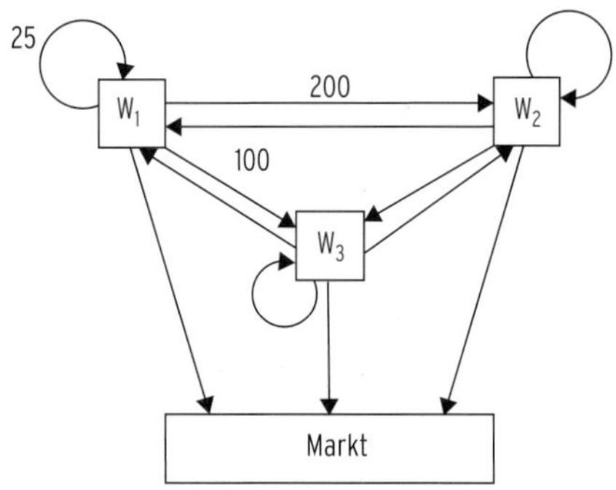

a) Für die aktuelle Produktionsperiode soll die Verflechtung der Werke graphisch aufbereitet werden. Vorarbeiten dafür sind in dem nebenstehenden Verflechtungsdiagramm schon dargestellt. Vervollständigen Sie das Diagramm im **Materialanhang.**

Im Rahmen der Präsentation soll auch ein Ausblick für die nächste Produktionsperiode gegeben werden. Dafür werden einige Angaben benötigt:
Die Marktabgabe in der nächsten Produktionsperiode soll Güter- und Dienstleistungen in Höhe von 922 GE von Werk 1 sowie jeweils 461 GE von Werk 2 und von Werk 3 umfassen.
Berechnen Sie die Gesamtproduktion der Güter und Dienstleistungen in GE, die benötigt werden, damit diese Marktabgaben realisiert werden können.
Bestimmen Sie die prozentuale Steigerung der Gesamtproduktion von Werk 1 gegenüber der aktuellen Periode. (15 BE)

b) In der dritten Produktionsperiode muss die Produktion in Werk 2 gedrosselt werden; wegen Modernisierungsmaßnahmen können nur noch Güter und Dienstleistungen im Wert von 500 GE erbracht werden. Aufgrund langfristiger Lieferverträge müssen dennoch Güter und Dienstleistungen in Höhe von 135 GE von Werk 1 und 40 GE von Werk 3 an den Markt geliefert werden.
Berechnen Sie für die Angaben in der Präsentation die Marktabgabe von Werk 2.

(9 BE)

Zentralabitur 2017 Mathematik Berufliches Gymnasium
Wahlteil
Aufgabe 3A

Material zu Aufgabe 3 A a) Name: ______________________

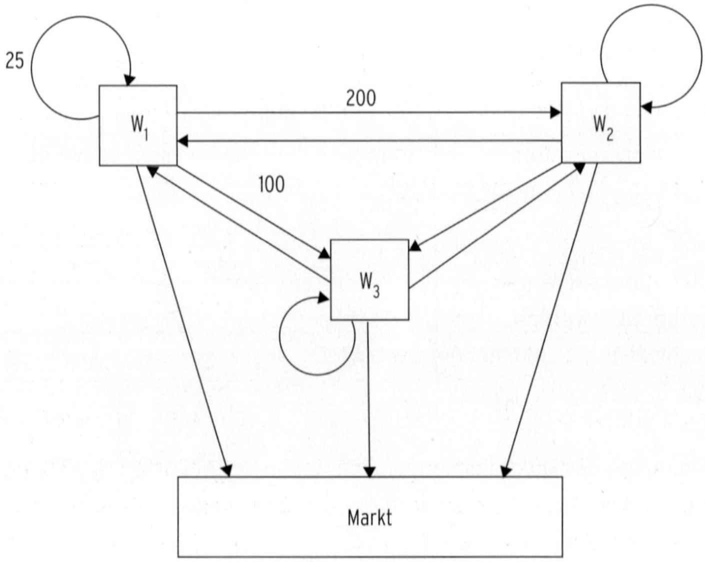

Zentralabitur 2017 Mathematik Berufliches Gymnasium
Wahlteil
Aufgabe 3B

Ein Schokoladenhersteller bringt zwei neuartige Schokoladenkreationen auf den Markt. Zum einen die Sorte Milki, deren Zielgruppe hauptsächlich Kinder sind. Andererseits die Sorte Juppi, die auf ältere, qualitätsbewusste Kundschaft zielt.
Die Sorte Milki hat einen Kakaoanteil von 30 % und besteht zu 30 % aus Milchpulver, Juppi hat einen Kakaoanteil von 50 % und einen Milchpulveranteil von 10 %. Für die laufende Produktion stehen folgende zusätzliche Informationen zur Verfügung:

Kakao	Lagerbestand	105 Mengeneinheitenn (ME)
Milchpulver	Lagerbestand	45 ME
	Mindestverbrauch	18 ME
Milki	Mindestproduktion	40 ME
	Preis	40 Geldeinheiten pro Mengeneinheit (GE/ME)
Juppi	Preis	80 GE/ME

Aufgrund von Lieferengpässen kann zurzeit nur der Lagerbestand verarbeitet werden.

a) Zur Bestimmung der Produktionsmengen, mit denen der höchste Erlös erzielt werden kann, wird ein Praktikant eingesetzt. Er erstellt folgende Graphik und gelangt zu dem Ergebnis, dass man 40 ME Milki und 330 ME Juppi produzieren und verkaufen muss, um zum maximalen Erlös von 28 000 GE zu gelangen.

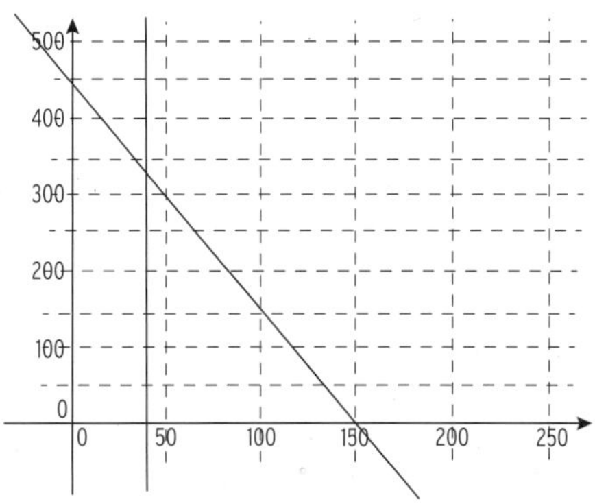

Vervollständigen Sie die Graphik des Praktikanten im **Materialanhang**, indem Sie die fehlenden Restriktionen, das Planungsvieleck und die Achsenbeschriftungen ergänzen.
Beurteilen Sie das Ergebnis des Praktikanten und geben Sie eine Handlungsempfehlung ab. (12 BE)

Zentralabitur 2017 Mathematik Berufliches Gymnasium
Wahlteil

Fortsetzung Aufgabe 3B

b) Die Entwicklungsabteilung stellt das neue Trendprodukt Perli vor. Für diese Produktion werden die Produkte Milki und Juppi in kleinen Kügelchen hergestellt und vermischt.
Durch die Hinzunahme des neuen Produktes wird der Produktionsprozess neu organisiert. Aus den Rohstoffen Kakao (R_1) und Milchpulver (R_2) werden zunächst die Zwischenprodukte Milchgrundlage (Z_1) und Kakaogrundlage (Z_2) gefertigt. Diese stimmen mit den bereits bekannten Kakao- und Milchpulveranteilen der Produkte Milki und Juppi überein. Aus diesen Zwischenprodukten werden die Endprodukte Milki (E_1), Juppi (E_2) und Perli (E_3) gefertigt. Die Zwischenprodukt-Endprodukt-Matrix ergibt sich durch $B_{ZE} = \begin{pmatrix} 1 & 0 & 0{,}8 \\ 0 & 1 & 0{,}2 \end{pmatrix}$.
Zur Erprobung der neuen Anlage werden 120,5 ME Kakao und 74,5 ME Milchpulver bereitgestellt. Zur Markteinführung soll die Produktion von Perli genau die Hälfte der Produktion von Milki betragen.
Die gesamte Fertigung der Erprobung der neuen Anlage soll Kindergärten in der Umgebung zur Verfügung gestellt werden.
Ermitteln Sie, wie viele Mengeneinheiten der drei Endprodukte an die Kindergärten verteilt werden können. (12 BE)

Zentralabitur 2017 Mathematik Berufliches Gymnasium
Wahlteil

Material zu Aufgabe 3 B a) Name: ______________________

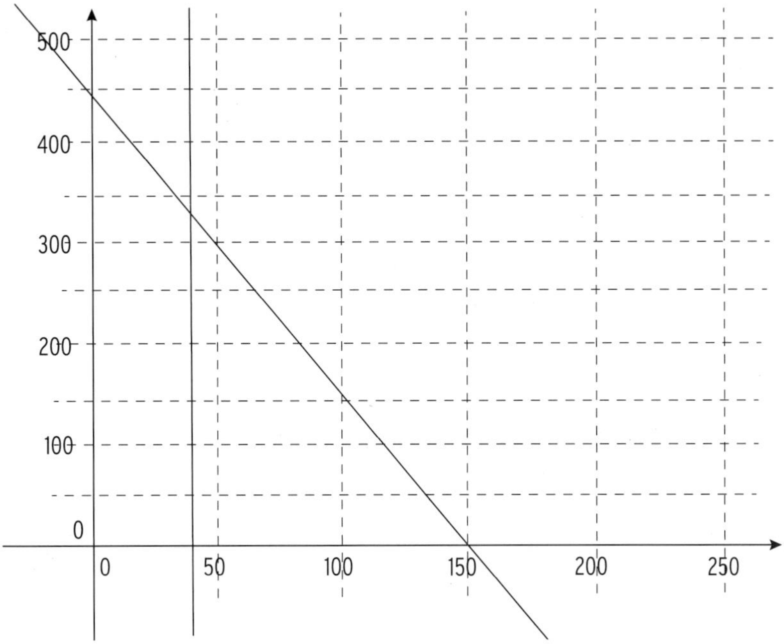

14 Ott - ISBN 978-3-8120-0223-3

Zentralabitur 2017 Mathematik Berufliches Gymnasium

Pflichtteil Lösungen

Aufgabe P1

a) Für die mittlere Änderung im Intervall [0; 2] gilt: $\frac{n(2) - n(0)}{2} = \frac{392 - 500}{2} = -54$

Im Mittel nimmt die Anzahl der Pollen in diesem Zeitraum um 54 pro Kubikmeter und Stunde ab.

b) Aus $n'(t) = 6t - 60 = -30$ ergibt sich $t = 5$

Der gesuchte Zeitpunkt ist 5 Stunden nach Beginn der Messung erreicht.

Aufgabe P2

$f(x) = 2e^{\frac{1}{2}x} - 1,\ f'(x) = e^{\frac{1}{2}x}$

a) Nullstellen von f: $f(x) = 0$ $\quad 2e^{\frac{1}{2}x} - 1 = 0 \Leftrightarrow e^{\frac{1}{2}x} = \frac{1}{2}$

Logarithmieren: $\quad \frac{1}{2}x = \ln(\frac{1}{2}) \Leftrightarrow x = 2\ln(\frac{1}{2})$

b) Tangentensteigung: $f'(0) = e^0 = 1$

Eine Gerade mit der Steigung 1 schneidet jede Koordinatenachse unter einem Winkel von 45°. Damit ist das Dreieck gleichschenklig.

Aufgabe P3

a) $(v_1 \ \ v_2) \cdot \begin{pmatrix} 0{,}4 & 0{,}6 \\ 0{,}3 & 0{,}7 \end{pmatrix} = (v_1 \ \ v_2)$ ergibt $0{,}4\, v_1 + 0{,}3\, v_2 = v_1$ oder $0{,}6\, v_1 + 0{,}7\, v_2 = v_2$

Vereinfachung: $0{,}3 v_2 = 0{,}6\, v_1$ oder $0{,}6\, v_1 = 0{,}3\, v_2$

$v_2 = 2\, v_1$ oder $2\, v_1 = v_2$

Mögliche Lösungen: Vektor $\vec{v}^T = (2 \ \ 4)$ oder $\vec{v}^T = (1 \ \ 2)$

b) $N = \begin{pmatrix} a & b \\ c & d \end{pmatrix}$ mit $a + b = c + d = 1$ (stochastische Matrix); $\vec{u}^T = (x \ \ y)$ mit $x + y = 5$:

$\vec{u}^T \cdot N = (x \ \ y) \cdot \begin{pmatrix} a & b \\ c & d \end{pmatrix} = (ax + cy \quad bx + dy)$

Zeilensumme: $ax + cy + bx + dy = ax + bx + cy + dy = (a + b)x + (c + d)y$

Nach Voraussetzung gilt also: $= 1 \cdot x + 1 \cdot y = 5$

$\vec{u}^T \cdot N$ ist ein Vektor mit Zeilensumme 5.

Zentralabitur 2017 Mathematik Berufliches Gymnasium

Pflichtteil

Aufgabe P4

a) Mit dem Term kann die Wahrscheinlichkeit dafür berechnet werden, dass der blaue Sektor bei sieben Umdrehungen kein einziges Mal getroffen wird.

b) $n = 10$; $k = 2$; p: Trefferwahrscheinlichkeit: $P(X = 2) = \binom{10}{2} p^2 (1 - p)^8$

c) Die Aussage ist falsch, da die Wahrscheinlichkeit für „trifft den gelben Sektor"

bei jedem einzelnen Spiel gleich ist, unabhängig von den bisherigen Versuchsausgängen.

Aufgabe P5

a) $A_{RZ} \cdot B_{ZE} = C_{RE}$: $\begin{pmatrix} 2 & 1 & 0 \\ 0 & 0 & 1 \\ 2 & 0 & 2 \end{pmatrix} \cdot \begin{pmatrix} 3 & 5 \\ a & 6 \\ 0 & 4 \end{pmatrix} = \begin{pmatrix} 14 & 16 \\ 0 & 4 \\ 6 & 18 \end{pmatrix}$ ergibt $2 \cdot 3 + a = 14 \Leftrightarrow a = 8$

Es kann lediglich E_1 produziert werden, da R_2 nicht für die Produktion von E_1 benötigt wird, da $c_{21} = 0$

b)

<table>
<tr><th colspan="2"></th><th>Z_1</th><th>Z_2</th><th>Z_3</th></tr>
<tr><td>R_1</td><td>R_1</td><td>2</td><td>1</td><td>0</td></tr>
<tr><td rowspan="2">R_2</td><td>R_{21}</td><td>0</td><td>0</td><td>3</td></tr>
<tr><td>R_{22}</td><td>0</td><td>0</td><td>5</td></tr>
<tr><td>R_3</td><td>R_3</td><td>2</td><td>0</td><td>2</td></tr>
</table>

$$A_{RZ,\,neu} = \begin{pmatrix} 2 & 1 & 0 \\ 0 & 0 & 3 \\ 0 & 0 & 5 \\ 2 & 0 & 2 \end{pmatrix}$$

Zentralabitur 2017 Mathematik Berufliches Gymnasium

Wahlteil Aufgabe 1A

Lösung **Seite 1/2**

a) **Bestimmung der Mindestzahl der Maschinen- und Erntehelferstunden**

Isoquante I_{8000} : $I_{8000}(x) = \frac{75}{x-2} + 25$

Waagrechte Asymptote: y = 25

Senkrechte Asymptote: N(x) = 0 $\Leftrightarrow x - 2 = 0$ für x = 2

Damit müssen mehr als 25 ZE Erntehelfer und mehr als 2 ZE Erntemaschinen für die Kohlernte zur Verfügung stehen.

K = 700x + 10 y führt nach Einsetzen von K = 3600 (GE): 3600 = 700x + 10 y

Umstellen nach y: (y =) $I_K(x) = 360 - 70x$

Skizze:

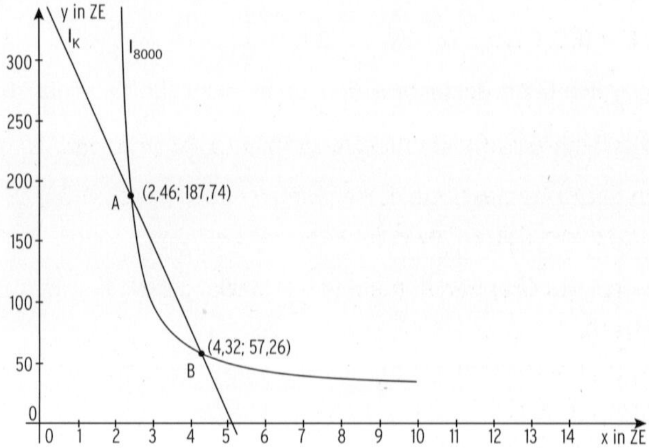

Bestimmung der Kombinationen der Produktionsfaktoren bei K = 3 600 (GE)

Die Schnittpunkte liegen bei A(2,46 | 187,74) und B(4,32| 57,26).

Bei einem Kostenbudget von 3 600 GE sind die Kombinationen

2,46 ZE Maschineneinsatz und 187,74 ZE Erntehelfer oder

4,32 ZE Maschineneinsatz und 57,26 ZE Erntehelfer möglich.

Berechnung der Minimalkostenkombination

Bedingung: $I_K'(x) = I_{8000}'(x)$ $\quad -70 = -\frac{75}{(x-2)^2} \Rightarrow x \approx 3{,}035 \vee x \approx 0{,}96$

$(x \approx 0{,}96 \notin D_{ök} =]2; \infty[)$

$I_K(3{,}035) \approx 97{,}464$

K = 700 · 3,035 + 10· 97,464 = 3 099,14 (Minimalkosten)

$\frac{3600}{3099{,}14} \approx 1{,}16$ Das Budget weicht um ca. 16 % von den Minimalkosten ab.

Alle Kombinationen der beiden Produktionsfaktoren, die auf der Isoquante zwischen den Punkten A und B liegen (siehe Skizze), führen zu **geringeren Kosten.**

Zentralabitur 2017 Mathematik Berufliches Gymnasium

Wahlteil Aufgabe 1A

Lösung **Seite 2/2**

b) **Bestimmung der Funktionsgleichung der Isoquante**

LGS: $90 = \frac{a}{5-4} + c \quad \Leftrightarrow a + c = 90 \quad (1)$

$50 = \frac{a}{9-4} + c \quad \Leftrightarrow \frac{1}{5}a + c = 50 \quad (2)$

Lösung mit GTR oder Additionsverfahren: a = 50; c = 40

Funktionsterm der Isoquante: $I_{6000}(x) = \frac{50}{x-4} + 40$

Berechnung der Kosten der Erntemaschinen pro ZE

Δp_x : Preisänderung der Erntemaschine;

Dann gilt: $K = (80 + \Delta p_x) \cdot 6 + 10y \leq 1250$

$I_{6000}(6) = \frac{50}{6-4} + 40 = 65 \; (= y)$

Einsetzen in die Kostenfunktionsgleichung $(80 + \Delta p_x) \cdot 6 + 10 \cdot 65 \leq 1250 \Rightarrow \Delta p_x \leq 20$

Die Kosten der Erntemaschine dürfen um nicht mehr als 20 GE/ZE steigen, damit das Kostenbudget von 1250 GE ewingehalten wird.

c) **Beschreibung des Graphen anhand von 3 Merkmalen**

Graph (nicht verlangt)

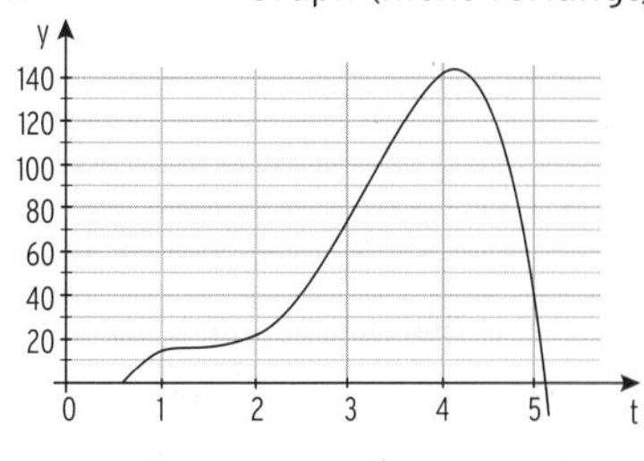

mathematisch:

Nullstellen bei $t \approx 0{,}6$ und $t \approx 5{,}1$

Wendepunkt bei ca. (1,4 | 15,7)

Hochpunkt bei ca.(4,2 | 143)

Wendepunkt bei ca. (3,2 | 91)

ökonomisch: Die Ernte beginnt in der Mitte des 1. Tages. Am 2. Tag werden etwa 15,7 ME/Tag geerntet. Dann steigt die Erntemenge stark an und erreicht am Anfang des 5. Tages ihr Maximum. Am Beginn des 6. Tages endet die Ernte.

Anteil der Ernte des Lohnunternehmers an der Gesamternte

Gesamternte: $\int_{0,6}^{5,1} f(t)dt \approx 291{,}01$

Zeitpunkte, in dem der Lohnunternehmer eingesetzt werden muss:

f(t) = 100 $\qquad -6{,}5t^4 + 60t^3 - 175t^2 + 210t - 75 = 100$

Lösungen: $\qquad t_1 \approx 3{,}33 \vee t_2 \approx 4{,}72$

Ernte des Lohnunternehmers: $\int_{3,33}^{4,72} (f(t) - 100)dt \approx 38{,}98$ $\qquad \int_0^1 h'(x)dx$

Anteil: $\frac{38{,}98}{291{,}01} \approx 0{,}1339 = 13{,}39\ \%$

Der Anteil der Ernte des Lohnunternehmers an der Gesamternte beträgt ca. 13,39 %.

Zentralabitur 2017 Mathematik Berufliches Gymnasium

Wahlteil Aufgabe 1B

Lösung Seite 1/3

a) **Zeichnung ergänzen:**

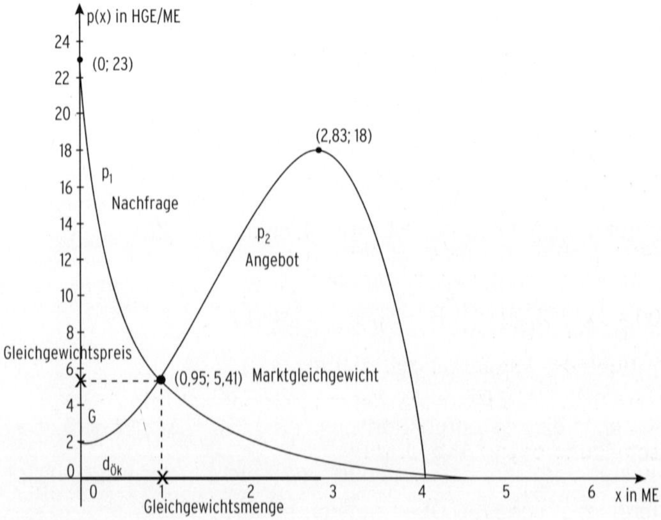

Ökonomischer Definitionsbereich: $D_{ök} = [0; 2{,}83]$ (siehe Graphik)

Gleichgewichtsmenge:

Bedingung: $p_1(x) = 5{,}41$ $\qquad \frac{50}{5x+2} - 2 = 5{,}41 \Rightarrow x \approx 0{,}95$

Die Gleichgewichtsmenge beträgt ca. 0,95 ME.

Höchstpreis: $p_1(0) = \frac{50}{2} - 2 = 23$

Der Höchstpreis liegt bei 23 HGE/ME (2300 GE/ME).

b) **Bestimmung der Sättigungsmenge**

Ermittlung der Nachfragefunktion: $p_N(x) = ax^2 + bx + 800$

Bedingung 1: $p_N(5) = 25a + 5b + 800 = 750 \Rightarrow \qquad 25a + 5b = -50 \quad (1)$

Bedingung 2: $KR = \int_0^5 (ax^2 + bx + 800)dx - 5 \cdot 750 = \frac{500}{3}$

Mit einer Stammfunktion: $\left[\frac{1}{3}ax^3 + \frac{1}{2}bx^2 + 800x\right]_0^5 = \frac{11750}{3} \qquad (= \frac{500}{3} + 5 \cdot 750)$

Grenzen einsetzen: $\frac{125}{3}a + \frac{25}{2}b + 4000 = \frac{11750}{3} \Rightarrow \qquad \frac{125}{3}a + \frac{25}{2}b = -\frac{250}{3} \quad (2)$

Lösung des LGS aus Gleichung (1) und (2): $a = -2$; $b = 0$

Nachfragefunktion: $p_N(x) = -2x^2 + 800$

Zentralabitur 2017 Mathematik Berufliches Gymnasium

Wahlteil Aufgabe 1B

Lösung **Seite 2/3**

b) **Sättigungsmenge**

Bedingung: $p_N(x) = 0 \quad \Rightarrow \quad x = 20 \vee x = -20 < 0 \notin D_{ök}$

Die Sättigungsmenge beträgt 20 ME.

Ermittlung der Angebotsfunktion

durch Regression (das Marktgleichgewicht muss einbezogen werden)

1	3	5	7
556	657	750	843

$p_A(x) = \frac{1}{6}x^3 - 2{,}5x^2 + \frac{175}{3}x + 500 \qquad \int_a^b f(x)dx.$

Ermittlung der Mindestangebotspreises

$p_A(0) = 500$ Der Mindestangebotspreis beträgt 500 GE/ME.

Entscheidung bezgl. Aktivurlaub

Produzentenrente $\quad PR = x_G \cdot p_G - \int_0^{x_G} p_A(x)\,dx = 5 \cdot 750 - \frac{75625}{24} = 598{,}96$

Mindestens zu erwartender Umsatz = Umsatz − Produzentenrente

$= 3750 - 598{,}96 = \frac{75625}{24} \approx 3151{,}04$

$\frac{\text{Produzentenrente}}{\text{Mindest-Umsatz}} = \frac{598{,}96}{\frac{75625}{24}} \approx 0{,}1901$

Die Fahrradreisen sind nach diesem Untersuchungskriterium nicht überteuert, weil die PR nur ca. 19 % des mindestens zu erwartenden Umsatzes ausmacht.

Der Geschäftsführer kann die Fahrradreise buchen.

c) Skizze:

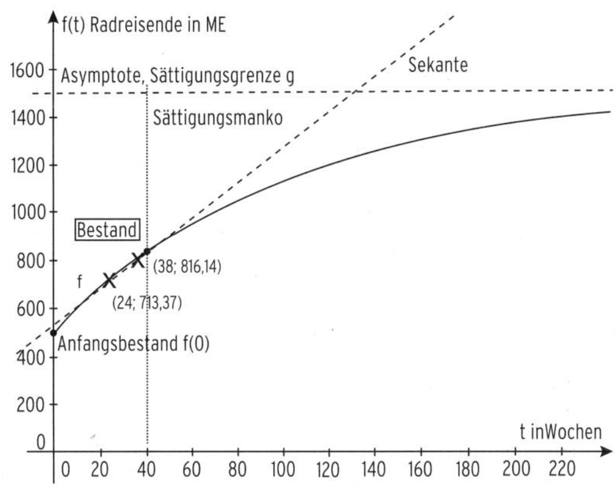

Zentralabitur 2076 Mathematik Berufliches Gymnasium

Wahlteil Aufgabe 1B

Lösung Seite 3/3

c) **Beschreibung** anhand von mathematischen Fachbegriffen:

Zu Beginn der 1. KW 2016 haben 500 ME Reisende gebucht, dies ist der Anfangsbestand f(0). Der Bestand entwickelt sich degressiv monoton steigend, es handelt sich um ein begrenztes Wachstum mit einer Rechtskrümmung, d.h. die Abnahme des Sättigungsmankos wird im Verlauf der Entwicklung kleiner. Die Sättigungsgrenze liegt bei 1500 ME Reisenden.

Zeitpunkt der größten Zunahme an Radreisenden

Beschränktes Wachstum weist keinen Extrempunkt auf. Die Steigung ist degressiv, d.h. die größte Steigung liegt am linken Rand des Definitionsbereichs, also bei $t = 0$:
$f'(0) = 10$

Zu Beginn der 1. KW 2016 steigt die Anzahl der Radreisenden um 10 ME/Woche, dies ist der maximale Anstieg.

Alternativ: $f'(t) = 10\,e^{-0{,}01t}$ ist (für $t > 0$) stets fallend

d,h. der größte Funktionswert von f′ (die größte Steigung des Graphen von f) ist

zu Beginn: $f'(0) = 10$

Durchschnittliche Zunahme

Beginn der 25. KW 2016 entspricht $t = 24$;

Beginn der 39. KW 2016 entspricht $t = 38$

$$\frac{f(38) - f(24)}{38 - 24} \approx \frac{816{,}14 - 713{,}37}{14} = 7{,}34$$

Die durchschnittliche wöchentliche Zunahme der Anzahl der Reisenden lag im Sommer 2016 bei ca. 7,34 ME/Woche.

Zentralabitur 2017 Mathematik Berufliches Gymnasium

Wahlteil Aufgabe 2A

Lösung **Seite 1/2**

a) **Graphische Darstellung**

QP: Qualifikationsphase
EP: Einführungsphase
WA: WasisLos nutzen
$\overline{WA}$: WasisLos nicht nutzen

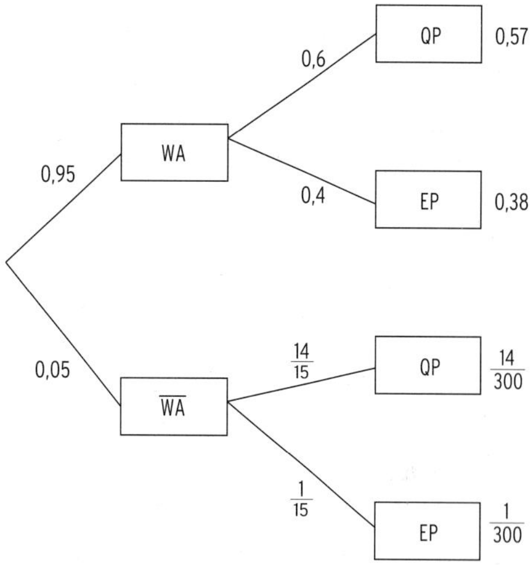

Alternativ mit Vierfeldertafel

	WA	$\overline{WA}$	Summe
QP	171	14	185
EP	114	1	115
Summe	285	15	300

Untersuchung der Kriterien

Kriterium 1: $P_{QP}(WA) = \frac{171}{185} \approx 0{,}9243 \geq 0{,}92$

Die Wahrscheinlichkeit dafür, dass eine zufällig ausgewählte Person WasisLos nutzt, unter der Bedingung, dass diese Person in der Qualifikationsphase ist, liegt über 92 %.

Kriterium 2: Anzahl EP und nutzen nicht WasisLos

Oder $P_{QP}(WA) = \frac{P(WA \cap QP)}{P(QP)} = \frac{0{,}57}{\frac{185}{300}} = 0{,}9243...$

$|EP \cap \overline{WA}| = 1 \leq 1$

Die Anzahl der Personen liegt genau bei 1.

Hinweis: 285 − 171 = 114 Nutzer in EQ, also 1 Nichtnutzer in EQ

Kriterium 3: $P_{EP}(\overline{WA}) = \frac{1}{115} \approx 0{,}0087 \leq 0{,}01$

Die Wahrscheinlichkeit dafür, dass eine zufällig ausgewählte Person WasisLos nicht nutzt, unter der Bedingung, dass diese Person in der Einführungsphase ist, liegt unter 1 %.

Oder $P_{EP}(\overline{WA}) = \frac{P(\overline{WA} \cap EP)}{P(EP)} = \frac{\frac{1}{300}}{\frac{115}{300}} = \frac{1}{115}$

Da alle Kriterien erfüllt sind, sollte WasisLos verpflichtend genutzt werden.

Zentralabitur 2017 Mathematik Berufliches Gymnasium

Wahlteil Aufgabe 2A

Lösung Seite 2/2

b) **Darstellung Boxplot:**

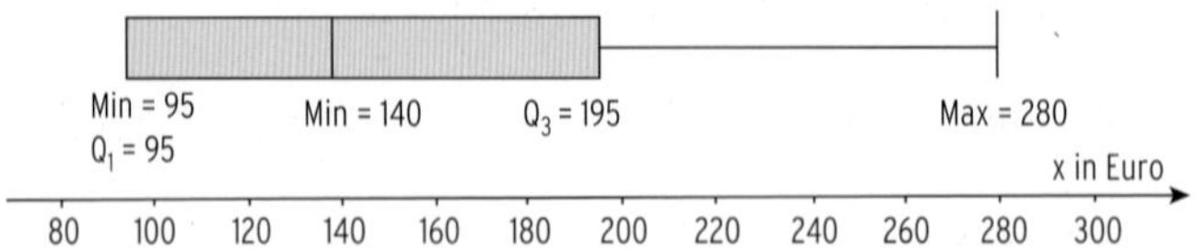

Interpretation

Min ist der kleinste Preis in der Urliste. Mindestpreis für Taschenrechner 95 €.
Max ist der größte Preis in der Urliste. Höchstpreis für Taschenrechner 280 €.
75 % der Geräte liegen im Preisintervall [95; 195]

also: Ein Taschenrechnerpreis im Intervall [95; 195] erscheint akzeptabel.

Bestimmung des Preisintervalls

$\overline{x} = \frac{46\,700}{285} \approx 163{,}86$; $x_{Med} = 140$

Das anzuschaffende Taschenrechnermodell darf im Preisintervall von 140 € bis ca. 163,86 € liegen.

Überprüfung des Intervalls

Das schulisch bestimmte Intervall liegt innerhalb des zuvor bestimmten Intervalls und ist somit mit der Umfrageauswertung verträglich.

Untersuchung der Behauptung

	Modell 3	Modell 1	Modell 4	Modell 2
Preis in €	95	140	195	280
Anzahl in Stück	100 − 50 **= 50**	80 − 40 + 50 **= 90**	40 − 20 +40 **= 60**	65 + 20 **= 85**

Die Gesamtanzahl der beiden günstigsten Geräte beträgt 140 Stück. Diese Anzahl liegt in der ersten Hälfte der geordneten Urliste. Der mittlere Wert steht an der Position 143, somit verändert sich der Median auf 195 €. Der Durchschnittspreis verändert sich auf ca. 185,44 €. Die Behauptung ist richtig.

Zentralabitur 2017 Mathematik Berufliches Gymnasium

Wahlteil Aufgabe 2B

Lösung **Seite 1/2**

a) **Gemeinsamkeiten**

n = 500; Basis zur Bestimmung von VI (Vertrauensintervall)

Unterschiede

Nullstellen der Parabel geben das gesuchte VI an, bei der Konfidenzellipse fehlt die Parallele für X.

Ellipse 90 % -VI; Parabel 95% -VI

Ellipse: absolute Häufigkeit; Parabel: relative Häufigkeit

Vertrauensintervall Ellipse

H = 120

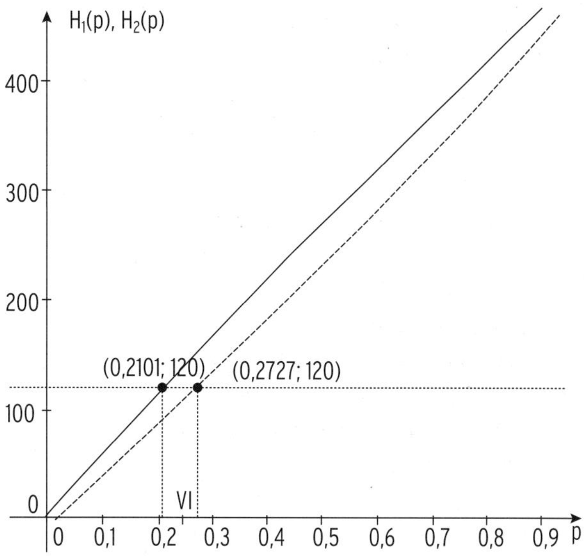

$$500\left(p + 1{,}64\sqrt{\frac{p(1-p)}{500}}\right) = 120$$

$\Rightarrow p \approx 0{,}2101$

$$500\left(p - 1{,}64\sqrt{\frac{p(1-p)}{500}}\right) = 120$$

$\Rightarrow p \approx 0{,}2727$

90 %-Vertrauensintervall

VI = [0,2101; 0,2727]

Parabel

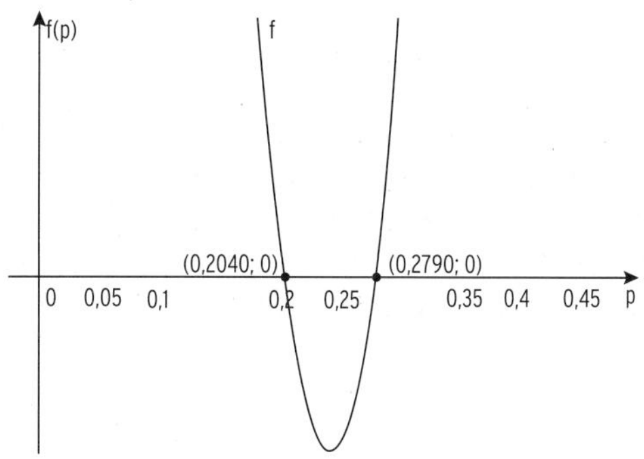

$0 = 500(p - 0{,}24)^2 - 1{,}96^2(p - p^2) \Rightarrow p \approx 0{,}2046 \vee p \approx 0{,}2793$

95 %-Vertrauensintervall VI = [0,2046; 0,2793]

Zentralabitur 2017 Mathematik Berufliches Gymnasium

Wahlteil Aufgabe 2B

Lösung **Seite 2/2**

a) **Erläuterung der unterschiedlichen Ergebnisse**

Mit einer Sicherheit von 90 % haben maximal nur ca, 27,27 % der Befragten kein Interesse an dem Produkt. Mit einer Sicherheit von 95 % liegt die Wahrscheinlichkeit aber maximal bei 27,93 %. Je höher die Sicherheit für die Aussage ist, desto größer wird das Vertrauensintervall.

Empfehlung

Der Kunde hat keine Aussage getroffen, wie hoch die Sicherheitswahrscheinlichkeit sein soll, demnach sollte er das Produkt auf den Markt bringen, als Basis dafür dient die Ellipsenberechnung

b) **Begründung für Binomialverteilung**

Jeder Kunde hat unabhängig von den anderen Befragten die Wahl zwischen zwei Design-Vorschlägen:
Metallic mit Trefferwahrscheinlichkeit p
Hochglanz schwarz mit der Gegenwahrscheinlichkeit $q = 1 - p$

Untersuchung des Designs für das erste Jahr

Erwartungswert:
$E(X) = \mu = n \cdot p = 500 \cdot 0{,}62 = 310 \geq 300$
Wahrscheinlichkeit
$n = 500$; $p = 0{,}62$: $P(X \geq 275) = 1 - P(X \leq 274) \approx 0{,}9994 > 0{,}997$

Beide Vorgaben werden eingehalten, d.h. es sollte im ersten Jahr ausschließlich das Metallic-Design produziert werden.

Untersuchung der Produktionsfarbe für das zweite Jahr

$n = 500$; $p = 0{,}38$: $P(X \leq 179) \approx 0{,}1667 = 16{,}67\ \% < 20\ \%$

Im zweiten Jahr der Produktion kann weiter das Metallic-Design verwendet werden.

Zentralabitur 2017 Mathematik Berufliches Gymnasium

Wahlteil Aufgabe 3A

Lösung **Seite 1/1**

a) **Vervollständigung des Diagramms**

$x_{ij} = a_{ij} \cdot x_j$

Beispiele: $x_{21} = 0{,}1 \cdot 500 = 50$; $x_{31} = 0{,}2 \cdot 500 = 100$

Die Gesamtproduktion von Werk 1 erhält man durch $x_1 = \frac{25}{0{,}05} = 500$

Marktabgaben: $\vec{x} - A \cdot \vec{x} = \vec{y}$

$$\vec{y} = \begin{pmatrix} 500 \\ 1000 \\ 500 \end{pmatrix} - \begin{pmatrix} 0{,}05 & 0{,}2 & 0{,}2 \\ 0{,}1 & 0{,}3 & 0{,}1 \\ 0{,}2 & 0{,}2 & 0{,}2 \end{pmatrix} \cdot \begin{pmatrix} 500 \\ 1000 \\ 500 \end{pmatrix} = \begin{pmatrix} 175 \\ 600 \\ 100 \end{pmatrix}$$

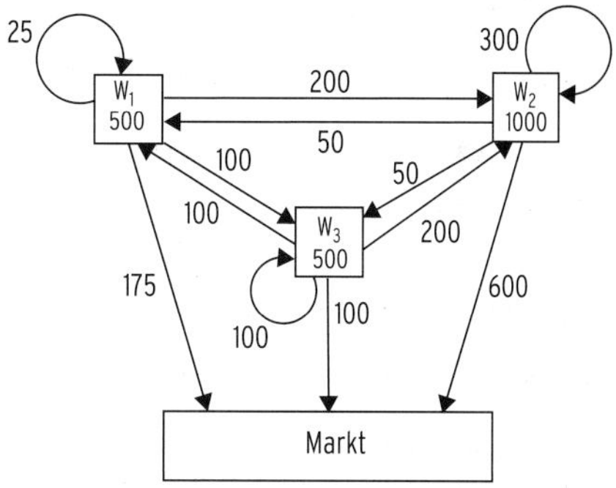

Produktionsvektor

Konsumvektor $\vec{y}_{neu} = \begin{pmatrix} 922 \\ 461 \\ 461 \end{pmatrix}$

$\vec{x}_{neu} = (E - A)^{-1} \cdot \vec{y}_{neu} = \begin{pmatrix} 1440 \\ 1035 \\ 1195 \end{pmatrix}$

Die neue Gesamtproduktion der Güter und Dienstleistungen beträgt 1440 GE bei Werk 1, 1035 GE bei Werk 2 und 1195 GE bei Werk 3, also insgesamt 3670 GE.

Produktionssteigerung

$\frac{1440}{500} = 2{,}88$

Die Produktionssteigerung von Werk 1 beträgt 188 %.

b) **Marktabgabe von Werk 2**

$(E - A) \cdot \vec{x} = \vec{y}$ $\qquad (E - A) \cdot \begin{pmatrix} a \\ 500 \\ b \end{pmatrix} = \begin{pmatrix} 135 \\ c \\ 40 \end{pmatrix}$

Ausmultiplizieren ergibt ein LGS für a, b und c

$0{,}95a - 0{,}2 \cdot 500 - 0{,}2 \cdot b = 135$	$0{,}95a - 0{,}2 \cdot b = 235$	(1)
$-0{,}1a + 0{,}7 \cdot 500 - 0{,}1 \cdot b = c$	$0{,}1a + 0{,}1 \cdot b + c = 350$	(2)
$-0{,}2a - 0{,}2 \cdot 500 + 0{,}8 \cdot b = 40$	$-0{,}2a + 0{,}8 \cdot b = 140$	(3)

Lösung des LGS: a = 300; b = 250; c = 295

Alternativ: Lösung von LGS aus (1) und (3): a = 300; b = 250
Einsetzen in (2) ergibt c = 295

Die Marktabgabe von Werk 2 beträgt Güter und Dienstleistungen in Höhe von 295 GE.

Zentralabitur 2017 Mathematik Berufliches Gymnasium

Wahlteil Aufgabe 3B

Lösung **Seite 1/2**

a) **Vervollständigung der Graphik**

Aufgrund der Mindestproduktionsmenge von Milki, die in der Graphik ersichtlich ist, folgt die Zuordnung der Variablen:

$x \triangleq$ produzierte Menge von Milki in ME

$y \triangleq$ produzierte Menge von Juppi in ME

Nichtnegativitätsbedingung: $x \geq 0$ und $y \geq 0$

Restriktionen

I. Kakaoverbrauch	$0{,}3x + 0{,}5y \leq 105$	$\Rightarrow y \leq -0{,}6x + 210$
II. Milchpulververbrauch	$0{,}3x + 0{,}1y \leq 45$	$\Rightarrow y \leq -3x + 450$
III. Milchpulver Mindestverbrauch	$0{,}3x + 0{,}1y \geq 18$	$\Rightarrow y \geq -3x + 180$
IV. Milki Mindestproduktion	$x \geq 40$	

Zielfunktion: $E(x; y) = 40x + 80\,y$

Restriktionen I. und III. ergänzen
Planungsvieleck einzeichnen
Achsen beschriften

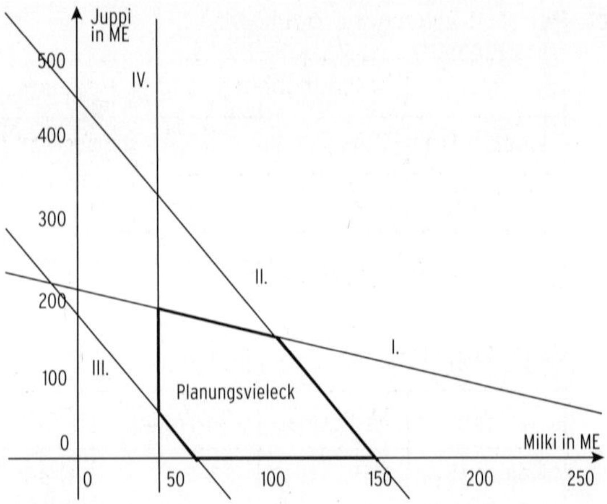

Beurteilung der Lösung des Praktikanten

Bei der vom Praktikanten vorgeschlagenen Lösung ist $x = 40$ und $y = 330$.
Setzt man diese Werte in die Restriktion I. ein, so ergibt sich

$0{,}3 \cdot 40 + 0{,}5 \cdot 330 \leq 105 \quad \Leftrightarrow 177 \leq 105$ falsche Aussage

Die Restriktion ist verletzt, d.h. die Lösung liegt nicht im zulässigen Bereich.

Zentralabitur 2017 Mathematik Berufliches Gymnasium

Wahlteil Aufgabe 3B

Lösung **Seite 2/2**

a) **Optimale Kombination** z.B. mit der Eckpunktmethode

Ecke des Planungsvielecks	Erlös
(40 | 186)	16 480
(100 | 150)	16 000
(150 | 0)	6 000
(60 | 0)	2 400
(40 | 60)	6 400

Handlungsempfehlung

Die optimale Kombination besteht aus 40 ME Milki und 186 ME Juppi.
Damit wird der maximale Erlös erreicht.

b) Rohstoff-Zwischenprodukt-Matrix

	Milchgrundlage (Z_1)	Kakaogrundlage (Z_2)
Kakao (R_1)	0,3	0,5
Milch (R_2)	0,3	0,1

$$A_{RZ} = \begin{pmatrix} 0{,}3 & 0{,}5 \\ 0{,}3 & 0{,}1 \end{pmatrix}$$

Rohstoff-Endprodukt-Matrix

$$C_{RE} = A_{RZ} \cdot B_{ZE} = \begin{pmatrix} 0{,}3 & 0{,}5 \\ 0{,}3 & 0{,}1 \end{pmatrix} \cdot \begin{pmatrix} 1 & 0 & 0{,}8 \\ 0 & 1 & 0{,}2 \end{pmatrix} = \begin{pmatrix} 0{,}3 & 0{,}5 & 0{,}34 \\ 0{,}3 & 0{,}1 & 0{,}26 \end{pmatrix}$$

	Milki (E_1)	Juppi (E_2)	Perli (E_3)
Kakao (R_1)	0,3	0,5	0,34
Milch (R_2)	0,3	0,1	0,26

LGS für x, y, z (x ME E_1; y ME E_2; z ME E_3)
$0{,}3x + 0{,}5y + 0{,}34z = 120{,}5$
$0{,}3x + 0{,}1y + 0{,}26z = 74{,}5$

Einsetzen von $z = 0{,}5x$ ergibt:
$0{,}3x + 0{,}5y + 0{,}34 \cdot 0{,}5x = 120{,}5 \quad \Leftrightarrow \quad 0{,}47x + 0{,}5y = 120{,}5$
$0{,}3x + 0{,}1y + 0{,}26 \cdot 0{,}5x = 74{,}5 \quad \Leftrightarrow \quad 0{,}43x + 0{,}1y = 74{,}5$
Lösung: $x = 150$, $y = 100$; $z = 0{,}5x = 0{,}5 \cdot 150 = 75$

Es können 150 ME Milki, 100 ME Juppi und 75 ME Perli an die Kindergärten verteilt werden.

Printed in Poland
by Amazon Fulfillment
Poland Sp. z o.o., Wrocław

35774686R00076